ETYMOLOGISCHES WÖRTERBUCH

DER

NATURWISSENSCHAFTEN UND MEDIZIN

SPRACHLICHE ERKLÄRUNG DER WICHTIGEREN AUSDRÜCKE UND NAMEN DER ANATOMIE, ASTRONOMIE, BIOLOGIE, BOTANIK, CHEMIE, GEOGRAPHIE, GEOLOGIE, MEDIZIN, MINERALOGIE, NATURPHILOSOPHIE, PALÄONTOLOGIE, PHYSIK, PSYCHOLOGIE UND ZOOLOGIE

VON

DR. C. W. SCHMIDT

BERLIN UND LEIPZIG 1923

VEREINIGUNG WISSENSCHAFTLICHER VERLEGER

WALTER DE GRUYTER & CO.

VORMALS G. J. GÖSCHEN'SCHE VERLAGSHANDLUNG :: J. GUTTENTAG, VERLAGSBUCHHANDLUNG :: GEORG REIMER :: KARL J. TRÜBNER :: VEIT & COMP.

DR. FRITZ CAPPELLER

IN FREUNDSCHAFT

ZUGEEIGNET

Druck von Metzger & Wittig in Leipzig.

Vorwort.

Das vorliegende Wörterbuch gibt eine sprachliche Erklärung von rund 5200 Namen und Ausdrücken aus der Anatomie, Astronomie, Biologie, Botanik, Chemie, Geographie, Geologie, Medizin, Naturphilosophie, Physik, Psychologie und Zoologie. Es wendet sich in erster Linie an Nichthumanisten, dürfte aber auch Lesern mit griechischer und lateinischer Vorbildung von Nutzen sein.

Bei der Behandlung ist in der Art verfahren worden, daß im Anschluß an das Stichwort in eckigen Klammern eine kurze, nur orientierende sachliche Umschreibung gegeben wurde. Stellt sie lediglich die deutsche Übertragung des wissenschaftlichen Ausdrucks vor, so ist dies durch Sperrdruck hervorgehoben worden. Ist eine Beziehung zwischen dem deutschen und dem kunstsprachlichen Begriff nicht vorhanden, so wurde am Schluß des Stichwortes in runder Klammer der Zusammenhang kurz angedeutet.

Bei der etymologischen Ableitung wurde — da das Buch für Nichtphilologen bestimmt ist — jene fremdsprachliche Wortform herangezogen, die der im Kunstausdruck enthaltenen am ähnlichsten ist. Bei Hauptwörtern wurden häufig neben den Nominativformen die Genitivformen, welche den Wortstamm deutlicher erkennen lassen, aufgenommen. Bei Eigenschaftswörtern wurden die Formen für das männliche, weibliche und sächliche Geschlecht mit Trennung von Stamm und Endung angegeben.

Die wissenschaftliche Nomenklatur verwendet häufig lateinische und griechische Bestandteile zur Bildung eines Namens. Rein griechische Wortformen werden anderseits in der Terminologie hinsichtlich ihrer Endigungen, ihrer Schreibweise oder

Betonung häufig latinisiert. Das letztere ist durch den Vermerk „latin. aus . . .“ angedeutet worden. Betonungszeichen tragen nicht nur die Stichwörter selbst, sondern auch die lateinischen und griechischen Ursprungswörter. Bei den letztgenannten sind die in der griechischen Schrift vorhandenen drei verschiedenen Akzente lediglich durch den Betonungsakzent wiedergegeben worden. Das griechische *ου* wurde durch u, das *η* durch ē, das *ω* durch ō gekennzeichnet.

Entspricht die Form des Stichwortes nicht genau derjenigen des Ursprungswortes, so ist dies durch den Vermerk „von . . .“ angedeutet worden. Bei Begriffen, die einander sehr ähnlich sind, wurde zumeist nur einer etymologisch erklärt; die Ableitung der übrigen dürfte dem Leser leicht gelingen.

Die Auswahl der Stichwörter war durch den festgesetzten Umfang des Buches bedingt. Um das Wörterbuch im Laufe der Zeit zu einem immer brauchbareren Hilfsmittel auszugestalten, bittet der Verf. um recht zahlreiche Verbesserungs- bzw. Ergänzungsvorschläge für die späteren Auflagen.

Berlin W 50, im Oktober 1922.

C. W. Schmidt.

Verzeichnis der Abkürzungen.

an:	in	der	Anatomie	verwendet
astr:	„	„	Astronomie	„
biol:	„	„	Biologie	„
bot:	„	„	Botanik	„
chem:	„	„	Chemie	„
geog:	„	„	Geographie	„
geol:	„	„	Geologie	„
med:	„	„	Medizin	„
min:	„	„	Mineralogie	„
pal:	„	„	Paläontologie	„
phil:	„	„	Naturphilosophie	„
phys:	„	„	Physik	„
psych:	„	„	Psychologie	„
zoöl:	„	„	Zoologie	„

engl.	=	englisch
franz.	=	französisch
gr.	=	griechisch
lat.	=	lateinisch
latin.	=	latinisiert
ital.	=	italienisch
span.	=	spanisch

Adj.	=	Adjektiv
Gen.	=	Genitiv
Gttg.	=	Gattung
Fam.	=	Familie
Kl.	=	Klasse
Mz.	=	Mehrzahl
Ordn.	=	Ordnung
U.Ordn.	=	Unterordnung
Verkl.	=	Verkleinerungsform (Diminutivum)

A

Abákus [math: Rechenbrett] latin. aus gr. *ábax*, Gen. *ábakos* Rechenbrett.

Abasíe [psych: Unfähigkeit zu gehen, zumeist hysterisch] gr. *a* ohne, *básis* Gang, von *baínein* gehen.

Abdómen [an: Bauch, zool: Hinterleib der *Arthrópoda*] lat. Bauch, von *ábdere* verbergen. Adj.: *abdominális*, abdominál.

Abdúcens [an: 6. Gehirnnerv] lat. *abdúcere* hinwegziehen (versorgt z. T. die Augenmuskeln).

Abdúctor, Plur: ***Abductóres*, Abduktóren** [an: Spreizmuskeln] lat. *abdúcere* abziehen.

Aberratión [astr, phys: Abirrung des Lichtes, biol: vereinzelte Variation] lat. *aberráre* abweichen.

Ábies [bot: Gttg. Tanne] lat.

Abiogenése, ***Abiogénesis*** [biol: Urzeugung] gr. *a* ohne, *bíos* Leben, *génesis* Zeugung, Entstehung.

Abiologíe [= anorganische Naturwissenschaft] gr. *a* ohne, *bíos* Leben, *lógos* Kunde.

abiótisch [geol: ohne Lebewesen] gr. *a* ohne, *bíos* Leben.

Ablatión [geol: 1. Abschmelzung des Gletschers, 2. Abhebung des Gesteins durch Wind, med: Abhebung (z. B. der Netzhaut)] lat. *ablátus* hinweggetragen, von lat. *auférre* hinwegtragen.

Abómasus [zool: Labmagen] lat. *ab* weg, *ómasus* Magen.

aborál [an, zool: der Mundöffnung gegenüber] lat. *ab* weg, *os*, Gen. *óris* Mund.

Abórt, *Abórtus* [med: Frühgeburt, Fehlgeburt] lat. *abórtus* Fehlschlagen, von lat. *aboríri* falsch entstehen.

Abrachíe [med: angeborenes Fehlen der Arme] gr. *a* ohne, *bráchion* Arm.

Abrásio [med: Abkratzen mit scharfem Löffel, Abnutzung] von lat. *abrádere* abkratzen.

Abrasión [geol: Erosion der Brandung] von lat. *abrádere* abkratzen.

***Abscéssus*, Abszeß** [med: scharf begrenzter Eiterherd] von lat. *abscédere* sich abscheiden.

Absorbéntia (*remédia*) [pharm: aufsaugende Mittel] von lat. *absorbére* aufsaugen.

Absorptión [phys: 1. Lösung eines Gases in einer Flüssigkeit, 2. Verlust an strahlender Energie (z. B. Licht) beim Durchgang durch ein Medium] von lat. *absorbére* verschlucken.

abstrákt [phil: allgemeinbegrifflich] lat. *abstráctus* abgezogen.

Abszísse [math, phys: wagerechte Koordinate] lat. *abscíssa* (*línea*) die abgeschnittene (Linie).

Abulíe [psych: Unfähigkeit, Entschlüsse zu fassen] gr. *a* ohne, *bulé* Wille, Entschluß.

Abúsus [med.] lat. *abúsus* Mißbrauch.

abýssisch [geog: Tiefseeregion, geol: tiefliegend] gr. *ábyssos* Abgrund.

Acanthária [zool: U.Ordn. der *Radiolária*] gr: *ákantha* Stachel (Skelett rings mit Stacheln besetzt).

acánthic us, -a, -um [bot dornig, stachelig] latin. von gr. *ákantha* Stachel.

Acanthocéphali [zool: Ordn. der *Nemathelmínthes*, Kratzer] gr. *ákantha* Stachel, *kephalé* Kopf.

Acanthóceras [pal: Gttg. der *Ammonoidéa*] gr. *ákantha* Stachel, *kéras* Horn (Schale mit Stacheln besetzt).

Acanthocládia [pal: Gttg. des *Bryozóa*] gr. *ákantha* Stachel, *kládos* Zweig (Kolonien stachelige Zweige bildend).

Acanthopterýgii [zool: U.Ordn. der *Teleóstei*, Stachelflosser] gr. *ákantha* Stachel, *ptéryx*, Gen. *ptérygos* Flosse.

Acardí(ac)us [med: sehr unvollkommene Mißgeburt ohne Herz] gr. *a* ohne, *kardía* Herz.

Acarína [zool: Ordn. der *Arachnoidéa*, Milben] gr. *ákari* Milbe.

acaúl is, -e [bot: stengellos] latin. von gr. *a* ohne, *kaulós* Stiel, Stengel.

Accessórius [an: Gehirnnerv] lat. *accessórius* hinzutretend.

Acéphalus [med: kopflose Mißgeburt, zool: *Acéphala* früherer Name für Muscheln] gr. *a* ohne, *kephalḗ* Kopf.

Acer [bot: Gttg. Ahorn] lat. *ácer* spitz (Blattform).

Acerathérium [pal: tertiärer Vorläufer des Nashorns ohne Horn] gr. *a* ohne, *kéras* Horn, *thēríon* Tier.

Acérvulus [med: Hirnsand] lat. *acérvulus* Häufchen.

Acet... [chem.] lat. *acétum* Essig.

Acetábulum [an: Gelenkpfanne] lat. *acetábulum* Essigbecher, Napf.

acetoséll us -a, -um [bot: etwas nach Essig schmeckend] lat. *acétum* Essig, *-ellus* Verkleinerungsform.

acetós us, -a, -um [bot: essigsauer] von lat. *acétum* Essig.

Achaéta [zool: Ordn. der *Gephyréi*] gr. *a* ohne, *chaíta* Borste.

Achäne [bot: echte Schließfrucht] gr. *a* nicht, *chaínein* klaffen.

Achát [min: Var. des Quarzes] gr. *achátēs* Fluß in Kleinasien.

Achétidae [zool: Fam. der *Saltatória*, Grillen] von gr. *achéein* tönen.

***Achilía*, Achilíe** [med: angeborenes Fehlen der Lippen] latin. aus gr. *a* ohne, *cheílos* Lippe.

***Achiría*, Achiríe** [med: angeborenes Fehlen der Hände) latin. aus gr. *a* ohne, *cheír*, Gen. *cheirós* Hand.

achlamydéisch [bot: ohne Blütenhülle] gr. *a* nicht, *chlamýs*, Gen. *chlamýdos* Mantel.

Achloropsíe [psych: Grünblindheit] gr. *a* nicht, *chlōrós* grün, *ópsis* Sehen.

Achlys [med: Trübung der Hornhaut] gr. *achlýs* Nebel.

Acholíe [med: Fehlen der Gallenabsonderung] gr. *a* ohne, *cholḗ* Galle.

Achondríte [min: körnchenfreie Steinmeteorite] gr. *a* ohne, *chóndros* Korn.

Achroít [min: farblose Var. des Turmalins] gr. *a* ohne, *chrṓs* Farbe.

Achromát [phys: Objektiv ohne Farbenverzeichnung] gr. *a* ohne, *chrṓma* Farbe.

Achromatín [zool: der schwer färbbare Bestandteil des Zellkerns] gr. *a* ohne, *chrṓma*, Gen. *chrṓmatos* Farbe. Adj.: achromatisch = farblos.

Achromatopsíe [psych: Farbenblindheit] gr. *a* nicht, *chrṓma* Farbe, *ópsis* Sehen.

aciculár is, -e [bot: nadelförmig] lat. *acícula* kleine Nadel, von *ácus* Nadel.

Acidimetríe [chem: Bestimmung des Säuregehalts] lat. *ácidum* Säure, gr. *métron* Maß.

Ácidum [chem, pharm: Säure] lat. *ácidum* Säure.

Ácinus [an: Drüsenbläschen] lat. *ácinus* Beere.

Acipenséridae [zool: Fam. der *Chondróstei*, Störe] lat. *ácus* spitz, *pénna* Feder, Flosse.

Acoéla [zool: U.Ordn. der *Turbellárii*, Strudelwürmer ohne Darm] gr. *a* ohne, *koílon* Höhlung, übertr. Darm.

Acóntae [bot: geißellose Grünalgen] latin. aus gr. *a* ohne, *kontós* Geißel.

Acotyléae, Acotyledónes [bot: Pflanzen ohne Keimblätter] gr. *a* ohne, *kotylēdṓn* Saugwarze an den Armen des Tintenfisches.

Acránia [zool: Kl. der *Chordáta*, Schädellose] gr. *a* ohne, *kránion* Schädel.

Ácria (*remédia*) [pharm: scharfe Arzneimittel] lat. *ac er, -ris, -re* scharf.

Acrídidae [zool: Fam. der *Saltatória*, Heuschrecken] gr. *akrís*, Gen. *akrídos* Heuschrecke.

Acródus [pal: Gttg. der *Plagióstomi*] lat. *ácer* scharf, gr. *odús* Zahn.

Actínium [chem: radioaktives Element] latin. von gr. *aktís*, *aktínos* Strahl.

Actinocámax [pal: Gttg. der *Belemnoidéa*] gr. *aktís*, Gen. *aktínos* Strahl, *kámax* Schaft, Stange.

Actinocrínidae [pal: Fam. der *Crinoidéa*] gr. *aktís*, Gen. *aktínos* Strahl, *krínos* Lilie.

Actinóphrys [zool: Gttg. der *Heliozóa*] gr. *aktís*, Gen. *aktínos* Strahl, *ophrýs* Augenbraue (im Hinblick auf die feinen Plasmastrahlen).

Actinópoda [zool: Ordn. der *Holothurioidéa*] gr. *aktís*, Gen. *aktínos* Strahl, *pús*, Gen. *podós* Fuß.

Ádjuvans [pharm: Unterstützungsmittel] lat. *adiuváre* unterstützen.

aculeát us, -a, -um [bot, zool: stachelig] lat. *acúleus* kleiner Stachel, von lat. *ácus* Nadel.

Acústicus [an: Gehirnnerv, Hörnerv] latin. von gr. *akúein* hören.

acutángul us, -a, -um [bot: scharfkantig] lat. *acútus* spitz, *ángulus* Winkel.

acutifóli us, -a, -um [bot: spitzblätterig] lat. *acútus* scharf, *fólium* Blatt.

Acyanopsíe [psych: Violettblindheit] gr. *a* nicht, *kýanos* dunkelblau, *ópsis* Sehen.

Adaktylíe [med: angeborenes Fehlen der Finger oder Zehen] gr. *a* ohne, *dáktylos* Finger, Zehe.

Adamantín [an: Zahnschmelz] gr. *adamántinos* diamanten, von gr. *adámas* unerweichlich, Diamant (wegen seiner Härte).

Adap(ta)tión [med: Anpassung des Auges an verschieden starkes Licht] lat. *adaptáre* anpassen.

adäquát [phil: vollkommen passend] lat. *adaequátus* gleichgemacht.

addieren [math: hinzufügen, hinzuzählen] lat. *áddere* hinzugeben.

Adductóres, **Adduktóren** [an: Anzieh-, Schließmuskeln] lat. *addúcere* heranführen.

Adelphogamíe [bot: Bestäubung zwischen Blüten nahe verwandter Pflanzenstöcke derselben Art] gr. *adelphós* Bruder, *gámos* Ehe.

adenál [an: in Drüsen entstanden] gr. *adḗn*, *adēnós* Drüse.

adenoíd [an: drüsenartig] gr. *adḗn* Drüse, *eídos* Aussehen.

Adephága [zool: U.Ordn. der *Coleóptera*, Raubkäfer] gr. *ádēn* reichlich, *phageín* fressen.

Adeps [an, pharm: Fett] lat. *ádeps* Fett.

Adhäsión [phys: Kraft, die das Aneinanderhaften zweier Körper bedingt] von lat. *adhaerére* anhängen.

adiabátisch [phys: wärmeundurchlässig] gr. *a* nicht, *diabatós* zugänglich, von *diá* durch, *baínein* schreiten.

Adiántum [bot: Gttg. der *Filicéae* Haarfarn] gr. *a* nicht, *diaínein* benetzen (Wedel durch Wasser nicht benetzbar).

Adipocéle [med: Fettbruch] gr. *ádeps*, Gen. *ádipos* Fett, *kélē* Bruch.

Áditus [an.] lat. *áditus* Zugang, Eingang.

Adiustóres [zool: Stielmuskeln der *Brachiópoda*] lat. *adiustáre* ausrichten.

Adnéxa [an: Anhangsgebilde des Uterus] lat. *adnéxus* angehängt, von lat. *adnéctere* anknüpfen.

adorál [an, zool: mundständig] lat. *ad* hinzu, *os*, Gen. *óris* Mund.

adossíert [bot: angelehnt] franz. *adosser* anlehnen.

Adrenalín [pharm: Bestandteil der Nebenniere] lat. *ad* nebenbei, *ren* Niere.

Adsorptión [phys: Anlagerung von Gasen oder Dämpfen an die Oberfläche fester Körper] *ad* heran, *sorbére* etwas Flüssiges hinunterschlucken.

Adstringéntia (*remédia*) [pharm: zusammenziehende Mittel] lat. *adstríngere* zusammenziehen.

Adulár [min: Var. des Feldspats] lat. *mons Ádula* St. Gotthard (nach seinem Vorkommen).

adúltus [an] lat. *adúltus* erwachsen.

adventív [bot, zool, pal: hinzukommend] lat. *adveníre* hinzukommen.

Adynamandríe [bot: Unfähigkeit des Pollens zur Befruchtung] gr. *a* nicht, *dýnamis* Kraft, *anḗr*, Gen. *andrós* Mann, übertr. männliches Geschlechtsorgan.

Adynamíe [med: allgemeine Kraftlosigkeit] gr. *a* ohne, *dýnamis* Kraft.

aeglefínus [zool: Schellfisch] latin. von franz. *églefin*.

Aegocerátidae [pal: Fam. der Ammonoidéa] latin. aus gr. *aíx*, Gen. *aigós* Ziege, *kéras* Horn.

Aegopódium [bot: Gttg. Geißfuß] gr. *aíx*, Gen. *aigós* Ziege, *pús*, Gen. *podós* Fuß.

aequál is, -e [an, bot] lat. *aequál is, -e* gleich.

Aërenchým [bot: Atemgewebe er Wasserpflanzen] gr. *aḗr* Luft, *énchyma* übertr. Gewebe, von *en* hinein, *chéein* gießen.

aërisch [geol: der Luft angehörig, durch Luft (Wind) entstanden] lat. *aḗr* Luft.

Aëróben, Aëróbier, Aërobiónten [bot. luftholde Gewächse] gr. *aḗr*, Gen. *aéros* Luft, *bíos* Leben.

Aërodynámik [phys: Lehre von der Bewegung der Gase] gr. *aḗr* Luft, *dýnamis* Gewalt.

Aërométer [phys: Windmesser] gr. *aḗr*, Gen. *aéros* Luft, *métron* Maß.

Aëronautik [phys: Luftschiffahrt] gr. *aḗr*, Gen. *aéros* Luft, *nautikḗ* (*téchnē*) Schiffskunst, von gr. *naûs* Schiff.

Aërophýten [bot: Luftpflanzen] gr. *aḗr*, Gen. *aéros* Luft, *phýton* Gewächs.

Aëroplán [phys: Flugzeug] gr. *aḗr* Luft, lat. *plánum* Fläche.

Aërostátik [phys: Lehre vom Gleichgewicht der Gase] gr. *aḗr* Luft, *statós* stehend, gestellt.

Aërotropísmus [biol: Wendung der Pflanzen zum Sauerstoff] gr. *aḗr* Luft, *trópos* Richtung.

aestív us, -a, -um [bot, zool.] lat. sommerlich, im Sommer lebend, von lat. *aéstas* Sommer.

Aethálium [bot: Rostpilz, Fruchtkörper des Pilzes *Fuligo*] latin. aus gr. *aíthalos* Ruß, von *aíthein* brennen.

Aëtosaúrus [pal: Gttg. der *Reptília*] gr. *aetós* Adler, *saúros* Echse.

afebríl [med: fieberlos] gr. *a* ohne, lat. *fébris* Fieber.

Affektión [med: = Erkrankung] lat. *afficere* antun. Adj.: affiziert = von einer Krankheit befallen.

affín is, -e [zool, bot.] lat. *affín is, -e* verwandt, benachbart, von lat. *ad fínes* an den Grenzen.

Affinität [chem: Verbindungsstreben zweier chem. Körper] von lat. *affínis* verwandt.

Agalmatolíth [min: Var. des Talks, Bildstein] gr. *ágalma*, Gen. *agálmatos* Bild, *líthos* Stein.

Agamogynomonözíe [bot: Vorkommen von ungeschlechtlichen, weiblichen und zwitterigen Blüten an einer Pflanze] gr. *ágamos* ungeschlechtlich, *gynḗ* Weib, *mónos* allein, *oíkos* Haus.

Ágens [pharm: wirksame Substanz] von lat. *ágere* handeln, wirken.

Agglomerát [geol: lockeres Trümmergestein] lat. *ad* hinzu, *glómerus* Haufen.

Aggregát [min: gesetzlose Verwachsung mikroskopisch kleiner Kristalle] lat. *aggregáre* anhäufen, zusammenscharen, von lat. *ad grégem* zur Herde.

ágil is, -e, [zool.] lat. beweglich lebhaft.

Aglóssa [zool: U.Ordn. der *Anúra*] gr. *a* ohne, *glṓssa* Zunge.

Aglýpha [zool: U.Ordn. der *Ophídia*, Schlangen ohne Giftzahn] gr. *a* ohne, *glýphein* aushöhlen.

Agmologíe [med: Lehre von den Knochenbrüchen] gr. *agmós* Bruch, *lógos* Kunde.

Agnathíe [med: angeborenes Fehlen des Kiefers] gr. *a* ohne, *gnáthos* Kiefer.

Agnosíe [psych: Unfähigkeit des Erkennens] gr. *a* ohne, *gnṓsis* Erkenntnis.

Agnóstidae [pal: Fam. der *Trilobítae*] gr. *ágnostos* unkenntlich (Kopf- und Schwanzstücke schwer zu unterscheiden, da sehr klein).

Agóne [geog: Verbindungslinie aller Orte ohne Deklination] gr. *a* ohne, *gonía* Winkel.

Agoníe [med: Todeskampf] gr. *agōnía* Angst, von gr. *agṓn* Kampf.

Agoraphobíe [psych: Platzangst] gr. *agorá* Markt, *phóbos* Furcht.

agrári us, -a, -um [bot.] lat. *agrári us -a, -um* zu den Feldern (lat. *áger*) gehörig, Acker-.

agrést is, -e [bot.] lat. *agrést is, -e* auf den Feldern (lat. *áger*) befindlich, wildwachsend.

Agrimónia [bot: Gttg. Odermännig] lat. *áger*, Gen. *ágri* Acker, gr. *monḗ* Aufenthalt, von *ménein* bleiben.

Agriopýrum [bot: Gttg. Wachtelweizen] latin. aus gr. *ágrios* wild, *pyrós* Weizen.

Agrostémma [bot: Gttg. Rade] gr. *ágrios* wildwachsend, *stémma* Kranz.

Agrúmen [bot: Zitronen und Orangen] ital. *agrúmi* von *ágro* sauer.

agýnisch [bot: ohne Stempel] gr. *a* nicht, *gyné* Weib, übertr.: weibliches Geschlechtsorgan.

Akampsíe [med: Gelenksteifheit] gr. *akampsía* Steifheit, von gr. *a* nicht, *kámptein* beugen.

Akanthít [min: Var. des Silberglanzes] gr. *ákantha* Stachel (Kristallform).

Akarodomátien [bot: Behausungen von Milben] gr. *ákari* Milbe, *dōmátion* Gemach.

akarophíl [bot: milbenliebend] gr. *ákari* Milbe, *phílos* Freund.

Akathisíe [med: Unfähigkeit, lange zu sitzen (hysterisch)] gr. *a* nicht, *káthisis* Sitzen.

Akínesis [med: Lähmung] gr. *a* nicht, *kínēsis* Bewegung.

Akkommodatión [phil: Anpassung] von lat. *accommodáre* anpassen.

Akkórd [phys: Zusammenklang mehrerer konsonanter Töne] lat. *ad* hinzu, *chórda* Saite.

Akkumulátor [phys: Stromsammler] lat. *accumuláre* anhäufen, von *ad* zu, *cúmulus* Haufen.

Ákme [med: Höhepunkt einer Krankheit] gr. *akmé* Spitze, Blüte.

Akmít [min: Var. des Augits] gr. *akmé* Spitze (weil nadelförmig).

Akotýle(dónen) [bot: Pflanzen ohne Keimblätter] gr. *a* ohne, *kotýlē* Napf, *kotylēdṓn* Saugnapf.

Akratopége [geog: kalte Quelle mit geringem Mineralgehalt] gr. *ákratos* ungemischt, *pēgé* Quelle.

Akratothérme [geog: warme Quelle mit geringem Mineralgehalt] gr. *ákratos* ungemischt, *thermá* warme Quelle.

akrogýn [bot: weibliche Geschlechtsorgane spitzenständig] gr. *ákron* Spitze, *gyné* Weib.

akropetál [bot: Verjüngung der Äste nach dem Gipfel zu] gr. *ákron* Gipfel, lat. *pétere* erstreben.

Akrophobíe [psych: Angstgefühl an hochgelegenen Stellen] gr. *ákron* Gipfel, *phóbos* Furcht.

Aktinográmm [phys: Röntgenbild] gr. *aktís*, Gen. *aktínos* Strahl, *gráphein* schreiben.

Aktinométer [phys: Strahlungsmesser] gr. *aktís*, Gen. *aktínos* Strahl, *métron* Maß.

aktinomórph [bot: strahlig] gr. *aktís*, Gen. *aktínos* Strahl, *morphé* Gestalt.

aktív [chem.] lat. *actívus* tätig, von *ágere* handeln.

Akuméter [psych: Hörschärfemesser] gr. *akúein* hören, *métron* Maß.

Akústik [phys: Lehre vom Schall] gr. *akustikós* das Gehör betreffend.

akút [med: plötzlich beginnende, relativ kurze Krankheit] lat. *acútus* spitz.

akzessórisch [min: unwesentlich] lat. *accessórius*, von *accédere* hinzutreten.

Ála [an: Flügel, Fortsatz] lat. *ála* Flügel.

Alabáster [min: Var. des Gipses] lat. *alabáster*, gr. *alabastrítēs* Stein von Alabastra (Ägypten).

Alalíe [psych: Unfähigkeit, deutliche Laute hervorzubringen] gr. *a* nicht, *laleín* reden, schwatzen.

alát us, -a, um [bot.] lat. geflügelt, von lat. *ála* Flügel.

Albédo [astr: lichtreflektierende Kraft eines Planeten] lat. die Weiße, von lat. *álbus* weiß.

albéscens [bot.] lat. *albéscere* weiß werden.

albicílla [zool: weißschwänzig] lat. *álb us, -a, -um* weiß, *cíllere* wippen, schwänzeln.

álbid us, -a, -um [bot.] lat. weißlich, fast weiß.

álbifrons [zool: weißstirnig] lat. *alb us, -a, -um* weiß, *frons* Stirn.

Albinísmus, Albíno [an, zool: angeborener Farbstoffmangel] lat. *álbus* weiß.

Albít [min: Var. des Plagioklas] lat. *álbus* weiß.

Albúmen, Albumín [chem: Eiweiß] lat. *álbus* weiß.

álb us, -a, um [bot, zool.] lat. weiß, schneeweiß.

Alcyonacéae [zool: U.Ordn. der *Octocorállia*, Lederkorallen] latin. aus gr. *alkyónion* Seeschwamm.

Alectorólophus [bot: Gttg. Klappertopf, Hahnenkamm] gr. *aléktoros*, Hahn, *lóphos* Haarschopf.

alekithál [zool: dotterarm (Eier)] gr. *a* ohne, *lékithos* Dotter.

Aleúron [bot: Kleber] gr. *áleuron* Mehl.

Alexíe [psych: Wortblindheit] gr. *a* nicht, *léxis* Lesen.

Alexíne [med, biol: Abwehrstoffe im Blut] gr. *aléxein* abwehren.

alezithál [zool: dotterarm] gr. *a* ohne, *lékithos* Eidotter.

Álgebra [math.] latin. von arab. al dschebr Verbindung getrennter Teile (im Hinblick auf das Versetzen des Gliedes einer Gleichung).

Algesíe, Algíe [psych: gesteigerte Schmerzempfindung] gr. *álgēsis* Schmerz.

Algesiméter [psych: Empfindlichkeitsmesser] gr. *álgēsis* Schmerz, *métron* Maß.

Algolagníe [psych: Schmerzwollust, oft erotisch bedingt] gr. *álgos* Schmerz, *lagneía* Wollust.

Algométer [psych: Empfindlichkeitsmesser] gr. *álgos* Schmerz, *métron* Maß.

Algónkium [geol: Formationsgruppe] latin. nach Indianerstamm der Algonkin südlich der nordamerikanischen Seen.

alifórm is, -e [pal: flügelförmig] lat. *ála* Flügel, *fórma* Gestalt.

aliphátisch [chem: Fett-] gr. *áleiphar*, Gen. *aleíphatos* Fett.

aliquót [math.] lat. *aliquóties* einige Male.

Alkálien [chem.] arab. *al qali* der lösliche Bestandteil der Asche von Landpflanzen.

Alkohol [chem: Hydroxyl eines Kohlenwasserstoffes] arab. *al kohol* das sehr Feine, das „reinste Wesen" einer Sache.

Allantíasis [med: Wurstvergiftung] gr. *allás, allántos* Wurst.

Allántois [an, zool: embryonale Harnblase] gr. *allás, allantós* wurstförmige Hülle.

Alligátor [zool: Gttg. der *Crocodília*] span. *el lagárto* die Eidechse.

allochromátisch [min: durch fremde Stoffe gefärbt] gr. *állos* andere, *chrṓma* Farbe.

allochthón [geol, geog: nicht bodenständig] gr. *állos* andere, *chtṓn* Erde.

Allogamíe [bot: Fremdbestäubung] gr. *állos* andere, *gámos* Ehe.

Alloiogénesis [biol: = Heterogonie] gr. *alloíos* verschieden, *génesis* Entstehung.

Allomorphóse [min: = Pseudomorphose] gr. *állos* andere, *morphḗ* Gestalt.

Allothéria [pal: älteste Säugetiergruppe] gr. *állos* anders, *thēríon* Tier.

allothigén [geol: an anderer Stelle entstanden] gr. *állothi* anderswo, *génesis* Entstehung.

allotriomórph [min: durch fremde Flächen begrenzt] gr. *allótrios* fremd, *morphḗ* Gestalt.

Allotropíe [chem: Auftreten in physikalisch verschiedenen Zuständen] gr. *állos* anders, *trópos* Richtung.

Allúvium [geol: Formation] von lat. *allúere* anschwemmen.

Almandín [min: edler Granat] nach Fundort *Alabanda* in Kleinasien.

Álnus [bot: Gttg. Erle] lat.

Alopecía [med: Haarschwund an sonst behaarten Stellen] gr. *alōpekía* Fuchsräude.

Alopecúrus [bot: Gttg. Fuchsschwanz] gr. *alṓpēx*, Gen. *alṓpekos* Fuchs, *urá* Schwanz.

alpéstr is, -e; alpín us, -a, um [bot, zool.] lat. in den Alpen (lat. *Alpes*) vorkommend.

Alsináceae [bot: Mieren] gr. *álsos* Hain.

alterniflór us, -a, -um [bot: wechselblütig] lat. *altérnus* abwechselnd, *flos*, Gen. *flóris* Blüte.

ált us, -a, -um [bot.] lat. hoch.

Álula [zool: die Federn des Daumens] lat. *álula* kleiner Flügel, von lat. *ála* Flügel.

Alúmen [chem, pharm: Alaun $AlK(SO_4)_2 \cdot 12H_2O$] lat. *alúmen* Alaun.

Alveóle [an: Organhöhle) lat. *alvéolus* kleine Höhlung.

Alýssum [bot: Gttg. der *Crucíferae*, Schildkraut) gr. *a* ohne, *lýssa* Tollwut (gegen die Tollwut verwendet).

Alýtes [zool: Gttg. der *Anúra*, Geburtshelferkröte] gr. *álytos* unauflöslich, gefesselt (im Hinblick auf die Eischnüre).

amábil is, -e [bot.] lat. lieblich.

Amalgám [chem: Metallquecksilberlegierung] von gr. *málagma* Pflaster.

Amalthéidae [pal: Fam. der *Ammonoidéa*] gr. *Amáltheia* sagenhafte Nymphe mit einem Stierhorn, aus dem Nektar und Ambrosia flossen.

Amára (*remédia*) [pharm: bittere Mittel zur Anregung des Appetits und der Verdauung] lat. *amár us, -a, -um* bitter.

Amarántus [bot: Gttg.] gr. *amárantos* unverwelklich.

amaréll us, -a, -um [bot.] lat. etwas bitter, von *amărus* bitter.

amár us, -a, um [bot.] lat. bitter.

Amaurósis [med: Blindheit] gr. *amaúrōsis* Verdunkeluug.

ambígu us, -a, -um [bot.] lat. zweifelhaft, unsicher, nach zwei Seiten neigend.

Amblótica (*remédia*) [pharm: abtreibende Mittel] gr. *ámblōsis* Fehlgeburt.

Amblyopíe [psych: Schwachsichtigkeit] gr. *amblýs* stumpf, *ṓps*, Gen. *ōpós* Auge.

Amblýstoma [zool: Gttg. der *Urodéla*] gr. *amblýs* unempfindlich, *stóma* Maul.

Ambulakrál ... [zool: Wassergefäßsystem der *Echinodérmata*] lat. *ambuláre* spazierengehen.

Ambústio [med: Verbrennung] von lat. *ambúrere* verbrennen.

Amenorrhöé [med: Ausbleiben der Menstruation] gr. *a* ohne, *mḗn*, Gen. *mēnós* Monat, *rhoḗ* Fließen.

Améntum [bot: Kätzchen] lat. *améntum* Wurf- oder Schwungriemen.

Ametábola [zool: Insekten ohne Metamorphose] gr. *a* nicht, *metabolḗ* Veränderung.

Amethýst [min: Var. des Quarzes] gr. *améthystos* unberauscht, weil als Amulett gegen Trunkenheit getragen.

Ametropíe [psych: unregelmäßige Brechung des Auges] gr. *a* nicht, *métron* Maß, *ópsis* Sehen.

Amiánt [min: Var. des Asbests] *amíantos* unbefleckt, rein.

Amikalselektiŏn [biol: Gastwahl der Ameisen] lat. *amícus* Freund, *seléctio* Auswahl.

Amitóse [an, zool: Kernteilung ohne Spindelbildung] lat. *a* ohne, *mítos* Faden.

Ammocoétes [zool: Larve von *Petromýzon*] latin. aus gr. *ámmos* Sand, *koitázein* schlafen.

Ammonoidéa [pal: U.Ordn. der *Cephalopóda*] gr. *Ámmōn* ägyptischer Gott, hebräisch: *Amum* „der Getreue", mit Widderkopf dargestellt. (Ähnlichkeit der Ammonitenschale mit einem Widderhorn.)

Ammóphila [bot: Gttg. der *Gramineae*, Strandhafer] gr. *ámmos* Sand, *phílos* Freund.

Amnesíe [psych: teilweiser oder gänzlicher Verlust des Gedächtnisses] gr. *a* ohne, *mnḗsis* Gedächtnis.

Ámnion [an, zool: Schafhaut, innerste Embryonalhülle] gr. *amnós* Lamm.

***Amoebína*, Amöben** [zool: Ordn. der *Rhizópoda*, Wechseltierchen] gr. *amoibaíos* wechselnd (in der Gestalt).

amoén us, -a, um [bot.] lat. lieblich.

amórph [phys: gestaltlos] gr. *ámorphos* gestaltlos, von *a* ohne, *morphḗ* Gestalt.

Ampelópsis [bot: Gttg. wilder Wein] gr. *ámpelos* Weinstock, *ópsis* Aussehen.

amphi- gr. von beiden Seiten.

Amphíbia [zool: Kl. der *Vertebráta*, Lurche] gr. *amphíbios* doppellebig, d. h. im Wasser und auf dem Lande lebend.

***Amphigénesis*, Amphigoníe** [biol: geschlechtliche Fortpflanzung] gr. *amphi* beide, *gónos* Geschlecht.

Amphikarpíe [biol: Erzeugung zweier Fruchtformen] gr. *amphí* beide, *karpós* Frucht.

Amphikáryon [biol: Befruchtungskern] gr. *amphí* beide, *káryon* Kern.

Amphimíxis [biol: Vereinigung der männlichen und weiblichen Geschlechtszellen] gr. *amphí* beide, *míxis* Mischung.

Amphineúra [zool: Kl. der *Mollúsca*, Urmollusken] gr. *amphí* zu beiden Seiten, *neúron* Nerv (Nerven laufen seitlich).

Amphióxus [zool: Gttg. der *Acránia*] gr. *amphí* beiderseits, *oxýs* zugespitzt.

Amphípoda [zool: Ordn. der *Crustacéa* Flohkrebse] gr. *amphí* ringsherum, *pús*, Gen. *podós* Fuß.

amphizöl [zool: an beiden Enden ausgehöhlt (Wirbel)] gr. *amphí* beide, *koilós* hohl.

amplexicaúl is, -e [bot: stengelumfassend] lat. *amplectári* umfassen, *caúlis* Stengel.

Amplitúde [geog: mittlerer Unterschied zwischen tiefster und höchster Tagestemperatur, phys: Schwingungsweite] lat. *amplitúdo* Weite.

Amputátio [med: Abtrennung von Gliedern] lat. *amputáre* ringsherum abschneiden.

Amusíe [psych: Notenblindheit oder Tontaubheit] gr. *a* ohne, *musía* Musik.

Amyl... [chem, pharm.] lat. *ámylum* Stärkemehl, von gr. *a* ohne, *mýlē* Mühle.

Amyloplást [bot: Stärkebildner] gr. *ámylon* Mehlbrei, *plastós* gebildet.

Amyosthenie [med: Muskelschwäche] gr. *a* ohne, *mýs*, Gen. *myós* Muskel, *sthénos* Kraft.

Anabántidae [zool: Fam. der *Teleóstei*, Kletterfische] von gr. *anabaínein* hinaufsteigen.

Anabióse [biol: Wiederaufleben nach scheintotem Zustande] gr. *aná* danach, *bíos* Leben.

Anaemía [med: Blutarmut] latin. aus gr. *an-* ohne, *haíma* Blut.

Anaëróben [bot: Bakterien, die ohne Sauerstoff leben] gr. *an-* ohne, *aḗr*, Gen. *aéros* Luft.

Anakoluthíe [psych: krankhafte Silben- oder Wortauslassung] gr. *an-* ohne, *akoluthía* Reihenfolge.

anakrogýn [bot: weibliche Geschlechtswerkzeuge nicht an der Spitze befindlich] gr. *an-* nicht, *ákron* Gipfel, *gýnē* Weib.

anál [an: in der Aftergegend] lat. *anális*, von lat. *ánus* After.

Analcím [min: Zeolith] gr. *ánalkis* kraftlos (weil elektrisch wenig erregbar).

Analéptica (*remédia*) [pharm: belebende Mittel] gr. *analēptikós* stärkend, von gr. *analambánein* wieder zu sich bringen.

Analgesíe [psych: Schmerzlosigkeit] gr. *analgḗs* unempfindlich.

Analýse, Análysis [chem, math: Methode der Auflösung, Trennung] gr. *análysis* Auflösung.

Anamnése [med: Vorgeschichte einer Krankheit] gr. *anámnēsis* Erinnerung.

Anámnia [zool: Tiere ohne Amnion] gr. *an-* ohne, *amnós* Lamm(haut).

Anapháse [biol: 3. Stadium der Kernteilung] gr. *aná* nach, *phásis* Erscheinung.

Anaphrodisíaca (*remédia*) [pharm: Mittel zur Herabsetzung des Geschlechtstriebs] gr. *an-* ohne, *aphrodisía* Verliebtsein.

Anästhesíe [phys: Empfindungslähmung] latin. aus gr. *an-* ohne, *aísthēsis* Empfindung.

Ánas [zool: Gttg. der *Aves*, Ente] lat.

Anastigmát [phys: Objektiv ohne Punktverzeichnung] gr. *an* nicht, *a* ohne, *stígma* Punkt.

Anastomóse [an, zool: Verbindung von Blutgefäßen oder Nerven] gr. *anastómōsis* Mündung, von gr. *stóma* Mund.

Anatínae [zool: U. Fam. der *Ansé-ridae*, Enten] gr. *ánas* Ente.

Anatomíe [med: Lehre vom Bau der Organe] gr. *anatomḗ* aufgeschnitten, von *anatémnein* aufschneiden.

ánceps [pal, med.] lat. kopflos, zweifelhaft.

Ancistropégmata [pal: U.Ordn. der *Brachiópoda*] gr. *ánkistron* Haken, *pḗgma* Gerüst (Armgerüst besteht aus 2 Haken).

Ancylopégmata [pal: U.Ordn. der *Brachiópoda*] gr. *ankýlos* Schlinge, *pḗgma* Gerüst (Armgerüst schlingenförmig).

Androdiözíe [bot: Verteilung der männlichen und zwitterigen Blüten auf getrennte Stöcke] gr. *anḗr*, Gen. *andrós* Mann, *dí(s)* doppelt, *oíkos* Haus.

androdynám [bot: Zwitterblüte mit stärker entwickelten männlichen Organen] gr. *anḗr*, Gen. *andrós* Mann, *dýnamis* Kraft.

Androgyníe [biol: Zwittrigkeit, psych: Mannweibtum in rein seelischer Beziehung] gr. *andrógynos* zwitterhaft, von gr. *anḗr*, Gen. *andrós* Mann und *gýnē* Weib.

Andromaníe [psych: Mannstollheit] gr. *anḗr*, Gen. *andrós* Mann, *manía* Tollheit.

Andromonözíe [bot: männliche und zwitterige Blüten an einer Pflanze] gr. *anḗr*, Gen. *andrós* Mann, *mónos* einzig, *oikós* Haus.

Androphór [bot: der die männlichen Geschlechtswerkzeuge tragende Teil der Blütenachse] gr. *anḗr*, Gen. *andrós* Mann, *phóros* Träger.

Androspóren [bot: männliche Schwärmsporen] gr. *anḗr*, Gen. *andrós* Mann, *spóros* Saat, Schößling.

Andrözeum [bot: Gesamtheit der Staubgefäße] latin. aus gr. *anḗr*, Gen. *andrós* Mann, *oíkos* Haus, Gehäuse.

anemochór [biol: durch Wind verbreitet (Samen)] gr. *ánemos* Wind, *choreín* wandern.

anemogám [bot: windblütig] gr. *ánemos* Wind, *gámos* Ehe (Fortpflanzung).

anemogén [geol: durch Wind entstanden] gr. *ánemos* Wind, *génesis* Entstehung.

Anemométer [phys: Windmesser] gr. *ánemos* Wind, *métron* Maß.

Anemóne [bot: Gttg. Buschwindröschen] von gr. *ánemos* Wind (Blüten schwanken im Winde).

anemophíl [biol: windblütig] gr. *ánemos* Wind, *phílos* Freund.

Anerosíe [psych: Fehlen des Geschlechtstriebes] gr. *an-* ohne, *érōs* Liebe.

Anerythropsíe [psych: Rotblindheit] gr. *an-* nicht, *erythrós* rot, *ópsis* Sehen.

Aneurýsma [med: Erweiterung eines arteriellen Gefäßes] von gr. *aneurýnein* erweitern.

Angiektasíe [med: Gefäßerweiterung] gr. *angeíon* Gefäß, *éktasis* Erweiterung, von gr. *ekteínein* ausdehnen.

Angína [med: Bräune, Mandelentzündung] lat. *angína* Angst, von gr. *ángein* einengen.

Angioblást [an: embryonales Darmfaserblatt] gr. *angeíon* Gefäß, *blastós* Keim.

Angiologíe [an: Lehre von den Gefäßen] gr. *angeíon* Gefäß, *lógos* Kunde.

Angiospérmae [bot: Bedecktsamige] gr. *angeíon* Gefäß, Kapsel, *spérma* Samen.

Angiostenóse [med: Verengerung eines Blutgefäßes] gr. *angeíon* Gefäß, *stenós* eng.

Angúidae [zool: Fam. der *Lacertília*] lat. *ánguis* Schlange (schlangenförmige Eidechsen).

Anguillifórmes [zool: U.Ordn. der *Teleóstei*, Aalartige] lat. *anguílla* Aal, *-formis* -förmig.

Anguillúlidae [zool: Fam. der *Nematódes*, Älchen] lat. *anguíllula*, Verkleinerungsform von *anguílla* Aal.

anguíne us, -a, -um [zool.] lat. schlangenartig.

anguláť us, -a, -um [bot, pal.] lat. eckig, kantig.

Ángulus [an: Winkel] lat. *ángulus* Winkel.

angustifóli us, -a, -um [bot: schmalblätterig] lat. *angúst us, -a, -um* schmal, *fólium* Blatt.

Anhýdrische Periode [geol: älteste Abteilung der Erdgeschichte] gr. *an-* ohne, *hýdōr*, Wasser.

Anhydrít [min: $CaSO_4$, wasserfrei] gr. *an-* ohne, *hýdōr* Wasser.

animál, animálisch [zool: tierisch] lat. *ánimal* Tier.

Animalísmus [psych: Tierkult, biol: Gesamtheit des tierischen Lebens] lat. *ánimal* Tier.

Animísmus [psych: Seelenglaube der Naturvölker] lat. *ánima* Seele.

Ánion [chem: das zur Anode wandernde Ion] gr. *aná* hinauf, *íōn* gehend.

Anísogamíe [biol: Fortpflanzung durch ungleichgroße Gameten] gr. *ánisos* ungleich, *gámos* Ehe.

Anisomyária [zool, pal: Ordn. der *Lamellibranchiáta*] gr. *ánisos* ungleich, *mýs* Maus, übertr.: Muskel (hinterer Schalenmuskel stärker als vorderer).

Anisophyllíe [bot: Ungleichheit der Blätter] gr. *ánisos* ungleich, *phýllon* Blatt.

anisotróp [phys, min: nach verschiedenen Richtungen ungleiches Verhalten zeigend] gr. *ánisos* ungleich, *trópos* Richtung.

Annélides [zool: Kl. der *Vérmes*] Ringelwürmer] von lat. *ánnulus* Ring.

annuéll [bot: einjährig] lat. *annuál is, -e* jährlich, von lat. *ánnus* Jahr.

Annulariéae [pal: Gttg. der *Calamitacéae*] von lat. *ánnulus* kleiner Ring.

annulát us, -a, -um [zool.] lat. geringelt.

Anóde [phys: die mit dem +-Pol der Stromquelle verbundene Elektrode] von gr. *aná* hinauf, *hodós* Weg.

Anodónta [zool: Gttg. der *Lamellibranchiáta*] gr. *an-* ohne, *odús*, Gen.

odóntos Zahn (Schale ohne Schloßzähne).

anogén [geol: aus der Tiefe emporgestiegen (Eruptivgesteine)] gr. *ánō* nach oben, *génesis* Entstehung.

Anomalíe [phys: abweichendes Verhalten] gr. *anómalos* ungleichmäßig, von *an-* ohne, *homalés* gleichartig.

Anomaloskóp [psych: Vorrichtung zur Bestimmung der Farbenblindheit] gr. *anómalos* ungleichmäßig, *skopeín* schauen.

Anomúra [zool: U.Ordn. der *Decápoda*] gr. *ánomos* ungesetzmäßig, *urá* Schwanz.

Anópheles [zool: Gttg. der *Culícidae*, Malariamücke] gr. *anōphelés* Nichtsnutz, von gr. *an-* ohne, *ōpheleín* nützen.

Anópla [zool: U.Ordn. der *Nemertíni*] gr. *an-* ohne, *hópla* Waffen (ohne Stilet).

Anoplothérium [pal: Gttg. der *Mammália*] gr. *an-* ohne, *hóplon* Waffe, *thēríon* Tier (Wiederkäuer ohne Hörner).

anorgánisch [phil: nicht belebt, chem: Verbindungen ohne Kohlenstoff] gr. *an-* ohne, *órganon* Werkzeug.

Anorthít [min: Var. des Plagioklas] gr. *an-* nicht, *orthós* rechter Winkel (im Hinblick auf seine Spaltbarkeit).

Anorthoklás [min: Natronfeldspat] gr. *an-* nicht, *orthós* rechter Winkel, *klásis* Spaltung (im Hinblick auf seine Spaltbarkeit).

Anosmíe [psych: Fehlen des Geruchsinnes] gr. *an-* ohne, *osmé* Geruch.

Anothermíe [geog: die normale Temperaturschichtung in Binnenseen] gr. *ánō* oben, *thermós* warm.

anoxybióntisch [biol: ohne Sauerstoff lebend] gr. *an-* ohne, *oxýs* sauer, *bíos* Leben.

Anserifórmes [zool: Ordn. der *Áves*, Gänsevögel] lat. *ánser*, Gen. *ánseris* Gans, *fórma* Gestalt.

Antácida (*remédia*) [pharm: säuretilgende Mittel] gr. *antí* gegen, lat. *ácidum* Säure.

Antagonísten [med: gegenwirkende Muskeln; pharm: gegenwirkende Mittel] gr. *antagonístēs* Widersacher, von gr. *antí* gegen, *agṓn* Kampf.

Antárktis [geog: Südpolargebiet] gr. *antí* gegenüber, *árktos* Bär (Nordpolargestirn).

Antebráchium [an: Vorderarm, Unterarm] lat. *ánte* vor, *bráchium* Arm.

Anténne [zool: Fühler der *Arthrópoda*, phys: Fang- und Sendedraht der drahtlosen Telegraphie] lat. *anténna* Segelstange.

Anthelmínthica (*remédia*) [pharm: Wurmmittel] gr. *antí* gegen, *hélmins*, Gen. *hélminthos* Wurm.

Anthére [bot: Staubbeutel] gr. *antherós* blühend.

Antherídien [bot: Behälter der männlichen Geschlechtswerkzeuge mancher Kryptogamen] gr. *anthērós*, blühend, *eídos* Aussehen.

Anthése [biol: volle Blütezeit einer Pflanze] gr. *ánthē* Blume, Blüte.

Anthokárp [bot: mit dem Blumenkronengrund verwachsene Frucht] gr. *ánthos* Blüte, *kárpos* Frucht.

Anthomedúsae [zool: Ordn. der *Hydrozóa*, Blumenquallen] gr. *ánthos* Blume, *médusa* Meduse.

Anthoxanthín [biol: gelber Blütenfarbstoff] gr. *ánthos* Blüte, *xanthós* gelb.

Anthozóa [zool, pal: Kl. der *Coelenteráta*, Blumentiere, Korallen] gr. *ánthos* Blume, *zṓon* Tier.

Anthozyán [bot: blauer Farbstoff der Blüten] gr. *ánthos* Blume, *kyáneos* blau.

Anthrakokréne [geol: Säuerling] gr. *ánthrax*, Gen. *ánthrakos* Kohle, *kréne* Quelle (kohlensäurehaltig).

Ánthrax [med: Milzbrandinfektion, ferner Karbunkel] gr. *ánthrax* Kohle.

Anthrazít [min: C-reichste Kohle] gr. *ánthrax*, Gen. *ánthrakos* Kohle.

Anthropogeníe [phil: Entwicklungsgeschichte des Menschen] gr. *ánthrōpos* Mensch, *génesis* Entstehung.

Anthropogeographíe [geog: Zweig der Geographie, der das Verhältnis von Mensch zu Erde behandelt] gr. *ánthrōpos* Mensch, *gé* Erde, *gráphein* beschreiben.

Anthropoidéa, Anthropomórphi, Anthropopithécidae [zool: Fam. der *Primátes*, Menschenaffen] gr. *ánthrōpos* Mensch, *eídos* Gestalt; *morphé* Gestalt; *píthekos* Affe.

Anthropologíe [Naturgeschichte des Menschen] gr. *ánthrōpos* Mensch, *lógos* Lehre, Kunde.

Anthropometríe [med: Lehre von den Körpermaßen] gr. *ánthrōpos* Mensch, *métron* Maß.

Antibráchium [an: Vorderarm] latin. von gr. *antí* gegen, lat. *bráchium* Arm.

Antidót [pharm: Gegenmittel] gr. *antí* gegen, *didónai*, Stamm: *dot-*, geben.

antidróm [bot: gegenläufig] gr. *antí* gegen, *drómos* Lauf.

Antifebrília (*remédia*) [pharm: Fiebermittel] gr. *antí* gegen, lat. *fébris* Fieber.

Antikathóde [phys: Gegenkathode in der Röntgenröhre] gr. *antí* gegenüber, *katá* hinab, *hodós* Weg.

Antiklinále [geol: Sattelfalte] gr. *antí* entgegen, *klínein* neigen.

Antimón [chem: Element] gr. *antí monáchus* „gegen die Mönche", angeblich nach einem Erlaß Franz' II. von Frankreich, der sich gegen die mit A. Mißbrauch treibenden Mönche wandte. Nach anderer Deutung aus der Somalisprache entlehnt.

Antipassat [geog: Gegenpassat] gr. *antí* gegen, span: *passáta* Überfahrt (Europa—Amerika).

Antipatháriae [zool: U.Ordn. der *Hexacorállia*] latin. von gr. *antipathḗs* entgegenwirkend (weil schwarze Korallen früher als Gegenmittel gegen Zauberei galten).

Antipathíe [psych: Abneigung] gr. *antipathḗs* entgegenwirkend.

Antipóden [bot: Gegenfüßler, Gegenzellen, geogr: Bewohner der Gegenseite der Erdkugel] gr. *antí* gegenüber, *pús*, Gen. *podós* Fuß.

Antipyrética (*remédia*) [pharm: Fiebermittel] gr. *antí* entgegen, *pýr* Feuer, übertr.: Fieber.

antíqu us, -a, -um [pal] lat. alt.

Antiséptica (*remédia*) [pharm: fäulniswidrige Mittel] gr. *antí* gegen, *sépsis* Fäulnis.

Antistómium [an: Gegenseite des Maules] latin. von gr. *antí* gegenüber, *stóma* Maul.

Antöken [geog: Gegenwohner] gr. *antí* gegenüber, *oíkos* Haus.

Ántrum [med: Hohlraum] lat. *ántrum* Höhle.

Anúra [zool: Ordn. der *Amphíbia*, Schwanzlose Lurche] gr. *an-* ohne, *urá* Schwanz.

Ánus [an: After] lat. *ánus* After.

äólisch [geol, geog: durch Wind hervorgerufen] gr. *Aíolos* nach der Sage Aufseher der Winde.

Aórta [an: große Körperschlagader] gr. *aórtē* Schlagader, von gr. *aeírein* heben.

Apathíe [psych: krankhafte Teilnahmslosigkeit] gr. *a* ohne, *páthos* Geschick, Stimmung.

apathogén [med: nicht krankheitserregend] gr. *a* nicht, *páthos* Krankheit, *génesis* Entstehung.

Apatít [min: $FCa_5(PO_4)_3Cl$] gr. *apátē* Täuschung (mit Beryll zu verwechseln).

aperiódisch [phys: nicht periodisch] gr. *a* nicht, *períodos* Umlauf.

Apertúr [an, zool, phys, astr.] spätlat. *apertúra* Öffnung.

apétal us, -a, -um [bot: ohne Kronblätter] von gr. *a* ohne, *pétalon* Blatt.

Ápex [astr, zool: Spitze] lat. *ápex* höchste Spitze.

Aphaníptera [zool: Ordn. der *Inséсta*, Flöhe] gr. *aphanḗs* unsichtbar, *ptéron* Flügel.

Aphaneropégmata [pal: U.Ordn. der *Brachiópoda*] gr. *a* nicht, *phanerós* deutlich, *pégma* Gerüst (ohne Armgerüst).

Aphasíe [psych: teilweiser oder gänzlicher Verlust des Sprechvermögens] gr. *a* ohne, *phásis* Sprache.

Aphél [astr: weiteste Entfernung eines Planeten von der Sonne] von gr. *apó-* fort-, *hḗlios* Sonne.

Aphídidae [zool: Fam. der *Rhynchóta*, Blattläuse] gr. *áphis* Blattlaus.

Aphoníe [psych: meistens hysterisch bedingtes Sprechen im Flüsterton] gr. *a* ohne, *phonḗ* Stimme.

Aphrasíe [psych: Stummheit oder sinnloses Sprechen] gr. *a* ohne, *phrásis* Satz.

Aphrodisíaca [pharm: Mittel zur Erhöhung des Geschlechtstriebs] gr. *aphrodisiázein* begatten, von gr. *Aphrodítē* Göttin der Liebe.

Aphróphora [zool: Gttg. der *Inséсta*, Schaumzikade] gr. *áphros* Schaum, *phóros* Träger.

aphýll us, -a, -um [bot: blattlos] latin. aus gr. *a* ohne, *phýllon* Blatt.

apicát us, -a, -um [bot: spitzmützig] lat. mit der Priestermütze (lat. *ápex*, Gen. *ápicis*) geschmückt.

Ápidae [zool: Fam. der *Hymenóptera*, Bienen] lat. *ápis* Biene.

apikál [bot: an der Spitze gelegen] von lat. *ápex*, Gen. *ápicis* Spitze.

Aplacóphora [zool: Ordn. der *Amphineúra*] gr. *a* ohne, *pláx*, Gen. *plakós* Platte, *phóros* Träger (schalenlose Urmollusken).

Aplanát [phys: chromatisch und sphärisch korrigiertes photographisches Objektiv] gr. *a* nicht, *plánēs* herumirrend.

Aplanogaméten [bot: unbewegliche Gameten] gr. *a* nicht, *plános* umherschweifend, *gamétēs* Gatte.

Aplasíe [med: unvollkommene Entwicklung von Organen] gr. *a* nicht, *plásis* Bildung.

Aplít [min: helles Ganggestein] von gr. *haplóos* einfach.

Apochromát [phys: Objektiv ohne Farbenverzeichnung] gr. *apó* weg, *chrṓma* Farbe.

Apoda [zool: Ordn. der *Amphíbia*, fußlose Blindwühle] gr. *a* ohne, *pús*, Gen. *podós* Fuß.

Apogamíe [biol: Fehlen der geschlechtlichen Fortpflanzung] gr. *apó* weg, *gámos* Ehe.

Apogäum [astr: größter Abstand eines Planeten von der Erde] latin. aus gr. *apó* fort, *gaía* Erde.

Apophyllít [min: Zeolith, $CaSi_2O_5 \cdot 2H_2O$] gr. *apophyllízein* abblättern, von *apó* fort, *phýllon* Blatt (Kristalle blätterig).

Apophýse [an: Vorsprung, Auswuchs, bot: Anschwellung, geol: seitliche Ausläufer von Gängen] gr. *apóphysis* Auswuchs.

Apoplexía [med: Schlaganfall] gr. *apoplēxía* Schlagfluß (Hippokrates), von gr. *apoplḗssein* niederschlagen.

Aposporíe [bot: Ausfall der Sporenbildung] gr. *apó* fort, *spóros* Saat.

Apothézium [bot: offener Fruchtkörper mancher Pilze und Flechten] latin. aus gr. *apothḗkē* Lager, Speicher.

apparénter Ort [astr: scheinbarer Ort eines Sterns] von lat. *apparére* erscheinen, sichtbar sein.

Appendiculária [zool: Ordn. der *Tunicáta*, geschwänzte Manteltiere] lat. *appendícula* kleines Anhängsel, von lat. *appéndere* daranhängen.

Appéndix, Plural: ***Appéndices*** [an: Anhang] lat. *appéndix* Anhang, von lat. *appéndere* daranhängen.

Apperzeptión [psych: Erfassen äußerer Vorgänge durch das Bewußtsein] lat. *ad* heran, *percéptio* Erfassen.

Appositión [bot: Anlagerung] von lat. *appónere* hinzufügen.

Appressórien [bot: Haftscheiben] lat. *appréssus* angeheftet, von *apprímere* andrücken.

Approximatión [astr: besonders starke Annäherung zweier Himmelskörper] von lat. *ad* hinzu, *próximus* nächste.

Apraxíe [psych: Unvermögen, Handlungen richtig auszuführen] gr. *a* ohne, *práxis* Handlung.

Aprosopíe [med: angeborenes Fehlen des Gesichts] gr. *a* ohne, *prósōpon* Gesicht.

Apsíden [astr: die Punkte des Aphel- und des Perihelabstandes eines Planeten] gr. *hápsis* Verknüpfung.

Apterýgidae [zool: Fam. der *Áves*, Schnepfenstrauße] gr. *aptérygos* ungeflügelt.

Apterygóta [zool: U.Kl. der *Insécta*, Urinsekten] gr. *aptérygos* ungeflügelt.

Áptychus [pal: Schalendeckel der Ammoniten] von gr. *a* ohne, *ptychḗ* Falte.

Ápus [zool: Gttg. der *Branchiópoda*, Gttg. der *Aves* (Mauersegler)] gr. *ápus* fußlos.

Aqua [chem, pharm: Wasser] lat. *áqua* Wasser.

äquál [phil: vergleichbar, an: gleich] lat. *aequál is, -e* gleich.

Aquamarín [min: Var. des Berylls] lat. *áqua marína* Meerwasser (meergrüne bis blaue Färbung).

aquátic us, -a, -um und ***aquátil is, -e*** [bot, zool: im Wasser lebend] von lat. *áqua* Wasser.

Äquátor [geog: Gleicher] lat. *aequátor* der Gleichmacher, von lat. *aequáre* gleichmachen.

äquidistánt [phys: gleichweit entfernt] lat. *aéquus* gleich, *dístans* auseinanderstehend.

Áquila [zool: Gttg. der *Aves*, Adler] lat. *áquila* Adler.

Äquinóktium [geog: Tagundnachtgleiche] von lat. *aéquus* gleich, *nox*, Gen. *nóctis* Nacht.

Äquivalént [geol: gleichaltrige Schicht, phys, phil: ein Entsprechendes] lat. *aequiválens* gleichgeltend.

Arachnoidéa [zool: Kl. der *Arthrópoda*, Spinnentiere, an: Spinnwebenhaut des Gehirns] gr. *aráchnē* Spinne, *eídos* Aussehen.

Aragonít [min: $CaCO_3$] nach Vorkommen in Aragonien.

Aranéida [zool: Ordn. der *Arachnoidéa*, echte Spinnen] lat. *aránea* Spinne.

Aräométer [phys: Dichtemesser] gr. *araiós* dünn, *métron* Maß.

arboréscens [bot: baumartig] lat. *arboréscere* ein Baum werden, von lat. *árbor* Baum.

arbóre us, -a, -um [zool] lat. auf Bäumen (lat. *árbor*) lebend.

Arcélla [zool: Gttg. der *Rhizópoda*] lat. *arcélla* kleine Arche (Gestalt).

Archáikum [geol: 1. Abschnitt der Erdgeschichte] latin. aus gr. *archaíos* alt.

Archaeópteryx [pal: Gttg. der *Saurúrae*] gr. *archaíos* alt, *ptéryx* Flügel (übertr.: Vogel).

Archäolíthikum [geol: ältere Steinzeit] latin. aus gr. *archaíos* alt, *líthos* Stein.

Archäozóikum [geol: = Algonkium] latin. aus gr. *archaíos* alt, *zóon* Lebewesen.

Archegónium [bot: Fruchtanlage] gr. *arché* Anfang, Ur-, *goné* Erzeugung.

Archespór [bot: sporenbildendes Gewebe] gr. *arché* Anfang, *spóros* Saat.

Archigoníe [biol: Urzeugung] gr. *archi* = *arché* Anfang, *goné* Erzeugung.

Archíptera [zool: Ordn. der *Insécta*, Urflügler] gr. *arché* Anfang, *ptéron* Flügel.

Árcidae [zool, pal: Fam. der *Lamellibranchiáta*] lat. *árca* Kiste, Sarg (nach der Schalenform).

Arctíidae [zool: Fam. der *Lepidóptera*, Bärenspinner] gr. *árktos* Bär.

Arctostáphylos [bot: Gttg. Bärentraube] gr. *árktos* Bär, *staphylé* Traube.

arcuát us, -a, um [zool, pal.] lat. *arcuát us, -a, -um* bogenförmig.

Árcus [an: Bogen] lat. *árcus* Bogen.

Área [zool, pal: Feld auf der Schale der *Lamellibranchiáta* und *Brachiópoda*] lat. *área* freier Platz.

arenári us, -a, -um und ***arenát us, -a, -um*** und ***arenós us, -a, -um*** [bot: auf sandigem Boden lebend] von lat. *aréna* Sand.

Arenicólidae [zool: Fam. der *Polychaéta*, Sandwürmer] lat. *aréna* Sand, *cólere* bewohnen.

argénte us, -a, -um [bot, zool, an: silberglänzend] lat. *argénte us, -a, -um* silbern.

Argentít [min: Silberglanz] lat. *argéntum* Silber.

Argéntum [chem, pharm: Silber] lat.

Argón [chem: Element] von gr. *a* ohne, *érgon* Werk, das Untätige (chemisch inaktiv).

Argyronétidae [zool: Fam. der *Aranéida*, Wasserspinnen] gr. *argýrion* Silber, *néein* spinnen.

aríd [geog: trocken] lat. *áridus* trocken.

Ariétes [pal: Gttg. der *Ammonoidéa*] lat. *áries*, Gen. *ariétis* Widder.

Aríllus [bot. Samenmantel] lat. *aríllus* Mantel.

Aristolóchia [bot: Gttg. Osterluzei] gr. *arístos* beste, *lochía* Geburt (wehenbeförderndes Mittel).

Árktis [geog: Nordpolargegend] gr. *árktos* Bär (und Gestirn in der Nordpolargegend).

Arretíerung [phys: Feststellvorrichtung] franz. *arrêter* anhalten.

Arrhenotokíe [biol: Entstehung männlicher Individuen aus unbefruchteten Eiern (z. B. bei Bienen) gr. *árrhēn* Mann, *tókos* Geburt.

arrhíz us, -a, -um [bot: wurzellos] latin. aus gr. *a* ohne, *rhíza* Wurzel.

Arsén [chem: Element] gr. *arsén* männlich, kräftig.

Artámidae [zool: Fam. der *Passerifórmes*, Schwalbenwürger] gr. *ártamos* Metzger.

Artefákt [geol: vorgeschichtliches Werkzeug] lat. *ars*, Gen. *ártis* Kunst, *fáctus* gemacht, von lat. *fácere* machen.

Artérie [an: Schlagader] gr. *artēría* Ader, von gr. *aeírein* heben.

Arteriosklerose [med: Verdickung der Arterienwände] gr. *artēría* Schlagader, *sklērós* hart.

artésischer Brunnen [phys, geol, geog: Grundwasser, das unter hydrostatischem Druck stehend, bei Anbohrung der wasserführenden Schicht emporsprudelt] nach franz. Landschaft *Artois*.

Arthrópoda [zool: Stamm der *Evertebráta*, Gliedertiere] gr. *árthron* Glied, *pús*, Gen. *podós* Fuß.

Articulátio [an: Gelenk, psych: Gesamtheit der Sprachbewegungen] lat. *articulátio* Gelenk.

Artiodáctyla [zool: Ordn. der *Ungu-láta*, Paarhufer] gr. *ártios* gerade, *dáktylos* Finger.

Arúndo [bot: Gttg. Schilf] lat. *arúndo* Schilf.

arvál is, -e; arvéns is, -e [zool] lat. auf Äckern (lat. *árvus*) lebend.

Asbést [min: faserige Var. der Hornblende] gr. *ásbestos* unverbrennbar.

Áscaris [zool: Gttg. der *Nematódes*] gr. *askarís* Eingeweidewurm.

Ascídia [zool: Ordn. der *Tunicáta*, Seescheiden] gr. *askídion* kleiner Schlauch.

Ascomycétes [bot: Schlauchpilze] latin. aus gr. *askós* Schlauch, *mýkos* Pilz.

Ascónes [zool: Ordn. der *Calcispóngiae*, Röhrenschwämme] gr. *askós* Schlauch.

aseísmisch [geol, geog: bebenfrei] gr. *a* ohne, *seísmos* Beben.

Aséllidae [zool: Fam. der *Isópoda*, Wasserasseln] lat. *aséllus* kleiner Esel, von *ásinus* Esel.

Asemíe [psych: Unvermögen, sich durch Zeichen zu verständigen] gr. *a* ohne, *sēma* Zeichen.

Ásinus [zool: U.Gttg. von *Equus*, Esel] lat. *ásinus* Esel.

Áskus [bot: Schlauch] gr. *askós* Schlauch.

ásp er, -era, -erum [bot, zool] lat. rauh.

Aspergíllus [bot: Gttg. Gießkannenschimmelpilz] Verkl. von lat. *aspérgere* begießen.

Asperifoliacéae [bot: Boretschgewächse] lat. *ásper* rauh, *fólium* Blatt.

Asphalt [min: Erdpech] gr. *ásphaltos* Erdpech.

asphärisch [phys: nicht kugelförmig] gr. *a* nicht, *sphaíra* Kugel.

Aspídium [bot: Gttg. Schildfarn] gr. *aspís*, Gen. *aspídos* Schild.

Aspidobranchína [zool, pal: U.Ordn. der *Gastrópoda*] gr. *aspís*, Gen. *aspídos* Schild, *bránchia* Kieme (schildförmige Kiemenblättchen).

Aspidocerátidae [pal: Fam. der *Ammonoidéa*] gr. *aspís*, Gen. *aspídos* Schild, *kéras* Horn.

Aspidochirótidae [zool: U.Ordn. der *Holothurioidéa*] gr. *aspís*, Gen. *aspídos* Schild, *cheír*, Gen. *cheirós* Hand (wegen der schildförmigen Tentakeln).

Assimilatión [psych: Verschmelzung, bot] von lat. *ad* heran, *símilis* ähnlich.

Assoziatión [zool: Vereinigung von Tieren zu Paaren, Herden usw.; psych: Verbindung von Sinneseindrücken] lat. *associáre* vereinigen, von *sócius* Genosse.

Astácidae [zool: Fam. der *Macrúra*, eigentliche Krebse] gr. *astakós* Krebsart. Gttg. *Astacus*.

Astasíe [psych: krankhafte Unfähigkeit zu stehen] gr. *a* nicht, *stásis* Stehen.

astátisch [phys: nicht feststehend] gr. *ástatos* unstet, nicht stehend.

Asterísmus [phys, min: sternförmige Verzerrung der Lichtstrahlen infolge von Beugung] latin. aus gr. *astḗr Stern*.

Asteroíden [astr: Planeten zwischen Mars und Jupiter] gr. *astḗr* Stern, *eídos* Aussehen.

Asteroidéa [zool: Kl. der *Echinodérmata*, Seesterne] gr. *astḗr* Stern, *eídos* Aussehen.

Asterozóa [zool: Zusammenfassung der See- und Schlangensterne) gr. *astḗr* Stern, *zōon* Tier.

Asthenopíe [psych: Sehschwäche infolge schneller Ermüdbarkeit der Augen] gr. *asthenḗs* schwach, *ópsis* Sehen.

Ästhesiométer [psych: Tastzirkel] gr., *aísthēsis* Empfindung, *métron* Maß.

Ásthma [med: Anfälle starker Atemnot] gr. *ásthma*, von gr. *aísthein* keuchen.

Astigmatísmus [phys: Punktverzeichnung] gr. *a* nicht, *stígma* Punkt.

Astraéidae [zool: Fam. der *Sclerodérmata*, Sternkorallen] latin. von gr. *astraíos* gestirnt.

Astrográph [phys: Kamera für Sternaufnahmen] gr. *ástron* Gestirn, *gráphein* schreiben, zeichnen.

Astrologíe [Lehre der Abhängigkeit des menschlichen Geschehens vom Lauf der Gestirne] gr. *ástron* Stern, *lógos* Kunde.

Astronomíe [Himmelskunde] gr. *ástron* Stern, *nómos* Gesetz.

Ästuár [geog: trichterartige Flußmündung] lat. *aestuáre* wallen, schäumen.

asymmétrisch [an] gr. *asýmmetros* ohne Ebenmaß, von gr. *a-* nicht, *syn-* mit, *métron* Maß.

Asynchrónmótor [phys: Drehstrommotor] gr. *a* nicht, *sýnchronos* gleichzeitig, lat. *mótor* Beweger, von lat. *movére* bewegen.

Aszendénten [biol: Verwandte in aufsteigender Reihe] lat. *ascéndens*, Gen. *ascendéntis* hinaufsteigend.

Atavísmus [biol: Rückschlag auf primitivere Formen] lat. *atávus* der Vater des Ururgroßvaters, Plural: die Vorfahren.

Ataxíe [psych: Störung in den unwillkürlichen Bewegungen] gr. *a* ohne, *táxis* Ordnung.

atektónisch [geol: ungestört] gr. *a* nicht, *tektōnikḗ* Baukunst.

Atelostómata [zool, pal: U.Ordn. der *Echinoidéa*] gr. *atelḗs* unvollkommen, *stóma*, Gen. *stómatos* Mund (wegen des fehlenden Kiefergebisses).

át er, -ra, -rum [bot, zool] lat. schwarz.

Äther [phys: den Weltenraum und den Raum zwischen den Molekülen erfüllender unwägbarer Stoff, chem: organ. Verbindungen, als Anhydride des Alkohols aufzufassen] gr. *aithḗr* Himmelsluft.

athermán [phys: für Wärme undurchlässig] gr. *a* nicht, *thermós* warm.

Ätiologíe [med: Lehre von den Krankheitsursachen] gr. *aitía* Ursache, *lógos* Wort, Lehre.

Átlas [an: 1. Halswirbel] gr. *Átlas* der die Säulen des Himmels tragende Titan.

Atmosphäre [geog: Lufthülle, phys: Einheit des Druckes] gr. *atmós* Dunst, *sphaíra* Kugel.

atók [zool, med: unfruchtbar] gr. *a* ohne, *tókos* Geburt.

Atóll [geol, geog: rundliches Riff] Name malayischen Ursprungs.

Atóm [chem: kleinste unteilbare Menge eines Elementes] gr. *átomos* unteilbar, von *a* nicht, *tomḗ* Schnitt.

Atonía, **Atoníe** [med: Erschlaffung] gr. *atonía*, von gr. *a* nicht, *teínein* spannen.

Atresía [med: Fehlen einer normalen Öffnung (z. B. des Afters)] gr. *a* ohne, *trēsis* Loch.

Atrichíe, *Atrichíasis* [med: angeborener Haarmangel] gr. *a* ohne, *thríx*, Gen. *trichós* Haar.

Átrium [an: Vorhof des Herzens] lat. *átrium* Vorhalle des Hauses.

Atrophíe [med: Gewichtsabnahme infolge von mangelhafter Ernährung] gr. *átrophos* schlecht genährt, von *a* ohne, *trophḗ* Ernährung.

Átropa [bot: Gttg. Tollkirsche] gr. *átropos* unabwendbar (tödlich).

atýpisch [phil: regellos] gr. *a* ohne, *týpos* Regel.

Audiométer [psych: Hörschärfemesser] lat. *audíre* hören, *métron* Maß.

Aúdion [phys: Lautverstärker] von lat. *audíre* hören.

Augít [min: $CaMgSi_2O_6$, Abt. Pyroxene] gr. *augḗ* Glanz (glitzernd).

auránti us, -a, -um [bot] lat. goldgelb.

aurát us, -a, -um [zool] lat. mit Gold (lat. *aúrum*) geschmückt, vergoldet.

Aúres [an] lat. *aúris*, Mz. *aúres* Ohr.

aúre us, -a, -um [bot, zool] lat. golden.

Auriculária [zool: Larve der Seegurken] lat. *auricula* Ohrläppchen (im Hinblick auf die lappenförmigen Fortsätze der Larve).

auriculát us, -a, um [bot: wie ein kleines Ohr geformt] von lat. *auriculum* Öhrchen.

Auripigmént [min: As_2S_3] *Auripigméntum* schon bei Plinius, von lat. *auri* des Goldes, *pigméntum* Farbe.

aurít us, -a, -um [zool, bot] lat. langohrig, von *aúris* Ohr.

authigén [geol: an Ort und Stelle entstanden] gr. *authigenḗs* an Ort und Stelle entstanden, von gr. *aútos* derselbe, *génesis* Entstehung.

autochróm [phys: in natürlichen Farben] gr. *autós* derselbe, *chrṓma* Farbe.

autochthón [min, geol: an Ort und Stelle gebildet] gr. *autós* der gleiche, *chthṓn* Erde.

Autogamíe [bot: Selbstbefruchtung, bei Protozoen Verschmelzung zweier vorher durch Teilung aus einem Individuum entstandener Individuen] gr. *autós* selbst, *gámos* Ehe.

Autohypnóse [psych: Selbsteinschläferung] gr. *autós* selbst, *hýpnos* Schlaf.

Autophagíe [biol: Selbstverstümmelung durch Abnagen von Gliedmaßen, med: Zehren vom eigenen Fett] gr. *autós* selbst, *phageín* fressen.

Autosuggestión [psych: Selbsteinredung] gr. *autós* selbst, lat. *suggérere* eingeben.

Autotomíe [biol: Selbstverstümmelung durch Abwerfen des Schwanzes (z. B. bei Eidechsen)] gr. *autós* selbst, *tomḗ* Schnitt.

autotróph [bot: organische Substanz aus anorganischer bildend] gr. *autós* selbst, *tróphos* Nahrung.

autumnál is, -e [bot] lat. herbstlich, im Herbst (lat. *autúmnus*) blühend.

Auxanométer [bot: Wachstumsmesser] gr. *auxánein* sich vergrößern, *métron* Maß.

Auxospóre [bot: durch Verwachsung zweier Zellen entstandene Spore] gr. *aúxein* wachsen, *spóros* Saat.

Áves [zool: Kl. der *Vertebráta*, Vögel] lat. *ávis* Vogel.

Avicularíidae [zool: Fam. der *Aranéida*, Vogelspinnen] lat. *avícula* kleiner Vogel.

Axonometríe [min: Lehre von der Kristallmessung] gr. *áxōn, axónos* Achse, *métron* Maß.

Aziditát [chem: Säuregrad] von lat. *ácidum* Säure.

Azimút [astr: Richtungswinkel] arab: *assumût* Wage.

azinős [an, zool: beerenförmig] von lat. *ácinus* kleine Beere.

Azóikum [geol: = Archaikum] latin. aus gr. *a* ohne, *zṓon* Lebewesen.

azóisch [biol: unbelebt] gr. *a* ohne, *zṓon* Lebewesen.

Azygobránchia [zool: U.Ordn. der *Rhipidoglóssa*] gr. *ázygos* unverbunden, von *a* ohne, *zygón* Joch, *branchía* Kieme.

ázygos [an: unpaar] gr. *ázygos* unverbunden, von gr. *a* nicht, *zygón* Joch.

azýklisch [bot: schraubenständig, nicht quirlig] gr. *a* ohne, *kýklos* Kreis.

B

Bacíllus [bot: Stäbchenbakterien, pharm: Arzneistäbchen] Verkl. von lat. *báculus* Stab.

Baktérien [bot, med: Spaltpilze] gr. *baktēría* Stab (Stäbchenform).

Balánidae [zool: Fam. der *Cirripédia*, Seeeicheln] gr. *bálanos* Eichel.

Balanoglóssus [zool: Gttg. der *Enteropneústa*, Eichelwurm] gr. *bálanos* Eichel, *glṓssa* Zunge.

Ballístik [phys: Lehre von der Wurfbewegung (der Geschosse)] gr. *ballistikḗ* (*téchnē*) Wurftechnik, von gr. *bállein* werfen.

Balneologíe [med: Bäderlehre] lat. *bálneum* Bad, gr. *lógos* Kunde.

Bar [phys: die Kraft von 1 g Gewicht] gr. *barýs* schwer.

bárbar us,-a,um [bot] lat. ausländisch.

barbát us, -a, -um [bot, zool] lat. mit Bart (lat. *bárba*) versehen.

Barchan, Barkhán [geog, geol: Sicheldüne] Wort turkmenischen Ursprungs.

bárisch [phys: auf die Schwere bezüglich] gr. *báros* Schwere.

Barográph [phys: registrierendes Barometer] gr. *báros* Schwere, *gráphein* schreiben.

Barométer [phys: Luftdruckmesser] gr. *báros* Schwere, *métron* Maß.

Barránkos [geog, geol: Erosionsschluchten an Vulkanen] span. *barránco* Schlucht.

Barysphäre [geog, geol: Erdkern] gr. *barýs* schwer, *sphaíra* Kugel.

Barýt [min: $CaSO_4$, Schwerspat] gr. *barýs* schwer (hohes spez. Gew.).

Báryum [chem: Element] latin. aus gr. *barýs* schwer (hohes spez. Gew.).

basál [an, zool: an der Grundfläche gelegen] gr. *básis* Grundfläche.

Basália [zool, pal: unterster Tafelkranz des Kelches der *Crinoidéa*] latin. aus gr. *básis* Grundfläche.

Basídie [bot: Sporenkolben] gr. *basídion* kleine Säule, von gr. *básis* Grund, Säulenfuß.

Basommatóphora [zool, pal: U.Ordn. der *Gastrópoda*] gr. *básis* Grundfläche, *ómma*, Gen. *ómmatos* Auge, *phóros* Träger (Augen am Grunde der Fühler gelegen).

basophíl [an: mit basischen Farbstoffen färbbar] gr. *básis* Grundfläche (chemische Base), *phílos* Freund.

Batholíth [geol: in der Erde liegender Eruptivstock] gr. *báthos* Tiefe, *líthos* Stein.

Bathophobíe [psych: Schwindelgefühl angesichts hoher Gebäude] gr. *báthos* Höhe, *phóbos* Furcht.

bathymétrisch [geog: Tiefen messend] gr. *bathýs* Tiefe, *métrein* messen.

Batrachiospérmum [bot: Gttg. Froschlaichalge] latin. aus gr. *bátrachos* Frosch, *spérma* Samen.

Bdellóstoma [zool: Gttg. der *Myxínidae*] gr. *bdélla* Saugnapf, *stóma* Maul.

Belemnít, *Belemnítes* [pal: Gttg. der *Belemnoidéa*, „Donnerkeile"] von gr. *bélemnon* Wurfspeer, Blitz.

Belemnoidéa [pal: U.Ordn. der *Dibranchiáta*, „Donnerkeile"] gr. *bélemnon* Wurfspeer, Blitz, *eídos* Aussehen.

Béllis [bot: Gttg. der *Compositae*, Tausendschönchen] lat. *bell us*, *-a*, *-um* schön.

benedíct us, -a, -um [bot] lat. *benedíct us*, *-a*, *-um* gelobt (wegen der Heilwirkung).

Bénthos [zool: die Lebewelt des Meeresbodens] gr. *bénthos* Tiefe.

Berýll [min: grasgrüner Edelstein] gr. *bērýllos*, lat. *berýllus* Edelstein.

Bétula [bot: Gttg. Birke] lat.

bicarén us, -a, -um; bicarinát us, -a, -um [pal] doppelt gekielt, von lat. *bis* doppelt, *carína* Kiel.

Bíceps [an: Muskel] lat. *bíceps* doppelköpfig (zwei Ansätze).

bícolor [bot: zweifarbig] lat. *bis* doppelt, *cólor* Farbe.

bicórnis [an] lat. zweihörnig, von lat. *bis* doppelt, *córnu* Horn.

bicuspidál is, -e; bicuspidát us -a, -um, [an] lat. zweizipfelig.

Bídens [bot: Gttg. Zweizahn] lat. *bis* doppelt, *dens* Zahn.

biénn, *biénnis* [bot] lat. *biénn is*, *-e*, zweijährig, von lat. *bis* doppelt, *ánnus* Jahr.

bifilár [phys: zweifädig] lat. *bis* doppelt, *fílum* Faden.

biflór us, -a, -um [bot: zweiblütig] lat. *bis* doppelt, *flos*, Gen. *flóris* Blüte.

bifóli us, -a, -um [bot: zweiblättrig] lat. *bis* doppelt, *fólium* Blatt.

Bifurkatión [geog, an: Gabelung] lat. *bifúrcus* zweigabelig, von *bis* doppelt, *fúrca* Gabel.

bikollaterál [bot: Gefäßbündel mit zwei Siebteilen] lat. *bis* doppelt, *con-* zusammen, *latéralis* seitlich.

bilaterál [an: zweiseitig] lat. *bis* doppelt, *laterális* seitlich.

Bílis [an: Galle] lat.

bilób us, -a, -um [bot: zweilappig] lat. *bis* doppelt, *lóbus* Lappen.

Bimána [zool: Zweihänder] lat. *bis* doppelt, *mánus* Hand.

Bimetall [phys: zusammengelöteter Streifen von zwei Metallen] gr. *bis* doppelt, *métallon* Erz.

binokulár [psych: zweiäugiges (plastisches) Sehen] lat. *bíni* je zwei, *óculus* Auge.

biogén [geog, geol: durch Lebewesen entstanden] gr. *bíos* Leben, *génesis* Entstehung.

Biogenése, Biogeníe [phil: Entwicklungsgeschichte] gr. *bíos* Leben, *génesis* Entstehung.

Biolíthe [geol: organische Sedimente] gr. *bíos* Leben, *líthos* Stein.

Biologíe [phil: Wissenschaft von

den Lebewesen und vom Leben] gr. *bíos* Leben, *lógos* Kunst, Lehre.

Bionomíe [phil: Lehre von den Gesetzen des Lebens] gr. *bíos* Leben, *nómos* Gesetz.

Biosphäre [geog: der Wohnraum der Lebewesen auf der Erde] gr. *bíos* Leben, *sphaíra* Kugel.

Biozönóse [biol: Zusammenleben verschiedener Arten von Pflanzen und Tieren] von gr. *bíos* Leben, *koinós* gemeinsam.

bipartít us, -a, -um [bot, zool, pal: zweiteilig] lat. *bis* doppelt, *partítus* geteilt.

Bipinnária [zool: Larve vieler Seesterne mit doppelter Wimperschnur] lat. *bís* doppelt, *pínna* Flosse.

biseriál [an: zweireihig] lat. *bis* zweimal, *séries* Reihe.

bisexuéll[psych: doppelgeschlechtlich] lat. *bis* doppelt, *séxus* Geschlecht.

Bitúmen [chem: flüssige und feste Kohlenwasserstoffe] lat. *bitúmen* Erdpech, von lat. *pix túmens* schwellendes Pech.

Biválvia [zool: = *Lamellibranchiáta*, Zweischaler] lat. *bis* doppelt, *válvae* Flügeltüren (Schalen).

Blackband [min: Eisenspat] engl. *black* schwarz, *band* Band (dunkle Bänder im Gestein bildend).

Blastodérm [an: Zellwand der *Blástula*] gr. *blastós* Keim, *dérma* Haut.

Blastoidéa [pal: Ordn. der *Echinodérmata*, Knospenstrahler] gr. *blastós* Keim, Knospe, *eídos* Aussehen.

Blastoméren [an: Furchungszellen] gr. *blastós* Keim, *méros* Teil.

Blástula [an: Keimblase] latin. kleiner Keim, von gr. *blastós* Keim.

Blennorrhoéa [med: Schleimfluß, Gonorrhoe (des Auges)] gr. *blénnos* Schleim, *rhoḗ* Fließen.

Blepharoplásten [zool, bot: Zellorganellen mancher Flagellaten] gr. *blépharon* Auge(nwimper), *plastós* gebildet (als Augenflecke gedeutet).

Bolométer [phys: Strahlungsmesser] gr. *bólos* Strahl, *métron* Maß.

Bónebed [geol: größtenteils aus Knochenfragmenten bestehende Schicht] engl. *bone* Knochen, *bed* Bett.

Bóra [geog: Fallwind in Istrien und Dalmatien] slaw. *búrja* Sturm, vgl. gr. *boreás* Nordwind.

boreál is, -e [bot, zool: im Norden vorkommend] lat. *boreális* nördlich, von gr. *boreás* Nordwind, Norden.

Bostrýchidae [zool: Fam. der *Polyphága*, Borkenkäfer] gr. *bóstrychos* Haarlocke (Form der Gänge).

Botánik [Pflanzenkunde] gr. *botanikḗ* (*téchnē*) die auf die Gewächse bezügliche Kunst.

Bothriocephálidae [zool: Fam. der *Cestódes*] gr. *bóthrion* kleine Grube, *kephalḗ* Kopf (Kopf dieses Bandwurms zeigt grubenförmige Vertiefungen).

Botrýchium [bot: Gttg. der *Filicínae*, Mondraute] gr. *bótrychos* Traubenstengel.

botrýtisch [bot: traubig] gr. *bótrys* Traube.

Botulísmus [med: Wurstvergiftung] lat. *bótulus* Darm, Wurst.

Bóvidae [zool: Fam. der *Ruminántia*, Rinder] lat. *bos*, Gen. *bóvis* Rind.

brachiál, ***brachiális*** [an: zum Arm gehörig] von lat. *bráchium* Arm.

Brachiópoda [zool, pal: Kl. der *Molluscoidéa*, Armfüßer] lat. *bráchium* Arm, gr. *pús*, Gen. *podós* Fuß.

Brachy- [min, geol, an] gr. *brachýs* kurz.

brachydónt [zool: Zähne mit niedriger Krone] gr. *brachýs* kurz, *odús*, Gen. *odóntos* Zahn.

brachypétal us, -a, -um [bot: mit kurzen Kronblättern versehen] latin. aus gr. *brachýs* kurz, *pétalon* Blatt.

Brachyúra [zool: U.Ordn. der *Decápoda*, Krabben] gr. *brachýs* kurz, *urá* Schwanz (Schwanz nach vorn umgeklappt, also kurz erscheinend).

Bradypódidae [zool: Fam. der *Xenárthra* Faultiere] gr. *bradýs* träge, *pús*, Gen. *podós* Fuß.

Braktée [bot: Deckblatt] lat. *bractéa* dünnes Blatt.

Branchiópoda [zool: Ordn. der *Crustacéa*, Kiemenfüßer] gr. *bránchia* Kieme, *pús*, Gen. *podós* Fuß.

Branchióstoma [zool: = *Amphióxus*] gr. *bránchia* Kieme, *stóma* Maul.

Bréccie, Brékzie, Brézzie [geol: aus eckigen Bruchstücken bestehendes

Trümmergestein] ital. *bréccia* Lücke, vgl. „brechen".

Brégma [an: Vorder- oder Oberkopf] gr. *brégma* Vorder-, Oberkopf.

brevicaúl is, -e [bot: kurzstengelig] lat. *brévis* kurz, *caúlis* Stengel, Stamm.

brevirôstr is, -e [zool: kurzschnäbelig, kurzschnauzig] von lat. *brévis* kurz, *róstrum* Schnabel.

Brillánt [min: kunstgerecht geschliffener Diamant] franz. *briller* glänzen.

Brom [chem: Element, B] gr. *brōmós* Gestank (der Dämpfe).

Bromidrósis [med: stinkender Schweiß (Galen)] gr. *brōmós* Gestank, *hidrṓs* Schweiß.

bronchiál [an: zur Luftröhre gehörig] gr. *brónchia* Luftröhrenverästelungen.

Brontosaúrus [Gttg. der *Saurópoda*] gr. *brontḗ* Donner, *saúros* Echse (wegen der gewaltigen Größe).

Bronze [chem: Legierung aus Kupfer und Zinn mit Zusätzen] lat. *aes Brundisínum* Erz aus Brindisi (hier zuerst hergestellt).

Brýgmus [psych: Zähneknirschen] gr. *brygmós* Knirschen.

Bryophýta [bot: Moosgewächse] gr. *brýon* Moos, *phýton* Gewächs.

Bryozóa [zool, pal: Kl. der Würmer, Moostierchen] gr. *brýon* Moos, *zṓon* Tier.

Brýum [bot: Gttg. der Moose] gr. *brýon* Moos, von gr. *brýein* wuchern, sprossen.

Búbo [med: Leistendrüsengeschwulst] gr. *bubṓn* Drüse der Schamgegend.

Búcca [an: Backe] lat. *búcca* Backe. Adjektiv: *buccál is, -e*.

Buccínidae [zool: Fam. der *Prosobránchia*] lat. *buccína* Trompete.

bulbífer us, -a, -um; bulbós us, -a, -um [bot: knollig] von lat. *búlbus* Zwiebel, Knolle, *férre* tragen.

Búlbus [bot: Zwiebel, an: zwiebelförmige Anschwellung (auch Augapfel)] lat. *búlbus* Zwiebel.

Bulimíe [psych: Heißhunger] gr. *bulimía* eigtl. Ochsenhunger, von gr. *bús* Ochse, *limós* Hunger.

Búlla [an: Blase] lat. *búlla* Blase.

bunodónt [zool: Zähne mit stumpfen Höckern] gr. *bunós* Höcker, *odús*, Gen. *odóntos* Zahn.

Buphthálmus [med: Vortreibung des Auges] latin. aus gr. *bús* Ochse, *ophthalmós* Auge.

Bürette [chem: Meßpipette mit verschließbarem unteren Ende] franz. *burette* Kännchen.

Búrsa [zool, an: Beutel, Tasche] lat. *búrsa* Beutel, gr. *býrsa* abgezogene Haut.

Bussóle [phys: Kompaß] ital. *bússola* Büchschen.

Byssolíth [min: Var. des Asbest] gr. *býssos* feines Gewebe, *líthos* Stein.

C

(Siehe auch K und Z)

Cachexía [med: Blutarmut und Schwäche] latin. aus gr. *kakós* schlecht, *héxis* Befinden.

Cadáver [zool: Leichnam von Tieren] lat. *cadáver* Leichnam, von lat. *cádere* fallen.

cadúc us, -a, -um [med] lat. hinfällig, von lat. *cádere* fallen.

Caécum [an: Blinddarm] lat. *caéc us, -a, -um* blind.

caerúle us, -a, -um [bot] lat. blau.

caési us, -a, -um [bot] lat. bläulich, blaugrün.

caespitós us, -a, -um [bot: rasenbildend] von lat. *caéspes*, Gen. *caéspitis* Rasen.

Calamitéae [pal: Fam. der *Equisetacéae*] von gr. *kálamos* Rohr.

Calcáneus [an: Fersenbein] von lat. *calx*, Gen. *cálcis* Ferse.

calcári us, -a, -um [bot: auf Kalk wachsend] von lat. *calx*, Gen. *cálcis* Kalk.

Calcéola [pal: Gttg. der *Tetracorálla*, Pantoffelkoralle] lat. *calcéolus* kleiner Schuh.

Calcispóngiae [zool, pal: U.Ordn. der *Poríferi*, Kalkschwämme] lat. *calx*, Gen. *cálcis* Kalk, *spóngia* Schwamm.

Cálculus [an, med] lat. *cálculus* kleiner Stein.

Caldéra [geog, geol: Explosions- oder Einsturzkrater] span. *caldéra* Kessel.

Callítriche [bot: Gttg. Wasserstern] gr. *kálla* Schönheit, *thríx*, Gen. *trichós* Haar.

Callósitas [med: Hautschwiele] von lat. *cállum* Schwiele.

Callúna [bot: Gttg. Besenheide] latin. aus gr. *kallýnein* schön machen.

Cállus [med: knotige Neubildung an Knochenbruchstellen, bot: Wundverdickung] lat. *cállum* Schwiele.

Calígo [med] lat. *calígo* Blindheit.

Cálor [med: Fieberhitze] lat. *cálor* Hitze.

Calvária [an: Schädeldach] lat. *cálvus* kahl.

Calvíties [med] lat. *calvíties* Kahlheit.

Calx [an] lat. *calx* Ferse.

Calyciflórae [bot: Kelchblütler] latin. aus gr. *kályx* Kelch, lat. *flos*, Gen. *flóris* Blüte.

Cámera lúcida [phys: Instrument zum Nachzeichnen am Mikroskop] lat. *cámera* Kammer, *lúcidus* leuchtend.

Camerática [pal: Ordn. der *Crinoidéa*] lat. *camerátus* getäfelt (Kelchdecke mit Tafeln belegt).

Campánula [bot: Gttg. Glockenblume] latin. kleine Glocke, von ital. *campána* Glocke.

Campanuláriae [zool: Ordn. der *Hydrozóa*] lat. *campánula* kleine Glocke (Polypen glockenförmig).

campést er, -ris, -re, [bot: auf den Feldern wachsend] lat. *campést er*, *-ris*, *-re* zum flachen Land (lat. *cámpus*) gehörend.

Canális [an, zool: Kanal, Gang] lat.

Cáncer [med: Krebsgeschwulst, zool: Gttg. der *Crustacéa*, Krabbe] lat. *cáncer* Krebs.

cándid us, -a, -um [bot.] lat. schneeweiß, leuchtend weiß.

Cánidae [zool: Fam. der *Carnívora*, Hunde] lat. *cánis* Hund.

canín us, -a, -um [bot, zool, an] lat. zum Hunde (lat. *cánis*) gehörig, Hunds-.

Caníties [med: Ergrauen] von lat. *cánus* weißlichgrau.

Cañon [geog, geol: schluchtartiges Tal] span., von lat. *cánna* Rohr.

Cänozóikum [geol: = Neozoikum] latin. aus gr. *kainós* neu, *zṓon* Lebewesen.

cán us, -a, -um [bot] lat. grau, weißgrau.

capillár is, -e [bot: haarfein] von lat. *capíllum* Haar.

capillát us, -a, -um [bot] lat. behaart.

Capíllus, Capillítium [an] lat. *capíllus* Kopfhaar.

capitát us, -a, -um [an] lat. mit Kopf (lat. *cáput*) versehen.

Capítulum [an: Gelenkkopf] lat. Verkleinerung von lat. *cáput* Kopf.

Capréllidae [zool: Fam. der *Amphípoda*] lat. *capréllа* kleine Ziege.

Cápridae [zool: Fam. der *Ruminántia*, Ziegen] lat. *cápra* Ziege.

Caprifoliáceae [bot: Geisblattgewächse] lat. *cápra* Ziege, *fólium* Blatt.

Capsélla [bot: Gttg. Täschelkraut] lat. Verkl. von *cápsa* Kapsel.

Cápsula [an, pharm] lat. *cápsula* Kapsel.

Cáput [an, zool] lat. *cáput* Kopf.

Carábidae [zool: Fam. der *Coleóptera*] gr. *kárabos* Käfer.

Cárapax [zool: Rückenschild der Schildkröten] franz. *carapace* von gr. *chárax* Panzer, *págios* fest.

Cárbo [pharm: Kohle] lat. *cárbo* Kohle.

Carbúnculus [med: Karbunkel] lat. Verkl. von *cárbo* Kohle.

Carchárodon [pal: Gttg. der *Plagióstomi*] gr. *karcharódōn* scharfzähnig.

Carchésium [zool: Gttg. der *Ciliáta*] gr. *karchḗsion* Becher (Form).

Carcinóma [med: Krebs] gr. *karkínōma* Krebsgeschwür, von gr. *kárkinos* Krebs (Art der Ausbreitung den „Krebsfüßen" vergleichbar, Vergleich schon bei Galen).

Cardíaca (remédia) [pharm: Herzmittel] latin. aus gr. *kardiakós* auf das Herz bezüglich.

cardíac us, -a, -um [bot: gegen

Magenleiden gebraucht] lat. *cardíacus*, gr. *kardiakós* der Magenkranke.

Cardiográph [med: Apparat zur Aufzeichnung der Herzbewegung] gr. *kardía* Herz, *gráphein* schreiben.

Cárdo [zool: Schloß an den Muschelschalen, Angelglied der Insektenmaxillen] lat. *cárdo* Türangel.

Cárduus [bot: Gttg. Distel] lat. *cárduus* Distel.

Cáries [med] lat. *cáries* Knochenfraß.

carinát us, -a, -um [bot, zool] lat. mit Kiel versehen, von lat. *carína* Kiel.

Carminatíva (remédia) [pharm: Blähungen befördernde Mittel] von lat. *carmináre* reinigen.

cárne us, -a, -um [an, bot] fleischig, von lat *cáro*, Gen. *cárnis* Fleisch.

carnivór us, -a, -um [bot, zool: fleischfressend] von lat. *cáro*, Gen. *cárnis* Fleisch, *voráre* fressen.

Carótis [an: Kopfschlagader] gr. *karōtís* Kopfschlagader.

Cárpus [an: Handwurzel] latin. aus gr. *karpós* Handwurzel.

Cartilágo [an] lat. *cartilágo* Knorpel.

Castóreum [pharm: Bibergeil, Sekret der Geschlechtsorgane des Bibers, gegen Krämpfe verwendet] lat. *cástor* Biber.

Catarhíni [zool: Schmalnasenaffen] gr. *katá* hinab, *rhís*, Gen. *rhinós* Nase (Nasenlöcher nach unten gerichtet).

Catárrhus [med: Katarrh] gr. *katárrhus*, von gr. *katarheín* herabfließen.

Cátgut [med: Katzendarm, chirurg. Nähmaterial] engl. *cat* Katze, *gut* Darm.

Cathártica (remédia) [pharm: Abführmittel] latin. aus gr. *kathaírein* reinigen.

Caudáta [zool: Ordn. der *Amphíbia*, Schwanzlurche] lat. *caudát us -a, -um* geschwänzt.

caulifórm is, -e [bot: stengelförmig] von lat. *caúlis* Stengel, *fórma* Gestalt.

Cavérna [med: pathologischer Hohlraum im Gewebe] lat. *cavérna* Höhle, von lat. *cávus* hohl.

***cavernós us, -a, um,* kavernös** [an, med: mit Hohlräumen durchsetzt] lat. *cáverna* Höhle.

Cávitas, Cávum [an: Höhlung] lat. *cávitas, cávum* Höhle.

cáv us, -a, -um [bot, zool] lat. hohl.

Cecidomýidae [zool: Fam. der *Díptera*, Gallmücken] gr. *kēkís*, Gen. *kēkídos* Gallapfel, *mýia* Mücke.

Celerität [med: Schnelligkeit] lat. *celéritas* Schnelligkeit.

Céllula [an: Zelle] lat. Verkl. von *célla* Zelle.

Cenomán [geol: unterstes Glied der oberen Kreideformation] lat. *Cenománum*, das heutige Le Mans (hier zuerst genau untersucht).

centifóli us, -a, -um [bot: vielblättrig] von lat. *céntum* hundert, *fólium* Blatt.

Centrodorsále [zool, pal: dorsal im Mittelpunkt des Kelches gelegene Platte mancher *Crinoidéa*] lat. *céntrum* Mittelpunkt, *dorsális* auf dem Rücken gelegen.

cephálic us, -a, -um [an: Kopf-] latin. aus gr. *kephalḗ* Kopf.

Cephalóphora [zool. = *Gastropoda*] gr. *kephalḗ* Kopf, *phóros* Träger (im Gegensatz zu den Muscheln).

Cephalópoda [pal, zool: Klasse der *Mollúsca*, Kopffüßer] lat. *kephalḗ*, Kopf, *pús*, Gen. *podós* Fuß (Tentakel um den Kopf gestellt).

Céra [pharm: Wachs] lat. *céra*, von gr. *kērós* Wachs.

Ceraospóngia [zool: Kl. der *Spóngia*, Hornschwämme] gr. *kéras* Horn, *spóngia* Schwamm (Gerüst nur aus dem hornartigen Keratin bestehend).

Ceratítes [pal: Gttg. der *Ammonoidéa*] latin. aus gr. *kéras*, Gen. *kératos* Horn.

Cerátodus [zool: Gttg der *Dípnoi*] latin. aus gr. *kéras*, Gen. *kératos* Horn, *odús* Zahn.

Ceratophýllum [bot: Gttg. Hornblatt] latin. aus gr. *kéras*, Gen. *kératos* Horn, *phýllon* Blatt.

cerát us, -a, -um [bot: mit Wachs überzogen] von lat. *céra* Wachs.

Cercárie [zool: Jugendform von *Dístomum*] latin. von gr. *kérkos* Schwanz.

Cercopithécidae [zool: Fam. der *Primátes*, Schwanzaffen] latin. aus gr. *kérkos* Schwanz, *píthēkos* Affe.

Cerebéllum [an: Kleinhirn] lat. Verkl. von *cérebrum* Gehirn.

cerebrospinál [an: zum Gehirn und Rückenmark gehörig] von lat. *cére-*

brum Gehirn, *spína* Dorn, übertr.: Wirbelsäule mit ihren Dornfortsätzen.

Cérebrum [an] lat. *cérebrum* Gehirn.

Ceréoli [pharm: Arzneistäbchen] lat. *ceréolus* wachsgelb, von lat. *céra* Wachs.

Ceriánthus [zool: Gttg. der *Hexacorállia*, Seerose] gr. *keríon* Wachs, *ánthos Blume.*

Cerúmen [an: Ohrenschmalz] von lat. *céra* Wachs, *aúres* Ohren.

Cerussít [min: Bleispat, $PbCO_3$] lat. *cerússa* Bleiweiß.

cervicális [an: zum Halsteil gehörig] von lat. *cérvix* Nacken, Hals.

Cervicórnia [zool: geweihtragende Hirsche] lat. *cérvus* Hirsch, *córnu* Horn.

Céstidae [zool: Fam. der *Ctenóphora*, Gttg. *Céstus* Venusgürtel] lat. *céstum* Band.

Cestódes [zool: Ordn. der *Plathelmínthes*, Bandwürmer] von lat. *céstum* Band.

Cetacéa [zool: Ordn. der *Mammália*, Wale] latin. aus gr. *kḗtos* Wal.

Cetacéum [pharm: Walrat] latin. von gr. *kḗtos* Wal.

Cetonínae [zool: Fam. der *Coleóptera*] gr. *ketonía* Metallkäfer.

Chaetífera [zool: Ordn. der *Gephyréi*] latin. aus gr. *chaítē* Borste, *phérein* tragen.

Chaetognáthi [zool: Kl. der *Vérmes*] gr. *chaítē* Borste, *gnáthos* Kiefer.

Chaetópoda [zool: U.Kl. der *Annelídes*, Borstenwürmer] gr. *chaítē* Borste, *pús*, Gen. *podós* Fuß.

Chagrin [zool: körniges (Rücken-) Leder von Pferd oder Esel) franz. von türk. *sagri* Pferderücken.

Chaláze [zool: Hagelschnur des Eies] gr. *chálaza* Hagel.

Chalcedón [min: Var. des Quarzes] gr. *chalkēdṓn* ein Edelstein.

Chalicodóma [zool: Gttg. Mörtelbiene] gr. *chálix*, Gen. *chálikos* Mörtel, *domeín* bauen.

Chamaéleon [zool: Gttg. der *Saúria*] gr. (Aristoteles) *chamaileṓn* von gr. *chamaí* auf der Erde, *léōn* Löwe.

Chancre [med: Geschwür] franz. *chancre*, von lat. *cáncer* Krebsgeschwür.

Charakterologíe [psych: Lehre vom Charakter, gr. *charaktḗr* Gepräge, Charakter, *lógos* Lehre.

Chárta [pharm: Papier (z. B. Wachspapier] lat. *chárta* „Karte", Papier.

Chasmogamíe [bot: Bestäubung durch geöffneten Blütenschlund] gr. *chásma* Spalt, Schlund, *gámos* Ehe.

Chásmus [med: Gähnkrampf] gr. *chasmós*, von gr. *chaínein* gähnen.

Cheiloschísis [an: Hasenscharte] gr. *cheílos* Lippe, *schízein* spalten.

Cheirologíe [psych: Handsprache der Taubstummen] gr. *cheír*, Gen. *cheirós* Hand, *lógos* Wort, Kunde.

Chelidónium [bot: Gttg. Schöllkraut] latin. aus gr. *chelidṓn* Schwalbe.

Chélifer [zool: Gttg. der *Arachnoidéa*, Bücherskorpion) gr. *chēlḗ* Kralle, *phérein* tragen.

Chelonoidéa [zool: U.Ordn. der *Reptília*, Seeschildkröten] gr. *chelṓnē* Schildkröte, *eídos* Aussehen.

Chenopódium [bot: Gttg. Gänsefuß] latin. aus gr. *chḗn*, Gen. *chēnós* Gans, *pús*, *podós* Fuß.

Chiásma [an: Kreuzung] von gr. Buchstabe chi (χ).

Chiastolíth [min: Var. des Andalusit] gr. *chiastós* gekreuzt, *líthos* Stein (Form der Kristalle).

Chiastoneuríe [zool: Überkreuzung der Nervenstränge durch Drehung des Eingeweidesacks bei manchen Schnecken] gr. *chiastós* gekreuzt, *neúron* Nerv.

Chilognáthi [zool: U.Kl. der *Arthrópoda*, Tausendfüßler] latin. aus gr. *cheílos* Lippe, *gnáthos* Kiefer (starke Kiefer).

Chíragra [med: Gicht der Hand] gr. *cheír* Hand, *ágra* Falle.

Chiromántik [psych: Wahrsagekunst aus den Linien der Hand] gr. *cheír*, Gen. *cheirós* Hand, *mantikḗ* (*téchnē*) Wahrsagekunst.

Chiróptera [zool: Ordn. der *Mammália*, Fledermäuse] gr. *cheír*, Gen. *cheirós* Hand, *ptéron* Flügel (= Handflügler).

Chirothérium [pal: handförmige Fährte] latin. aus gr. *cheír*, Gen. *cheirós* Hand, *thēríon* Tier.

Chirurgíe [med: Operationskunde gr. *cheirurgía*, von *cheír*, Gen. *cheirós* Hand, *érgein* tun.

Chitónidae [zool: Fam. der *Amphineúra*] gr. *chitṓn* Hülle (Schale aus 8 Platten bestehend).

Chloásma [med: Leberfleck] gr. *chloázein* grüngelb aussehen.

Chlor [chem: Element] gr. *chlōrós* grüngelb (Farbe der Dämpfe).

chloránth us -a, -um [bot: grünlich blühend] latin. aus gr. *chlōrós* grün, *ánthos* Blüte.

Chlorophýll [bot: Blattgrün] gr. *chlōrós* grünlich, *phýllon* Blatt.

Chlórosis [med: Bleichsucht] latin. aus gr. *chlōrós* grüngelb, bleich.

Choáne [an: innere Nasenöffnung] gr. *choánē* Trichter.

Cholédochus [an: Gallengang] latin. aus gr. *cholḗ* „Galle", *déchomai* aufnehmen.

Chólera [med: Brechruhr] gr. *choléra* (Hippokrates), von gr. *cholḗ* Galle, oder hebr. *chaul rah* böse Krankheit.

cholérisch [psych: leidenschaftlich, leicht erregbar] gr. *cholḗ* Galle (vgl. „die Galle läuft über").

Cholesterín [biol: Gallenfett] gr. *cholḗ* Galle, *stéar* Talg.

Chondrichthýes [zool: U.Kl. der *Písces*, Knorpelfische] gr. *chóndros* Knorpel, *ichthýs* Fisch.

Chondriosómen [zool, an: kernige Gebilde im Zellkern] gr. *chóndrion* kleiner Kern, *sṓma* Körper.

Chondroblásten [an: Bildungszellen des Knorpels] gr. *chóndros* Knorpel, *blastós* Keim.

Chórda dorsális [zool, an: embryonale Rückensaite] gr. *chordḗ* Saite, lat. *dorsális* zum Rücken gehörig.

Choréa [psych: Veitstanz] latin. aus gr. *choreía* Tanz.

Chorioidéa [an: Aderhaut des Auges] gr. *chórion* Haut, *eídos* Aussehen.

Chórion [an: äußere Embryonalhülle] gr. *chórion* Haut.

choripetál [bot: mit freistehenden Kronblättern versehen] gr. *chōrís* getrennt, *pétalon* Blatt.

Chrom [chem: Element] gr. *chrṓma* Farbe.

Chromatín [an: der leicht färbbare Teil des Zellkerns] gr. *chrṓma*, Gen. *chrṓmatos* Farbe.

Chromatophóren [bot: Farbstoffträger] gr. *chrṓma*, Gen. *chrṓmatos* Farbe, *phóros* Träger.

Chromophýll [bot: Farbstoff im Blatt] gr. *chrṓma* Farbe, *phýllon* Blatt.

Chromopsíe [psych: Farbigsehen nicht gefärbter Gegenstände] gr. *chrṓma* Farbe, *ópsis* Sehen.

Chromosómen [biol: die fadenförmig zusammengezogenen Stücke des Chromatins bei der Zellteilung] gr. *chrṓma* Farbe, *sṓma* Körper.

Chromosphäre [astr: = Photosphäre der Sonne] gr. *chrṓma* Farbe, *sphaíra* Kugel.

Chronográph [phys: Instrument zur Aufzeichnung kleiner Zeiträume] gr. *chrónos* Zeit, *gráphein* schreiben.

Chronométer [phys: genaugehende Federuhr] gr. *chrónos* Zeit, *métron* Maß.

Chrysánthemum [bot: Wucherblume] gr. *chrysós* Gold, *ánthos* Blume (Farbe der Blüten).

Chrysídidae [zool: Fam. der *Hymenóptera*, Goldwespen] gr. *chrýsis*, Gen. *chrysídos* goldenes Kleid.

Chrysolíth [min: Var. des Olivins] gr. *chrysós* Gold, *líthos* Stein (Färbung des Gesteins).

Chrysosplénium [bot: Gttg. Milzkraut] gr. *chrysós* Gold, gr. *splḗn* Milz (früher gegen Milzkrankheiten verwendet).

Chýlus [an: Darmlymphe] *gr. chylós* Speisesaft.

Chýmus [med: Speisebrei] latin. aus gr. *chymós*, von *chéein* gießen.

cibári us, -a, -um [bot: als Speise verwendbar] von lat. *cíba* Speise.

Cicátrix [med: Narbe] lat. *cicátrix* Narbe, Schramme.

Cília [an: Wimpern des Auges und der Flimmerzellen, zool: Wimmerfortsätze der *Ciliáta*] lat. *cília* Wimpern.

ciliár is, -e [bot: gewimpert] lat. *cílium* Augenlid, Wimper.

Ciliáta [zool: Kl. der *Protozóa*, Wimperlinge] von lat. *ciliát us, -a, -um* mit Wimpern versehen.

cinére us, -a, -um [bot: aschgrau] lat. *cínis*, Gen. *cíneris* Asche.

Circumcísio [med: Beschneidung] lat. *circumcísus* ringsherum geschnitten, beschnitten.

Cirren [zool: rankenartige Anhänge mancher Einzeller, Würmer, Fische] lat. *círrus* Haarlocke, Franse.

Cirripédia [zool: Ordn. der *Crustacéa*,

Rankenfüßler] lat. *círrus* Ranke, *pes*, Gen. *pédis* Fuß.

Círrus [geog: Federwolke, zool: Penis mancher Würmer] lat. *círrus* Locke.

Cladocéra [zool: U.Ordn. der *Branchiópoda*] latin. aus gr. *kládos* Zweig, *kéras* Horn (verzweigte Antennen).

Cladóphora [bot: Gttg. der Grünalgen] gr. *kladós* Zweig, *phóros* Träger.

Clathrulína [zool: Gttg. der *Heliozóa*] lat. *clathrulína* kleines Gitter, von lat. *cláthri* Gitter.

Clausília [zool: Gttg. der *Pulmonáta*] lat. *claúsus* geschlossen.

Claústrum [an] lat. Verschluß, Schranke.

Cláva [zool: Gttg. der *Hydrozóa*] lat. *cláva* Keule (Keulenform der Polypen).

clavát us, -a, -um [bot: keulenförmig] lat. *cláva* Keule.

Cláviceps [bot: Gttg. Mutterkorn] lat. *cláva* Keule, *-ceps* = köpfig, von lat. *caput* Kopf.

Clavícula [an: Schlüsselbein] lat. kleiner Schlüssel, von lat. *clávis* Schlüssel (Form).

Clávus [an: Nagel, Hühnerauge] lat. *clávus* Nagel.

Cleistocarpéae [bot: Schließfrüchtige] latin. aus gr. *kleistós* geschlossen, *karpós* Frucht.

Clemátis [bot: Gttg. Waldrebe] gr. *klēmatís* Zweig der Weinrebe.

Clípeus [zool: Kopfschild der *Inséota*] lat. *clípeus* Schild.

Clítoris [an: Kitzler] lat. aus gr. *kleitorís*, von gr. *kleíein* schließen.

Cloáca [zool: gemeinsame Mündung von Harn- und Geschlechtsorganen und After] lat. *cloáca* Abzugskanal.

Clostérium [bot: Gttg. der Algen] latin. aus gr. *klōstḗr* Knäul (nach der Form).

Clostrídium [bot: Gttg. der *Bactéria*] latin. aus gr. *klōstḗr* Spindel (spindelförmige Gestalt).

Clypeáster [pal: Gttg. der *Echínidae*] lat. *clýpeus* Schild, gr. *astḗr* Stern (flacher Seeigel mit sternförmigen Ambulakren).

Cnidária [zool, pal: U.Stamm der *Coelenteráta*, Nesseltiere] latin. aus gr. *knídē* Nessel.

Coccídia [zool: U.Ordn. der *Sporozóa*] latin. aus gr. *kokkídion*, Verkl. von gr. *kókkos* Kern (kugelige Form).

coccíne us, -a, -um [bot: rot wie Scharlach] lat. scharlachfarben.

Cóchlea [an: Schnecke des Ohres] lat. *cóclea*, von gr. *kochlías* Schnecke.

Coécum [an: Blinddarm] lat. *coéc us, -a, -um* blind.

Coelenteráta [zool, pal: Kl. der *Evertebráta*, Hohltiere] latin. aus gr. *koilós* hohl, *énteron* Innere.

Coelóm [an: Leibeshöhle, gr. *koílōma* Höhlung.

Coelospermeáe [bot: Hohlsamige] latin. aus gr. *koilós* hohl, *spérma* Samen.

Coleóptera [zool: Ordn. der *Insécta*, Käfer] latin. aus gr. *koleós* Schwertscheide (aus Leder), *ptéron* Flügel.

Cölestín [min: $SrSO_4$] lat. *coeléstis* himmelblau (Farbe des Minerals).

Collaterálen [an: Seitenäste von Gefäßen und Nervenfasern) lat. *con-* sammen-, *laterális* seitlich.

collín us, -a, -um [bot: auf Hügeln wachsend] von lat. *cóllis* Hügel.

Cóllum [an: Hals, Halsstück] lat. *cóllum* Hals.

Cólon [an: Grimmdarm] latin. aus gr. *kṓlon* Darm.

colorát us, -a, -um [bot: gefärbt] lat. *colorátus* gefärbt, farbig, von *coloráre* färben.

Colóstrum [med: erste Milch nach der Entbindung] neulat.

Columbifórmes [zool: Ordn. der *Áves*, Tauben-] Vögel, lat. *colúmba* Taube, *-fórmis* -förmig.

Columélla [an, zool, pal] lat. kleine Säule, Verkl. von lat. *colúmna* Säule.

Colúmna vertebrális [an: Wirbelsäule] lat. *colúmna* Säule, *vertebrális* zum Wirbel gehörig.

Combústio [med: Verbrennung] lat. *combúrere* völlig verbrennen.

Comédo [med: Mitesser] lat. von *com-édere* zusammen speisen.

Commensalísmus [biol: Tischgemeinschaft (z. B. Seerose und Einsiedlerkrebs] von lat. *com-* zusammen, *ménsa* Tisch.

Commissúra [an: Verbindungsstück] lat. *commissúra* Verbindung, Zusammenfügung.

commún is, -e [bot, zool, pal] lat. gemein, weit verbreitet.

compléx us, -a, -um [an] lat. umfassend.

comós us, -a, -um [bot: wollig, schopfig] von lat. *cóma* Haar.

complanát us, -a, um [bot, pal: flach gedrückt] lat. *complanátus* eben gemacht.

Compósitae [bot: Korbblütler] lat. *compósit us, -a, -um* zusammengesetzt.

compréss us, -a, -um [bot, pal] lat. zusammengedrückt, von lat. *comprímere* zusammendrücken.

Concéptio [med: Empfängnis] lat. *concéptio* Aufnehmen, Empfängnis.

Conchífera [zool, pal. = *Lamellibranchiáta*] lat. *cóncha* Schale, *férre* tragen.

Conchýlia [zool: = *Mollúsca*] latin. aus gr. *konchýlion* Muschel.

Concússio [med] lat. Erschütterung.

Condylárthra [pal: U. Ordn. der *Ungulata*] lat. aus gr. *kóndylos* Knochengelenk, *árthron* Glied.

Cóndylus [an: Knorren, Höcker] gr. *kóndylos* Knochengelenk.

Cönenchým, Cönosárk [zool: Grundmasse des Polypenstockes] latin. aus gr. *koinós* gemeinsam, *énchyma* Gewebe, *sárx*, Gen. *sarkós* Fleisch.

Congestión [med: Blutandrang] lat. *congéstus* das Zusammengetragene.

Congréssus [biol: Bleischlaf] lat. *congréssus* Zusammensein.

cónic us, -a, -um [bot, pal: kegelförmig] lat. *cónus*, gr. *kṓnos* Kegel.

Coníferae [bot: Zapfenträger] lat. *cónus* Kegel, Zapfen, *férre* tragen.

Conjugátae [bot: Jochalgen] lat. *conjugátus* verbunden.

Conjunctíva [an: Bindehaut des Auges] lat. *conjúnctus* verbunden.

Consanguinität [biol: Blutsverwandtschaft] lat. *consanguínitas* Blutsverwandtschaft, von lat. *con-* mit, *sánguis* Blut.

Conspérge [pharm: Bestreue!] (Rezeptur von Pillen) lat. *conspérgere* bespritzen, bestreuen.

Constipátio [med: Verstopfung] von lat. *constipáre* zusammendrängen, verstopfen.

Constitútio [med: Gesamtveranlagung] lat. *constitútio* Anordnung, Beschaffenheit.

Contágio [med: Ansteckung] lat. *contágio* Berühren, Ansteckung von *con-tángere* zusammen berühren.

Continuität [med: Zusammenhang] lat. *contínuus* zusammenhängend.

Contractilität [an: Fähigkeit, sich zusammenzuziehen] von lat. *contráctus* zusammengezogen.

Contúsio [med: Quetschung] lat. von *contúndere* zerstoßen, zermalmen.

Convallária [bot: Gttg. Maiblume] lat. *convállis* Talgrund, Abhang (Standort).

Convólvulus [bot: Gttg. Winde] von lat. *convólvere* umwickeln.

convéx [phys: gewölbt] lat. *convéxus* gewölbt.

Convulsión [med: intensiver Krampf] lat. *convúlsio* Krampf (Plinius), von lat. *convéllere* zusammenreißen.

Copépoda [zool: Ordn. der *Crustacéa*, Ruderfüßer] latin. aus gr. *kopḗ* Ruder (eigtl. Hauen), *pús*, Gen. *podós* Fuß.

Cor [an: Herz] lat. *cor*, Gen. *córdis* Herz.

Coraciifórmes [zool: Ordn. der *Áves*, Rabenvögel] gr. *kórax*, Gen. *kórakos* Rabe, lat. *-fórmis* = förmig.

cordát us, -a, -um [bot: herzförmig] von lat. *cors*, Gen. *córdis* Herz.

cordifóli us, -a, -um [bot: herzblätterig] lat. *cors*, Gen. *córdis* Herz, *fólium* Blatt.

Córium [an: Lederhaut] lat. *córium* Haut, Fell, Leder.

Cormophýta [bot: Sproßpflanzen] lat. *kormós* Stamm, *phýton* Gewächs.

Córnea [an: Hornhaut des Auges] lat. *córne us, -a, -um* aus Horn bestehend.

Córnu [an, zool, pal: Horn, Fortsatz] lat. *córnu* Horn.

Cornuspóngia [zool: = *Ceraospóngia*] lat. *córnu* Horn, *spóngia* Schwamm.

cornút us, -a, -um [bot, pal] lat. hornartig, mit Hörnern versehen.

coronári us, -a, -um [an, bot: kranzförmig, zum Kranz verwendet] von lat. *coróna* Krone, Kranz.

Córpus, Mz. ***Córpora*** [an: Körper] lat. *córpus*, Gen. *córporis* Körper.

Córrigens (*remédium*) [pharm: Geschmack oder Geruch verbessernde Zutat einer Arznei] von lat. *corrígere* verbessern.

Corrosión [med: Zerstörung von Geweben durch ätzende Substanzen oder Geschwüre] von lat. *corródere* zernagen.

Córtex [an, pharm: Rinde] lat. *córtex*, Gen. *córticis* Rinde, Adj. *corticál is, -e.*

Corýdalis [bot: Gttg. Lerchensporn] gr. *korydallís* Haubenlerche.

Córylus [bot: Gttg. Haselnußstrauch] latin. aus gr. *kórys* Becher (Nußfrucht).

Córyza [med: Schnupfen] gr. *kóryza* Hippokrates) Nasenschleim, Schnupfen, Stumpfsinn (Benommenheit bei Schnupfen).

Cosmóceras [pal: Gttg. der *Ammonoidéa*] latin. aus gr. *kósmos* Schmuck, *kéras* Horn (Schale durch Rippen und Knoten verziert).

Cósta [an: Rippe] lat. *cósta* Rippe.

Cóxa [an: Hüfte] lat. *cóxa* Hüfte.

*Crani*ó*ta* [zool: = *Vertebráta*) latin. aus gr. *kránion* Schädel.

Cránium [an: Schädel] lat. *cránium*, gr. *kránion* Schädel.

Crápula [psych: Rausch und Katzenjammer] lat. *crápula*, von gr. *kraipálē* Kopfschmerz, Rausch.

Craspedótae [zool: Saumquallen] latin. aus gr. *kráspedon* Saum.

Crássula [bot: Gttg. Dickblatt] lat. Verkl. von *crássus* dick, = kleine Dicke.

cráss us, -a, -um [zool, pal] lat. dick.

Cremáster [an: Aufhängemuskel des Hodens] latin. aus *kremastḗr* Aufhänger.

crenát us, -a, -um [bot] lat. gekerbt, von lat. *créna* Kerbe.

Crénothrix [bot: Gttg. der Spaltpilze] lat. *krḗnē* Quelle, *thríx* Haar (Vorkommen und Habitus).

Créta [pharm: Kreide, geol: Kreideformation] lat. *créta* Kreide.

Críbrum [an, bot: Sieb] lat. *críbrum* Sieb.

Crinoidéa [zool, pal: Kl. der *Echinodérmata*, Seelilien] latin. aus gr. *krínos* Lilie, *eídos* Aussehen.

crísp us, -a, -um [bot, pal] lat. kraus.

Crísta [an: Kamm, Leiste] lat. *crísta* Kamm.

cristát us, -a, -um [bot: kammartig geformt] von lat. *crísta* Kamm.

Crocodília [zool: Ordn. der *Reptília*] lat. *crocodílus*, von gr. *krokódilos* Krokodil.

cruciát us, -a, -um [an, bot] lat. gekreuzt.

Crucíferae [bot: Kreuzblütler] lat. *crux*, Gen. *crúcis* Kreuz, *férre* tragen.

Crus, Mz. *Crúra* [an: Schenkel, zool, pal: einfaches Armgerüst der *Brachiópoda*] lat. *crus*, Gen. *crúris* Schenkel.

Crustacéa [zool: Kl. der *Arthrópoda*, Kruster] von lat. *crústa* Schale, Kruste.

Cryptogámae [bot] gr. *kryptós* verborgen, *gámos* Ehe (ohne „Blüten").

Ctenídien [zool: Kammkiemen mancher Schnecken] gr. *kteís*, Gen. *ktenós* Kamm.

Ctenobranchína [zool, pal: U.Ordn. der *Gastrópoda*] latin. aus gr. *kteís*, Gen. *ktenós* Kamm, *bránchia* Kieme (Schnecken mit Kammkiemen).

Ctenóphora [zool: Kl. der *Cnidária*, Rippenquallen] gr. *kteís*, Gen. *ktenós* Kamm, *phóros* Träger.

Cúbitus [an: Ellbogen] lat. *cubitus*, gr. *kýbiton* Ellbogen.

Cuboidéum [an: Würfelbein] lat. *cúbus* Würfel, gr. *eídos* Gestalt.

Cuculifórmes [zool: Ordn. der *Aves*, Kuckuksvögel] lat. *cúculus* Kuckuk, *-förmig* = förmig.

cucullát us, -a, -um [bot: kapuzenförmig] von lat. *cucúllus* Kapuze.

Cúmulus [geog: Haufenwolke] lat. *cúmulus* Haufen.

Cuneïfórme [an: Keilbein] lat. *cúneus* Keil, *-fórmis* = förmig.

Cunículus [zool: Gttg. Kaninchen] lat. *cunículus* eigtl. unterirdischer Gang, übertr. Kaninchen (im Hinblick auf dessen unterirdische Bauten).

Cúnnus [an: weibliche Scham] lat. *cúnnus*, von gr. *kýein* gebären.

Cúprum [chem: Element Kupfer, *Cu*] lat. *cúprum* Kupfer.

curvát us, -a, -um [bot: gebogen] von lat. *cúrva* Biegung.

cuspidát us, -a, -um [bot: spitz] von lat. *cúspis* Lanzenspitze.

Cutícula [an: strukturlose Membran

mancher Zellen] lat. *cutícula* kleine Haut, von lat. *cútis* Haut.

Cútis [an: Haut] lat. *cútis* Haut.

cyáne us, -a, -um [bot, zool] latin. aus gr. *kyáneos* blau.

Cyanophycéae [bot: Blaualgen] latin. aus gr. *kyáneos* blau, *phýkos* Alge.

Cyathophýllum [pal: Gttg. der *Tetracorálla*] latin. aus gr. *kyáthos* Becher, *phýllon* Blatt.

Cyclobranchína [zool, pal: U.Ordn. der *Gastrópoda*] gr. *kýklos* Kreis, *bránchia* Kieme (Kiemen kreisförmig).

Cyclópidae [zool: Fam. der *Copépoda*] gr. *kýklōps* der Zyklop Homers mit einem Auge (im Hinblick auf das unpaare Auge).

Cyclostómata [zool: Kl. der *Vertebráta*, Rundmäuler] latin. aus gr. *kýklos* Kreis, *stóma*, Gen. *stómatos* Maul.

Cýnodon [bot: Gttg. Hundszahn] latin. aus gr. *kýōn*, Gen. *kynós* Hund, *odús*, Gen. *odóntos* Zahn.

Cynoglóssum [bot: Gttg. Hundszunge] latin. aus gr. *kýōn*, Gen. *kynós* Hund, *glóssa* Zunge (Blattform).

Cynosúrus [bot: Gttg. Kammgras] latin. aus gr. *kýōn*, Gen. *kynós* Hund, *urá* Schwanz (Form der Rispe).

Cypriniformes [zool: U.Ordn. der *Písces*] gr. *kyprínos* Karpfen, lat. *-fórmis* = förmig.

Cypripédium [bot: Gttg. Frauenschuh] latin. aus *kýpris* Beiname der Göttin Aphrodite (im Hinblick auf den Aphrodite- oder Astarte-Dienst auf der Insel Cypern) *pédilon* Schuh.

Cýste, Cýstis [an: Blase, med: Geschwulst] gr. *kýstis* Blase.

Cysticerkoíd [zool: Finne von *Bothriocéphalus*] latin. aus gr. *kýstis* Blase, *kérkos* Schwanz, *eídos* Aussehen.

Cystiphýllum [pal: Gttg. der *Tetracorálla*] gr. *kýstis* Blase, *phýllon* Blatt (blasiges Gewebe).

Cystópteris [bot: Gttg. Blasenfarn] gr. *kýstis* Blase, *ptéris* Flügel, Wedel.

Cytostóm [zool: Zellmund mancher *Protozóa*] gr. *kýtos* Höhlung, Zelle, *stóma* Mund.

D

Dactylióceras [pal: Gttg. der *Ammonoidéa*] gr. *daktýlios* Ring, *kéras* Horn (ringförmige Rippen auf der Schale).

Dactyloptéridae [zool: Fam. der *Acanthopterýgii*, Flughähne] gr. *dáktylos* Finger, *ptéron* Flügel (fliegen mit Hilfe der Flossen).

Daktylologíe [psych: Fingersprache der Taubstummen] gr. *dáktylos* Finger, *lógos* Wort.

Danién [geol: oberste (dänische) Kreide] frz. = dänische Stufe.

Dáphne [bot: Gttg. Seidelbast] gr. *dáphnē* Lorbeer.

Dáphnia [zool: Gttg. der *Cladócera*, Wasserfloh] gr. *Dáphnē* Tochter des Flußgottes Penäus.

dasyacánth us, -a, -um [bot: dicht mit Stacheln besetzt] latin. aus gr. *dasýs* dicht, *ákantha* Stachel, Dorn.

dasycárp us, -a, -um [bot: dicht mit Früchten besetzt] latin. aus gr. *dasýs* dicht, *karpós* Frucht.

Dasyméter [phys: Luftdichtemesser] gr. *dasýs* dicht, *métrein* messen.

dasyphýll us, -a, -um [bot: dicht mit Blättern besetzt] latin. aus gr. *dasýs* dicht, *phýllon* Blatt.

Dasypódidae [zool: Fam. der *Xenárthra*, Gürteltiere] gr. *dasýs* rauh, *pús*, Gen. *podós* Fuß.

Debilität [med: Schwäche, psych: Schwachsinn] lat. *debílitas* Schwäche.

Decápoda [zool: 1. U.Ordn. der *Dibranchiáta* (mit 10 Armen), 2. Ordn. der *Crustacéa* (zehnfüßige Krebse)] latin. aus gr. *déka* zehn, *pús*, Gen. *podós* Fuß.

Decídua [an: oberste Hautschicht des Uterus] lat. *decídu us, -a, -um* hinfällig (weil abgestoßen).

decídu us, -a, -um [bot: leicht abfallend] lat. *decídu us, -a, -um* hinfällig.

Decóctum [pharm: Auszug einer Droge durch kochendes Wasser] lat. *decóct us, -a, -um* ab-, ausgekocht.

Decúbitus [med: Druckbrand] lat. *decúbitus* von *decúmbere* sich niederlegen („durchliegen").

Deduktión [phil: Ableitung des Besonderen aus dem Allgemeinen] lat. *dedúcere* hinabführen, ableiten.

Defäkatión [biol: Kotentleerung] lat. *de* herab, *faéces* Kot.

Defatigátio [med: Überanstrengung des Muskel- oder Nervensystems] lat. *defatigátio* körperliche und geistige Ermüdung.

Deféctus [med: partielle Geistesschwäche] lat. *deféctus* Schwäche, von lat. *defícere* mangeln.

Definitión [phil: Begriffsbestimmung] lat. *definíre* abgrenzen.

Deflatión [geog: Abtragung durch Wind, „Abblasung"] von lat. *defláre* wegwehen.

defléx us, -a, um [bot: herabgebogen] lat. *defléxus* herabgebogen, von lat. *de* herab, *fléctere* krümmen.

Defloratión [biol: Entjungferung] lat. *de* hinab, *flos*, Gen. *flório* Blüte.

Deformatión [phys: Formveränderung] lat. *deformátio* Verunstaltung, von lat. *de* hinweg, *fórma* Gestalt.

Degeneratión [biol, med: Entartung] lat. *degeneráre* entarten, von lat. *de* hinweg, *génus* Gattung.

Dehiszénz [bot: Form des Aufspringens reifer Früchte] von lat. *dehíscere* aufklaffen.

Dekapitatión [zool, an: Trennung des Kopfes vom Rumpf, Enthauptung] von lat. *de* hinab, *cáput* Kopf.

Deklinatión [astr: Abweichung eines Gestirns, geog: Mißweisung des Kompaß] lat. *declinátio* Abbiegen.

dekussíert [bot: kreuzweise angeordnet] lat. *decussáre* kreuzweise abteilen, von lat. *decússis* die Zahl X.

Deligátio, Deligatúra [med: Verband, Unterbindung] lat. *deligáre* verbinden.

Delírium [med: Tobsucht, Phantasieren] lat. *delírus* schwachsinnig, wahnwitzig, von lat. *deliráre* aberwitzig sein, eigtl. von der Furche (lat. *líra*) abweichen.

Délta [geog: Sedimentablagerung eines Flusses an seiner Mündung] gr. *Delta*, *Δ*, 4. Buchstabe des Alphabets (Form des Nildeltas).

Delthýrion [zool, pal: Schnabelloch der *Brachiópoda*] gr. *Delta*, *thýrion* Türchen (Form des Loches).

Deltídium [zool, pal: Deckplatte des Schnabellochs mancher *Brachiópoda*] gr. *deltídion* kleines Delta (*Δ*) (Form der Platte).

Deltoídeus (*músculus*) [an: Deltamuskel] latin. aus gr. *Δ* Delta, *eídos* Aussehen.

Deméntia [med: Schwachsinn, Blödsinn] lat. *de* abseits, *mens*, Gen. *méntis* Sinn, Verstand.

deméрs us, -a, -um [bot] lat. untergetaucht, von lat. *demérgere* versenken.

Démodex [zool: Gttg. der *Acarína*, Haarbalgmilbe] gr. *dēmós* Fett, *dḗx* Holzwurm.

Demonstratión [phil: Beweisführung] von lat. *demonstráre* darlegen, beweisen.

Dendríten [an: Fortsätze der Ganglienzellen, min: moosartige Absätze von Minerallösungen auf Schichtfugen] gr. *dendrítēs* zum Baum gehörig, baumförmig.

Dendrochirótidae [zool: U.Ordn. der *Holothurioidéa*] latin. aus gr. *déndron* Baum, *cheír*, Gen. *cheirós* Hand (Seegurken mit verästelten Tentakeln).

Dendrocoéla [zool: U.Ordn. der *Turbellária*] gr. *déndron* Baum, *koílon* Höhlung, Darm (Darm stark verzweigt).

Dendrocópus [zool: Gttg. Specht] gr. *déndron* Baum, *kopís* sichelförmiges Schwert, von *kóptein* schlagen.

Dendrolíthen [pal: versteinertes Holz] gr. *déndron* Baum, *líthos* Stein.

Dendrologíe [bot: Lehre von der Pflege der Bäume] gr. *déndron* Baum, *lógos* Kunde.

densifóli us, -a, -um [bot: dicht mit Blättern besetzt] lat. *dénsus* dicht, *fólium* Blatt.

Densiméter [phys: Dichtemesser] lat. *dénsus* dicht, gr. *métrein* messen.

Dens lácerans [zool: Reißzahn der *Carnivóra*] lat. *dens* Zahn, *laceráre* zerfleischen.

Dentálium [zool: Gttg. der *Scaphópoda*] von lat. *dens*, Gen. *déntis* Zahn (Schalenform).

Dentária [bot: Gttg. Zahnwurz] lat. *dens*, *déntis* Zahn.

dentát us, -a, -um [bot] lat. *dentát us*, *-a*, *-um* mit Zähnen (Zacken) versehen.

Dentifikatión [an: Zahnbildung] lat. *dens*, Gen. *déntis* Zahn, *fácere* machen, bilden.

Dentín [an: Zahnbein] lat. *dens*, Gen. *déntis* Zahn.

Denudatión [geog: Abtragung der Verwitterungsprodukte] lat. *denudáre* entblößen, von lat. *núdus* nackt.

Depilátio [med: Haarmangel, Enthaarung] von lat. *de* ab, weg, *pílus* Haar.

***Depréssio*, Depressión** [med: Niederdrücken, psych: geistige Niedergeschlagenheit, geog: Einsenkung des Landes unter den Meeresspiegel] lat. *depréssus* niedergedrückt, von lat. *deprímere* hinabdrücken.

Derivántia (*remédia*) [pharm: ableitende Mittel] lat. *deriváre* ableiten, von lat. *de* herab, *rívus* Bach.

Derivát [an, chem: Abkömmling] lat. *deriváre* ableiten, von *de* herab, *rívus* Bach.

Dérma [an: = *Cutis*] gr. *dérma* Haut.

Dermatogén [bot: die Epidermis erzeugendes embryonales Gewebe] gr. *dérma*, Gen. *dérmatos* Haut, *génesis* Bildung.

Dermatologíe [med: Lehre von den Hautkrankheiten] gr. *dérma*, Gen. *dérmatos* Haut, *lógos* Lehre.

Dermatonósen [med: Hautkrankheiten] gr. *dérma*, Gen. *dérmatos* Haut, *nósos* Krankheit.

Dermatozóen [med: Hautschmarotzer] gr. *dérma*, Gen. *dérmatos* Haut, *zōon* Lebewesen.

Derméstidae [zool: Fam. der *Coleóptera*, Speckkäfer] gr. *dérma* Haut, *esthíein* fressen.

Dermochelýidae [zool: Fam. der *Chelónia*, Lederschildkröten] gr. *dérma* Haut, *chélys* Schildkröte.

Descénsus [an: Senkung (z. B. der Hoden)] lat. *descénsus* Abstieg.

Desinfektión [med: Vernichtung von Krankheitsstoffen] *des* = lat. *de*-*ex* weg, *infícere* anstecken.

deskriptív [phil: beschreibend] von lat. *descríptus* beschrieben.

Desmín [min: Bündelzeolith] gr. *desmós* Bündel.

Desmóceras [pal: Gttg. der *Ammonoidéa*] gr. *desmós* Schnur, *kéras* Horn (Schale mit Einschnürungen]

Desmodónta [zool, pal: U.Ordn. der *Lamellibranchiáta* mit hakenförmigen Zähnen] gr. *desmós* Haken, *odús*, Gen. *odóntos* Zahn.

Desquamatión [med: Abschuppung der Haut, geog: Abschuppung des Gesteins infolge Temperaturunterschieden in den Tropen] von lat. *desquamáre* abschuppen.

Destillatión [phys: Verdampfung mit anschließender Kondensation] von lat. *de- stilláre* herab- tröpfeln.

Destruktión [geog, geol: Zusammenfassung für Verwitterung und Abtragung] von lat. *destruére* niederreißen.

Deszendénten [biol: Verwandte in absteigender Linie] lat. *descéndens*, Gen. *descendéntis* hinabsteigend.

Determinánten [biol: die die Eigenschaften bestimmenden Anlagen im Keimplasma] lat. *detérminans*, Gen. *determinántis* bestimmend.

Detorsión [med: Verdrehung] lat. *detórsio* Verdrehung.

Detritión [geog: Abtragung durch Eis] lat. *detérere* zerreiben.

Detrítus [geog, geol: das bei der Zerstörung des Gesteins verbleibende feine Material, an: Gewebstrümmer] lat. *detrítus* zerrieben, von lat. *detérere* zerreiben.

Détur! [pharm: auf Rezepten] lat. *détur* es möge gegeben werden, Verabreiche!

Deuterozōl [an: sekundäre Leibeshöhle] gr. *deúteros* zweite, *koílon* Höhlung.

Deutoplásma [an: Dotter] gr. *deúteros* andere, *plásma* das Gebilde.

Deviatión [phys: Abweichung des Kompasses, an: Abweichung von der natürlichen Lage] von lat. *de* weg, *vía* Weg.

Devón [geol: Formation] nach *Devonshire* (England).

dexiotróp [zool: rechtsgewunden (Schneckenschale)] gr. *déxios* rechts, *trópos* Wendung.

Dextrín [chem: bei der Verzuckerung der Stärke entstehender Körper] lat. *déxter* rechts (bei Polarisation rechtsdrehend).

Diabás [min: Eruptivgestein, Grünstein] gr. *diábasis* Übergang.

Diabétes [med: Harnflut] latin. aus gr. *diá* hindurch, *baínein* gehen.

Diachǎnium [bot: Spaltfrucht der Doldengewächse] latin. aus gr. *diá*-örtlich getrennt, *chaínein* klaffen.

diadélphisch [bot: Staubgefäße in zwei Bündel verwachsen] gr. *dis* doppelt, *adelphós* Bruder.

diageotróp [bot: schief zur Richtung der Schwerkraft] gr. *diá*- quer, *gé* Erde, *trópos* Richtung.

Diagnóse [phil: Feststellung, med: Erkennung einer Krankheit] gr. *diágnōsis* Unterscheidung.

Diagrámm [math: Grundriß, Umriß] gr. *diágramma* Umriß, Zeichnung.

diaheliotróp [bot: quer zur Richtung des Lichtes] gr. *diá*- quer, *hḗlios* Sonne, *trópos* Richtung.

Diakaústik [phys: Brennfläche einer Linse] lat. *diá* hindurch, *kaustikós* brennend.

Diakláse [geol: Zerklüftung des Gesteins] gr. *diá* quer, *klásis* Zerbrechen.

dialypetál [bot: mit getrennten Kronblättern versehen] gr. *dialýein* auflösen, trennen, *pétalon* Blatt.

Dialýse [chem: Durchtritt eines in Lösung befindlichen kristallinen Stoffes durch eine Membran in eine Flüssigkeit geringerer Konzentration] gr. *diá* hindurch, *lýsis* Lösung.

Diamánt [min: kristallisierter Kohlenstoff] von gr. *adámas* unbezwinglich (wegen seiner Härte).

Diaméter [math: Durchmesser] von gr. *diámetros* durch den Mittelpunkt gehend.

diánth us, -a, -um. [bot: mit zweierlei Blüten] gr. *dís* doppelt, *ánthos* Blume.

diaphán [phys: durchscheinend] von gr. *diaphanḗs* hindurchscheinend.

Diaphóresis [med: Schwitzen] gr. *diaphórēsis* Plünderung, Zerstreuung, übertr. Absonderung von Schweiß.

Diaphrágma [bot, phys: Membran (bei Dialyse), an: Zwerchfell, Scheidewand] gr. *diaphrágma* Zwischenwand, Zwerchfell.

Diaphýse [an: Mittelstück von Röhrenknochen] von gr. *diaphýein* durchwachsen.

Diapositív [phys: Lichtbild] gr. *diá* hindurch (leuchten), lat. *positívus* wirklich (Ggs. zu negativ).

Diarrhoḗa [med: Durchfall] latin. aus gr. *diarrhoḗ*, von gr. *diá* hindurch, *rhoḗ* Fließen.

Diastáse [biol: Ferment, das Stärke spaltet] gr. *diástasis* Spaltung.

Diástole [an: rhythmische Ausdehnung (des Herzens)] gr. *diastolḗ* Ausdehnung, von gr. *diastéllein* auseinanderziehen.

Diä̂t [med: Lebensordnung, Ernährungsweise] latin. aus gr. *díaita* Leben.

diathermán [phys: wärmedurchlässig] gr. *diáthermos* durch und durch warm.

Diatoméae [bot: Kl. der Algen] gr. *diá* quer, *tomḗ* Schnitt (weil aus zwei Hälften bestehend).

Diatréme [geol: vulkanische Explosionsröhre] gr. *diá* hindurch, *trḗma* Strudelloch.

Dibranchiáta [zool: Ordn. des *Cephalópoda* mit zwei Kiemen] gr. *dís* doppelt, *bránchia* Kieme.

Dicéphalus [med: Mißgeburt mit doppeltem Kopf] gr. *dís* doppelt, *kephalḗ* Kopf.

Díceros [zool: Gttg. Nashorn] gr. *dís* doppelt, *kéras* Horn.

Dichásium [bot: Blütenstand, dessen Hauptachsen sich unterhalb der endständigen Blüte in zwei Seitenachsen teilen] latin. aus gr. *dís* doppelt, *chásis* Spaltung.

dichlamýd(e)isch [bot: aus Kelch- und Kronblättern bestehende Blütenhülle] gr. *dís* doppelt, *chlamýs*, Gen. *chlamýdos* Mantel.

Dichogamíe [biol: ungleichzeitige Geschlechtsreife von Staubgefäßen und Narbe] gr. *dícha* doppelt, *gámos* Ehe.

Dichotomíe [bot: gabelige Zweiteilung] gr. *dícha* doppelt, *tomḗ* Schnitt.

dichotóm us, -a, -um [pal] latin. aus gr. *dichótomos* in zwei Teile gespalten.

Dichroísmus [phys: = Pleochroismus] latin. aus gr. *dís* doppelt, *chrṓs* Farbe.

Dichroskóp [phys: Instrument zur Erkennung des Pleochroismus] gr. *dís* doppelt, *chrṓs* Farbe, *skopeín* schauen.

Dicotyledónes [bot: Kl. der *Angiospérmae*] gr. *dís* doppelt, *kotylēdṓn* Saugwarze (mit zwei Keimblättern).

Didélphys [zool: Gttg. der *Marsupiália*, Opossum] gr. *dís* doppelt, *délphys* Gebärmutter (Uterus zweiteilig).

Didymítis [med: Hodenentzündung] gr. *dídymoi* Zwillinge, übertr. Hoden.

Differenzíerung [phil, biol: Gliederung, Unterscheidung] von lat. *differre* trennen.

Difformität [biol, an: Mißbildung] neulat. *diffórmis* mißgestaltet.

Diffraktión [phys: Beugung] lat. *diffráctus* zerbrochen.

Diffusión [chem, phys: selbsttätige Verteilung einer Lösung oder eines Gases in einem benachbarten Medium geringerer Konzentration] von lat. *diffúndere* auseinandergießen.

diffús us, -a, -um [bot] lat. ausgebreitet, zerstreut.

Digestión [biol: Verdauung, pharm: Behandlung einer Arzneidroge mit einem Lösungsmittel bei 35—40° C] von lat. *digérere* auseinanderbringen, verteilen.

digitalín us, -a, -um, digitát us, -a, -um [an, pal: fingerförmig] von lat. *dígitus* Finger.

Digitális [bot: Gttg. Fingerhut] lat. von *dígitus* Finger.

digitigrád [zool: auf den Zehen gehend] lat. *dígitus* Finger, *grádi* schreiten.

diklín [bot: eingeschlechtlich] gr. *dís* doppelt, *klínē* Bett (weibliche und männliche Geschlechtswerkzeuge getrennt).

Dilatatión [phys: Ausdehnung eines Körpers durch Erwärmung] von lat. *dilatáre* ausdehnen.

Dilatátor [an: erweiternder Muskel, med: Instrument zur Erweiterung] von lat. *dilatáre* ausdehnen, von lat. *dis* auseinander, *látus* breit.

dilút [chem: verdünnt] lat. *dilútus* verwaschen, vermindert, aufgelöst.

Dilúvium [geol: Formation] lat. *dilúvium* Sintflut.

Dimensión [math: Ausdehnung] lat. *diménsio*, von *dimetíri* ausmessen.

dimér [bot: zweiteilig] gr. *dís* doppelt, *méros* Teil.

Dimorphísmus [biol: Zwiegestalt (der Geschlechter, des Wuchses oder dergl.)] latin. aus gr. *dís* doppelt, *morphḗ* Gestalt.

Dimyária [zool: = *Homomyária*] gr. *dís* doppelt, *mýs* Muskel (zwei Muskeleindrücke in der Schale).

Dinoflagelláti [zool: Ordn. der *Flagelláti*] gr. *dínē* Wirbel, lat. *flagéllum* Geißel.

Dinosaúria [pal: Ordn. der *Reptília*] gr. *deinós* furchtbar, *saúros* Echse (im Hinblick auf die gewaltige Größe).

Díodon [zool: Gttg. der *Acanthoptergii*, Kugelfisch] gr. *dís* doppelt, zwei, *odús*, Gen. *odóntos* Zahn.

dioíc us, -a, -um [bot: zweihäusig] gr. *dís* doppelt, *oíkos* Haus (Geschlechtswerkzeuge auf verschiedene Stöcke verteilt).

Dioptríe [phys: Einheit der Brechungskraft] gr. *diá* hindurch, *optḗr* Späher.

Diorít [min: Plagioklasgestein] gr. *diorízein* unterscheiden.

diözisch s. *dioícus*.

Diphtheríe, Diphtherítis [med: Infektionskrankheit] gr. *diphthéra* Pergament, übertr. häutiger Belag (auf der Schleimhaut).

diphydónt [zool: Zahnwechsel aufweisend] gr. *dís* doppelt, *phýein* wachsen, *odús*, Gen. *odóntos* Zahn.

diphýll us, -a, -um [bot: doppelblättrig] latin. aus gr. *dís* doppelt, *phýllon* Blatt.

Diphyzerkíe [zool: Schwanzflossenform vieler Fische] gr. *diphyḗs* doppelt, *kérkos* Schwanz (Schwanz zweizipfelig).

Diplocéphalus [med: angeborener Doppelkopf] latin. aus gr. *diplóos* doppelt, *kephalḗ* Kopf.

diplochlamýd(é)isch [bot: Blütenhülle aus Kelch und Krone bestehend] gr. *diplóos* doppelt, *chlamýs*, Gen. *chlamýdos* Mantel.

Diplográptus [pal: Gttg. der *Graptolíthi*] gr. *diplóos* doppelt, *graptós* geschrieben (zweizeilige Graptolithen).

Diplózoon [zool: Gttg. der *Trematódes*] gr. *diplóos* doppelt, *zōon* Tier (geschlechtsreif paarweise verwachsen).

Dípnoi [zool: Ordn. der *Písces*, Lungenfische] gr. *dís* doppelt, *pnoē* Atmen (atmen durch Kiemen und Lungen).

Dípsacus [bot: Gttg. Weberkarde] gr. *dípsa* Durst (wegen der Wasserbecken am Grunde der verwachsenen Blätter?)

Dipsomaníe [med: Trunksucht in zeitlichen Abständen] gr. *dípsa* Durst, *manía* Raserei.

Díptera [zool: Ordn. der *Insécta*, Zweiflügler] gr. *dís* doppelt, *ptéron* Flügel.

Discomycétes [bot: Kl. Scheibenpilze] latin. aus gr. *dískos* Wurfscheibe, *mýkos* Pilz.

diskordánt [geol: ungleichsinnig] lat. *díscors* unverträglich, von lat. *dis-* = getrennt, *cors* Herz.

Dislokatión [geol: Störung in der Schichtenablagerung] lat. *dislocáre* verlagern, von lat. *dis* auseinander, *lócus* Ort.

dispansív [phys: zerstreuend] von lat. *dispánsus* zerstreut.

Dispensatión [pharm: Zubereitung und Verteilung einer Arznei] von lat. *dispensáre* im richtigen Verhältnis austeilen.

Dispermíe [biol: Befruchtung eines Eies durch zwei Samenfäden] gr. *dís* doppelt, *spérma* Same.

Dispersión [phys: Farbenzerstreuung des Lichts] lat. *dispérsio* Zerstreuung.

Dispositión [med: Veranlagung zu einer Krankheit] lat. *disposítio* Anordnung.

Dissimilatión [biol: Abbau der lebenden Substanz] von lat. *dissimiláre* unähnlich machen.

Dissonánz [phys: Mißklang] von lat. *dissonáre* auseinanderklingen.

Dissoziatión [chem: Trennung einer Verbindung] lat. *dissociátio* Trennung, von lat. *dis-* zer-, *sócius* Genosse.

distál [an: vom Mittelpunkt entfernt] von lat. *distáre* entfernt sein.

Disthén [min: Tonerdesilikat] gr. *dís* zweierlei, *sthénos* Kraft (Härte in zwei Richtungen verschieden groß].

Distichália [zool, pal: von den *Radialia* abzweigende Plättchen der *Crinoidéa*] gr. *dístichon* Zweizeiler (Plättchen zweireihig angeordnet).

dístich us, -a, -um [bot: zweizeilig] latin. aus gr. *dístichon* Zweizeiler.

Dístomum [zool: Gttg. der *Trematódes*, Leberegel] gr. *dís* doppelt, *stóma* Mund (Mund- und Bauchsaugnapf).

Distórsio [med: Verstauchung] von lat. *distórtus* verdreht, von lat. *dis-torquére* ver-drehen.

Diurética (*remédia*) [pharm: harntreibende Mittel] gr. *diúrēsis* Harnlassen (Hippokrates).

diúrn us, -a, -um [an, bot] lat. am Tage.

Divaricatóres [zool, pal: Muskeln, die das Öffnen der Klappen der *Brachiópoda* bedingen] von lat. *divaricáre* auseinanderspreizen.

divergént [math: von einem Punkte auseinander laufend] von lat. *dis-* auseinander, *vérgere* gerichtet sein.

Divertíkel [an: Ausstülpung eines Organs] von lat. *divértere* auseinandergehen.

Dívide! [pharm: teile! (Rezeptur)] lat. *divídere* teilen.

División [math: Teilung] lat. *divísio* Teilung, von lat. *divídere* teilen.

Docoglóssa [zool: U.Ordn. der *Prosobránchia*] gr. *dókos* Balken, *glōssa* Zunge (Form der Radula).

Dodekaéder [min: durch zwölf kongruente Rhomben begrenzter Kristall] gr. *dōdeka* 12, *hédra* Fläche.

Dolichocéphalus [an: Langkopf] latin. von gr. *dolichós* lang, *kephalē* Kopf.

Dolíne [geol: trichterförmige Vertiefung in Karstgebieten] sloven. *dólina* Trichterloch.

Dólor, Mz. ***dolóres*** [med] lat. *dólor*, Gen. *dolóris* Schmerz.

Domátien [biol: Bildungen an Pflanzen zur Beherbergung von Tieren] gr. *dōmátion* Gemach.

doméstic us, -a, um [bot: in, an Häusern wachsend, zool: Haus-] lat. zum Hause gehörig.

dominíeren [phil: vorherrschen] lat. *domináre* herrschen, von lat. *dóminus* Herr.

dorsál [an: auf dem Rücken, rückenseitig gelegen] lat. *dorsál is, -e* rückenseitig.

dorsoventrál [an: Richtung vom Rücken zum Bauch] lat. *dórsum* Rücken, *ventrális* zum Bauch (lat. *vénter*) gehörig.

Dosiologíe [pharm: Lehre von den Dosen der Arzneimittel, gr. *dósis* Gabe, *lógos* Lehre.

Droge [pharm: pflanzlicher Rohstoff für Arzneimittel] holl. *droog* trocken (getrocknete Pflanze).

Drósera [bot: Gttg. Sonnentau] gr. *droserós* taufrisch, feucht.

Drosophýllum [bot: Gttg. Taublatt] gr. *drosós* Tau, *phýllon* Blatt.

Dryópteris [bot: Eichenfarn] gr. *drýs*, Gen. *dryós* Eiche, *ptéris* Wedel.

dúbi us, -a, -um [bot] lat. zweifelhaft.

Dúctus [an: Gang] lat. Gang, von lat. *dúcere* führen.

dulcamár us, -a, -um [bot] lat. bittersüß, von *dúlcis* süß, *amárus* bitter.

Duodénum [an: Zwölffingerdarm] lat. *duodénum* das Zwölffache.

Duodézime [phys: der 12. Ton der Tonleiter] lat. *duodécim us, -a, -um* zwölfte.

dúplex [bot, an, zool] lat. doppelt.

dúr us, -a, -um [an, bot] lat. hart.

Dyakisdodekaéder [min: hemiedrische Form des Hexakisoktaeders mit 24 Flächen] gr. *dyákis* zweimal, *dṓdeka* 12, *hédra* Fläche.

Dýas [geol: Formation] gr. *dyás* Zweiheit (weil in Rotliegendes und Zechstein geteilt).

Dynámik [phys: Lehre von den Kräften und den dadurch bedingten Bewegungen] gr. *dýnamis* Kraft.

Dysenteríe [med: Ruhr] gr. *dysentería* (Hippokrates), von gr. *dys-* Verneinung, *énteron* Darm.

Dyslalíe [med: Stammeln] gr. *dys-* Verneinung, *laleín* reden.

Dyslexíe [psych: Unfähigkeit zu lesen] gr. *dys-* = Verneinung, *léxis* Lesen.

Dysmenorrhoéa [med: Beschwerden beim Monatsfluß] latin. aus gr. *dys-* = Verneinung, *mḗn*, Gen. *mēnós* Monat, *rhoḗ* Fluß.

Dyspepsía [med: Verdauungsstörung] von gr. *dys-* = Verneinung, *péptein* verdauen.

Dysphasíe, Dysphrasíe [psych: Sprachstörung] gr. *dys-* = Verneinung, *phásis* Rede, *phrásis* Sprechen.

Dyspnoé [med: Atemnot] gr. *dys-* = Verneinung, *pnoḗ* Atem.

Dyspraxíe [psych: leichte Apraxie] gr. *dys-* = Verneinung, *práxis* Handlung.

Dysthymíe [psych: anhaltende Schwermütigkeit, Mißmut] lat. *dys-* miß-, *thymós* Gemüt.

Dystokíe [med: schwere Geburt] gr. *dýs-* = Verneinung, *tókos* Geburt.

Dystrophía [med: Ernährungsstörung] gr. *dys-* = Verneinung, *trophḗ* Ernährung.

E

Ebríetas [med: Trunkenheit] lat. *ebríetas* Rausch.

Ecárdines [zool, pal: = *Inarticuláta*] lat. *e-* ohne, *cárdo*, Gen. *cárdinis* Schloß (Brachiopoden ohne Schloß).

Ecaudáta [zool: Ordn. der *Amphíbia*] lat. *e-* Verneinung, *caudátus* geschwänzt (schwanzlose Lurche).

Ecbólica (*remédia*) [pharm: Abortivmittel] latin. aus gr. *ekbállein* herauswerfen.

Echenéis [zool: Gttg. der *Teleóstei*,

Schiffshalter] gr. *echeneís* das Schiff hemmend, von gr. *échein* halten, *naús* Schiff.

Echinocóccus [zool: Finne des Hundebandwurms *Taénia echinocóccus*] latin. aus *echínos* Igel, *kókkos* Kern (wegen des Stachelkranzes.

Echinodérmata [zool, pal: Stachelhäuter] gr. *echínos* Igel, *dérma*, Gen. *dérmatos* Haut.

Echinoidéa [zool, pal: Seeigel] latin. von gr. *echínos* Igel, *eídos* Aussehen.

Echinorhýnchus [zool: Gttg. der *Acanthocéphali*] gr. *échinos* Igel, *rhýnchos* Rüssel.

Echinosphaerítes [pal: Gttg. der *Cystoidéa*] gr. *echínos* Igel, *sphaíra* Kugel.

Echo [phys: infolge Reflexion an den Ausgangspunkt zurückkehrender Schall] gr. *ēchṓ* Widerhall.

Ectoprócta [zool: Ordn. der *Bryozóa*] gr. *ektós* äußere, *prōktós* After (After außerhalb des Tentakelkranzes).

Ectropía [an: Auswärtskehrung] latin. aus gr. *ektropḗ*, von gr. *ek* aus, *trópos* Richtung.

Edentáta [zool, pal: Ordn. der *Mammália*, Zahnarme] lat. *edentátus* zahnlos, von lat. *e-* ohne, *dens*, Gen. *déntis* Zahn.

Edrióphthalmi [zool: höhere Krebse] latin. aus gr. *hedraíos* sitzend, *ophthalmós* Auge (Augen ungestielt).

édul is, -e [bot, zool] lat. eßbar.

Effékt [phys: Leistung] lat. *efféctus* Wirkung.

Effeminátio [psych: weibliches Fühlen von Männern] von lat. *effemináre* zum Weib (lat. *fémina*) machen.

éfferens [an] lat. herausführend.

Efflatión [med: Aufstoßen aus dem Magen] lat. *ex* aus, *flátus* Wind.

Effloreszénz [med: Hautausschlag] lat. *effloréscere* emporblühen, von lat. *ex* aus, *flos*, Gen. *flóris* Blüte.

Effusiométer [phys: Instrument zur Messung der Gasdichte] lat. *effúsio* herausströmen, *métron* Maß.

Effusivgestein [geol: = Ergußgestein] von lat. *effúsio* Erguß.

Egestión [zool: Entleerung] von lat. *egérere* herausführen.

Ejakulatión [biol: Ausspritzung des Samens] von lat. *ejaculári* ausschleudern.

Eklíptik [geog: Kreis der scheinbaren Sonnenbahn während eines Jahres] gr. *ékleipsis* Verlassen, Ausbleiben, übertr. Sonnen- und Mondfinsternis (die in der Nähe der E. erfolgen).

Ekstáse [psych: Verzückung] gr. *ékstasis* Entzückung.

Ektasíe [an, med: Erweiterung] gr. *éktasis* Erweiterung, von gr. *ekteínein* ausdehnen.

Ektodérm [an: äußeres Keimblatt] gr. *ektós* außen, *dérma* Haut.

Ektokárp [bot: Außenschicht der Frucht] gr. *ektós* außen, *karpós* Frucht.

Ekzéma [med: nässende Flechte usw.] gr. *ékzema*, von gr. *ek* aus, *zéein* sieden (durch Hitze herausgetrieben).

Elaioplásten [bot: ölbildende Zellen] gr. *élaion* Öl, *plastós* gebildet.

Eläolíth [min: zersetzter Nephelin] gr. *élaion* Öl, *líthos* Stein (Fettglanz).

Élaphus [zool: Gttg. Hirsch] latin. aus gr. *élaphos* Hirsch.

Elastizität [phys: 1. Bestreben der Körper, nach Aufhören einer auf sie einwirkenden Kraft ihre ursprüngliche Gestalt wieder anzunehmen; 2. die Kraft, die ein Körper seiner Gestaltsänderung entgegensetzt] von gr. *elássōma* Verkleinerung.

Elatéren [bot: Schleuderzellen an den Sporen der Schachtelhalme] gr. *elatḗr* Treiber.

Elatéridae [zool: Fam. der *Coleóptera*, Schnellkäfer] gr. *elatḗr* Antreiber.

elátior [bot] lat. höher.

elát us, -a, -um [bot] lat. hoch, stolz.

élegans [bot, zool, pal] lat. zierlich.

elektív [biol: auswählend] lat. *eléctus* ausgelesen.

elektrisch [phys] gr. *élektron* Bernstein (an diesem wurden elektrische Vorgänge zuerst beobachtet).

Elektróden [phys: Drähte oder Platten, die zur Zuführung des elektr. Stroms in Flüssigkeiten und Gasen dienen] gr. *élektron* Bernstein, übertr. Elektrizität, *hodós* Weg.

Elektrolýse [phys, chem: Zerlegung einer Lösung durch den elektrischen Strom] gr. *élektron* Bernstein, übertr. Elektrizität, *lýsis* Lösung.

Elektrophór [phys: Instrument zur Erzeugung von Elektrizität durch Influenz] gr. *élektron* Bernstein, übertr. Elektrizität, *phóros* Träger.

Elektroskóp [phys: Instrument zum Nachweis von Reibungselektrizität] gr. *élektron* Bernstein, übertr. Elektrizität, *skópos* Beobachter.

Elemént [chem: chemisch nicht weiter zerlegbarer Stoff] lat. *eleméntum* Grundstoff, Uranfang.

eleuteropetál [bot: mit freistehenden Kronblättern] gr. *eleúteros* frei, *pétalon* Blatt.

Eliminatión [med, math: Ausscheidung, Abstoßung] lat. *eliminátio* Ausscheidung, von lat. *e* aus, *límes* Grenzen.

Elixír [pharm· spirituöser Auszug von Drogen] arab. *el eksir* Stein der Weisen (im Hinblick auf seine Wunderwirkung).

Elongatión [phys: Ausbuchtung eines schwingenden Körpers von der Ruhelage] von lat. *e* aus, *lóngus* weit.

elongát us, -a, -um [bot, zool] lat. verlängert.

Elúvium [geol: Verwitterungsschutt auf ursprünglicher Lagerstätte] von lat. *elúere* auswaschen.

Elýtren [zool: harte Vorderflügel der Käfer] gr. *élytron* Hülle.

Emaciátio [med: Abmagerung] lat. *emaciáre* mager machen, von lat. *mácer* mager.

Emanatión [chem: gasförmige Zerfallsprodukte des Radiums] von lat. *emanáre* ausfließen.

Emasculátio [med: Entmannung] lat. *emasculáre* entmannen, von lat. *másculus* männlich.

Embolíe, Émbolus [med: Embolus ist ein in kleinen Arterien steckengebliebenes Gerinnsel. Embolie ist die daraus entstehende Krankheit] gr. *émbolos* Pfropf, von gr. *embállein* hineinwerfen.

Émbryo [bot: Keimling, zool, an: Keim] gr. *émbryon* Leibesfrucht, von gr. *em-* in, *brýein* sprossen.

emérs us, -a, -um [bot] lat. aus dem Wasser auftauchend.

Émesis [med: Erbrechen] gr. *émesis* Erbrechen.

emétic us, -a, -um [bot] latin. aus gr. *emetikós* Erbrechen (gr. *émetos*) hervorrufend.

Eminéntia [an: Vorwölbung, Erhabenheit] von lat. *eminére* hervorragen.

Emissión [phys: Ausstrahlung] lat. *emíssio* Entsendung, von lat. *e-míttere* heraus-schicken.

Emmenágoga (*remédia*) [pharm: Mittel zur Hervorrufung oder Verstärkung der Menstruation] latin. aus gr. *émmēnos* monatlich, *agōgós* herbeiführend.

Emmetropíe [psych: Normalsichtigkeit] gr. *en* im, *métron* Maß, *ópsis* Sehen.

Emolliéntia (*remédia*) [pharm: Erweichende (Haut-)Mittel] lat. *emollíre* weich machen, von lat. *móllis* weich.

Emotión [psych: Gemütsbewegung] lat. *emótio*, von lat. *emovére* um und um bewegen.

emphátisch [psych: feierlich] gr. *émphasis* Nachdruck, Hervorhebung, von *emphaínein* aufzeigen.

Emphysém [med: Auftreibung eines Organs (Lunge) durch Luft] gr. *emphýsēma* das Aufgeblasensein, von gr. *en-* ein-, *physán* blasen.

empírisch [phil: durch Beobachtung ermittelt] von gr. *empeiría* Erfahrung.

Emplástrum [pharm: „Pflaster"] latin. aus gr. *emplássein* einhüllen.

Empyéma [med: eiteriger Erguß (Hippokrates)] gr. *émpyos* ein inneres Geschwür haben, von gr. *em-* in, *pýon* Eiter.

Emulsión [chem: Mischung von Fett (Öl) mit einer wässerigen Flüssigkeit] franz. *emulsion*, von lat. *emúlgere* abmelken.

enantiomórph [min: spiegelbildlich gleich] gr. *enantíos* entgegengesetzt, *morphḗ* Gestalt.

Encephalítis [med: Gehirnentzündung] latin. aus gr. *enképhalon* Gehirn.

Encrínus [pal: Gttg. der *Crinoidéa*] latin. aus gr. *krínos* Lilie.

endémisch [med: dauernd bestehend, einheimisch] gr. *en* im, *dēmos* Volk.

endermál [an: in der Haut] gr. *en* in, *dérma* Haut.

Endodérmis [bot: Schutzscheide der Wurzel] gr. *éndon* innen, *dérma* Haut.

endogén [geol: aus dem Innern der Erde kommend, an: innen entstanden], gr. *éndon* innen, *génesis* Entstehung.

Endokárp [bot: innere Schicht der Fruchtschale] gr. *éndon* innen, *karpós* Frucht.

Endometrítis [med: Entzündung der Gebärmutterschleimhaut] gr. *éndon* innen, *mētra* Gebärmutter.

Endophýten [bot: im Innern anderer Gewächse schmarotzende Pflanzen] gr. *éndon* innen, *phýton* Gewächs.

Endoskóp [med: Instrument zur Untersuchung von Harnröhre, Blase, Enddarm] gr. *éndon* innen, *skopós* Beobachter.

Endospérm [bot: Nährgewebe des Samens] gr. *éndon* innen, *spérma* Samen.

Endotrophíe [bot: stärkeres Wachstum nach innen hin] gr. *éndon* innen, *trophḗ* Ernährung.

Enéma [med: Einlauf] gr. *énema* das Hineingesandte.

Energíe [psych: Arbeitsvorrat, phys: Fähigkeit, Arbeit zu leisten] gr. *enérgeia* Wirksamkeit, von gr. *en* in, *érgos* Werk.

Enneóctonus [zool: Gttg. der *Aves*, Neuntöter] gr. *ennéa* 9, *kteínein* töten.

ensifóli us, -a, -um [bot: mit schwertförmigen Blättern] lat. *énsis* Schwert, *fólium* Blatt.

Enstatít [min: $MgSiO_3$] gr. *enstátēs* Gegner (schwer löslich und schmelzbar).

Entelechíe [phil: Formungsprinzip (Aristoteles), Lebensprinzip (Driesch)] gr. *entelécheia* Zielstrebigkeit, von gr. *en* in sich, *télos* Ziel, Zweck, *échein* haben.

Enteralgíe [med: Leibschmerz] gr. *énteron* Gedärm, *álgos* Schmerz.

Enterodyníe [med: Darmschmerz] gr. *énteron* Gedärm, *odýnē* Schmerz.

Enteropneústa [zool: Kl. der *Vérmes*, Eichelwürmer] gr. *énteron* Darm, *pneúma* Atem.

Enterozóen [zool, med: Darmschmarotzer] gr. *énteron* Darm, *zōon* Lebewesen.

Enterozṓl [an: echte Leibeshöhle] gr. *énteron* Innere, *koílon* Höhlung.

Enthelmínthen [med: Eingeweidewürmer] gr. *entós* innen, *hélmins*, Gen. *hélminthos* Wurm.

Entodérm [an: inneres Keimblatt] gr. *entós* innen, *dérma* Haut.

entomogám [bot: durch Insekten bestäubt] gr. *éntomon* das eingeschnittene, übertr. Kerbtier, *gámos* Ehe.

Entomologíe [zool: Insektenkunde] gr. *éntomon* das Eingeschnittene, übertr. Kerbtier, *lógos* Kunde.

Entomóphthora [bot: Gttg. der *Zygomycétes*] gr. *éntomon* das Eingeschnittene, übertr. Kerbtier, *phtorá* Vernichtung, von gr. *phtheírein* vernichten (Innenparasit von Insekten).

Entomóstraca [zool: U.Ordn. der *Crustacéa*] latin. aus gr. *éntomon* eingeschnitten, gegliedert, *ostrákion* Schale.

Entoprócta [zool: Ordn. der *Bryozóa*] latin. aus gr. *entós* innen, *prōktós* After (After innerhalb des Tentakelkranzes).

Entozóen [med: tierische Innenparasiten] gr. *entós* innen, *zōon* Tier.

Entropíe [phys: der nicht mehr nutzbare Teil der Energie eines geschlossenen Systems] gr. *entropía* Wendung nach innen, von gr. *en* innen, *trópos* Richtung.

Enzým [chem, biol: organische Stoffe, die, ohne zersetzt zu werden, durch ihre Gegenwart zersetzend wirken] gr. *en* im, *zýmē* Sauerteig.

Eolíthe [geol: Feuersteine, die ohne Bearbeitung vom Urmenschen als Werkzeuge verwendet wurden] gr. *ēōs* Morgenröte (der Menschheit), *líthos* Stein.

Eozǻn [geol: Formationsabteilung des Tertiärs] gr. *ēōs* Morgenröte, *kainós* neu (Beginn der Neuzeit).

Eozóikum [geol: = Algonkium] gr. *ēōs* Morgenröte, *zōon* Lebewesen (erste fossile Reste).

Ephélides [med: Sommersprossen] gr. *ephēlís*, von gr. *epí* bei, *hḗlios* Sonne.

Ephemérida [zool: Ordn. der *Insécta*, Eintagsfliegen] gr. *ephḗmeros* einen Tag (gr. *hēméra*) dauernd.

Ephemeríden [astr: Jahrbücher mit Berechnung des täglichen Standes der Gestirne] gr. *epí* auf, *heméra* Tag.

Ephíppium [zool: Hülle um die Dauereier von *Dáphnia*] lat. *ephíppium* Sattel, aus gr. *epí* auf, *híppos* Pferd (Form).

Epibolíe [zool: Umwachsung (Form der Gastrulation)] von gr. *epibállein* darüberwerfen.

Epidemíe [med: vorübergehende weitverbreitete Seuche] gr. *epí* über-hin, *dḗmos* Volk.

Epidérmis [bot, zool, an: Oberhaut] latin. aus gr. *epí* auf, *dérma* Haut.

Epidiaskóp [phys: Apparat zur Projektion undurchsichtiger Gegenstände] gr. *epí* auf, *diaskopeín* durchscheinen.

Epidídymis [an: Nebenhoden] gr. *epí* darauf, daneben, *dídymoi* Zwillinge, übertr. Hoden.

epigäisch [bot: oberirdisch] gr. *epí* auf, *gaía* Erde.

Epiglóttis [an: Kehldeckel] gr. *epiglottís* (Hippokrates) Kehldeckel, von *epí* über, *glṓssa* Zunge (Kehlkopf).

epigýn [bot: Blüte auf dem Fruchtknoten sitzend] gr. *epí* auf, *gynḗ* Weib (übertr. weibliches Geschlechtsorgan).

Epilatión [med: Ausziehen der Haare] von lat. *e* aus, *pílus* Haar.

Epilepsía [med: „fallende Sucht"] gr. *epilēpsía* (Hippokrates), von gr. *epílēpsis* Anfall, von gr. *epilambánein* befallen.

epilóphisch [geol: auf untermeerischen Rücken gebildete Ablagerungen] gr. *epí* auf, *lóphos* Schwelle.

Epiphrágma [zool: Winterdeckel mancher Schnecken] *epiphrágma* Verschluß, von gr. *epiphrássein* zustopfen.

Epiphyllum [bot: Gttg. Blattkaktus] latin. aus gr. *epí* auf, *phýllon* Blatt (Blüten den Blättern aufsitzend).

Epíphysis, **Epiphýse** [an: 1. Endstücke der Röhrenknochen, 2. Zirbeldrüse] gr. *epí* auf, *phýsis* Wachstum.

Epiphýten [bot: Überpflanzen] gr. *epí* auf, *phýton* Gewächs (auf anderen Gewächsen wachsend).

epirogenétisch [geol: festlandbildend] gr. *épeiros* Festland, *génesis* Entstehung.

Episkóp [phys: Apparat zur Projektion undurchsichtiger Gegenstände] gr. *epí* auf, *skopeín* schauen.

Epistáxis [med: Nasenbluten] gr. *epístaxis* (Hippokrates), von gr. *epistázein* träufeln, tropfen.

Epistropheús [an: 2. Halswirbel] von gr. *epí* darauf, *stréphein* drehen.

Epístylis [zool: Gttg. der *Ciliáta*] gr. *epí* auf, *stýlis* Rahe (die Glocken sitzen auf starren Stengeln).

Epithél [an: Oberhautgewebe] von gr. *epí* auf, *thēlḗ* Zitze, Warze, im Hinblick auf das feine, abziehbare Häutchen der Tastwärzchen des Lippensaums.

Epithém [bot: Gewebepfropf der Wasserspalten, med: Umschlag] gr. *epíthēma* das Daraufgelegte, Deckel.

Epizéntrum [geol: der über dem Erdbebenherd liegende Punkt der Erdoberfläche] gr. *epí* auf, lat. *céntrum* Mittelpunkt.

Epizóen [med, zool: Hautschmarotzer] gr. *epí* darauf, *zṓon* Tier.

Epoóphoron [an: Nebeneierstock] gr. *epí* bei, neben, *ṓon* Ei, *phóros* Träger.

Equisétum [bot, pal: Gttg. Schachtelhalm] lat. *équus* Pferd, *séta* Borste.

eréct us, -a, -um [bot, zool] lat. aufrecht, gerade.

Erektión [biol: Versteifung des Penis] von lat. *eréctus* aufgerichtet.

Erg [phys: Einheit der Arbeit] gr. *érgon* Werk.

Ergográph [psych: Kraftmesser] gr. *érgon* Werk, *gráphein* aufzeichnen.

eriocárp us, -a, -um [bot: mit wolligen Früchten versehen] latin. aus gr. *érion* Wolle, *karpós* Frucht.

Erióphorum [bot: Gttg. Wollgras] latin. aus gr. *érion* Wolle, *phóros* Träger.

Erosión [geol: zerstörende Arbeit des fließenden Wassers, med: umschriebener Verlust von Schleimhaut] von lat. *eródere* ausnagen.

erótisch [psych: auf das Liebesleben bezüglich] gr. *érōs* Liebe.

Errántia [zool: U.Ordn. der *Polychaéta*] lat. *érrans*, Gen. *errántis* irrend (frei bewegliche Würmer).

erratischer Block [geol: Findling aus der Eiszeit] von lat. *erráre* verirren.

Eructátio [med: Aufstoßen] von lat. *eructáre* aufstoßen.

Eruptión [geol: vulkanischer Ausbruch] lat. *erúptio*, von lat. *erúmpere* herausbrechen.

Erysipélas [med: Rose, Rotlauf] gr. *erythrós* rot, *pélas* Haut.

Erythéma [med: durch Hyperämie bedingte Hautrötung] gr. *erýthēma* Röte.

Erythraéa [bot: Gttg. Tausendgüldenkraut] latin. aus gr. *erythrós* rötlich (Blütenfarbe).

Erythroblásten [an: Bildungszellen der roten Blutkörperchen] gr. *erythrós* rot, *blastós* Keim.

Erythrochloropsíe [med: Blaugelbblindheit] gr. *erythrós* rot, *chlōrós* grün, *ópsis* Sehen (rot und grün werden richtig gesehen).

Erythrophýll [bot: roter Farbstoff in den Blättern] gr. *erythrós* rot, *phýllon* Blatt.

Erythrozýten [an: rote Blutkörperchen] gr. *erythrós* rot, *kýtos* Höhlung, Zelle.

Escharótica (*remédia*) [pharm: Ätzmittel] latin. aus gr. *eschára* Brandherd.

esculént us, -a, -um [bot, zool] lat. eßbar, von lat. *ésca* Speise, Essen.

esotérisch [phil: für Eingeweihte bestimmt, fachwissenschaftlich] gr. *esōterikós* innerlich, geheim.

Essénz [phil: Wesen] lat. *esséntia* Wesen, von lat. *ésse* sein.

Ethmoidále [an Siebbein] latin. aus gr. *éthmos* Sieb, *eídos* Aussehen.

Ethnologíe [phil: Völkerkunde] gr. *éthnos* Volk, *lógos* Lehre.

Etiolemént [bot: Vergeilung] frz.

Eucalýptus [bot: Gttg. Gummibaum] latin. aus gr. *eu* schön, *kalýptein* bedecken (Blütenknospen durch Kelchblätter bedeckt).

Eudéndrium [zool: Gttg. der *Hydrozóa*] latin. aus gr. *eu* schön, *déndron* Baum (Polypenkolonien bilden ein Bäumchen).

Eudiométer [phys: Instrument zur Bestimmung des Sauerstoffgehalts der Luft] gr. *eudía* heiteres Wetter, *métron* Maß.

Euexíe [psych: Wohlbefinden] gr. *euexía*, von gr. *eu* wohl, *échein* haben, sich verhalten.

Eugénik [med: Rassenhygiene] von gr. *eugenḗs* wohlgeboren, edel.

Eugléna [bot: Gttg. der *Flagelláta*] gr. *eu* wohl, *glḗnē* Augapfel (deutlicher Pigmentfleck).

Euómphalus [pal: Gttg. der *Gastrópoda*] gr. *eu* wohl, *ómphalos* Nabel (mit weitem Schalennabel).

Euónymus [bot: Gttg. Pfaffenhütchen] gr. *eu* wohl, *ónoma* Name (euphemistisch, berüchtigt wegen seiner Giftigkeit).

Eupepsíe [med: gute Verdauung] gr. *eu* wohl, *péptein* verdauen.

Euphoríe [psych: Gefühl der Lebensfreude] gr. *eúphoros* leicht zu tragen, von gr. *eu* wohl, *phérein* tragen.

Euphrásia [bot: Gttg. Augentrost] von gr. *euphraínein* Freude machend.

Eurýpterus [pal: Gttg. der *Gigantóstraca*] gr. *eurýs* breit, *ptéron* Flosse (flossenförmig verbreitertes 5. Fußpaar).

Euspóngia [zool: Gttg. der *Spóngii*, Badeschwamm] gr. *eu* schön ausgebildet, *spongiá* Schwamm.

Eutokía [med: ungestörte Geburt] von gr. *eu* wohl, *tókos* Geburt.

Evacuántia (*remédia*) [pharm: abführende Mittel] lat. *evacuáre* entleeren, von lat. *e* aus, *vácuus* leer.

evakuíeren [phys: Luft in einem Raum verdünnen] lat. *e-* aus-, *vácuus* leer.

Evertebráta [zool, pal: Wirbellose] lat. *e* = Verneinung, *vertebrát us, -a, -um* mit Wirbeln versehen.

evolút [pal: ausgerollt] lat. *evolútus* ausgerollt.

Evolutión [phil: Entwicklung] lat. *evolútio* Entwicklung, von lat. *e-volútus* aus-gewickelt.

Evorsión [geol: strudelnde Bewegung des Wassers] von lat. *evórsus* aufgewühlt.

Exaéresis [med: Entfernung] latin. aus gr. *exaíresis* Herausnehmen.

exákt [phil: genau bestimmt] lat. *exáctus* pünktlich, genau, von lat. *ex-ágere* ausführen.

Exaltatión [psych: krankhafte Aufgeregtheit, Überschwänglichkeit] lat. *exaltáre* erhöhen, von lat. *áltus* hoch.

Exanthéma [med: Hautausschlag] gr. *exánthēma*, von gr. *ex-* aus-, *ánthēma* Blüte.

Exaratión [geol: hobelnde Wirkung des Gletschereises] von lat. *exaráre* auspflügen.

Exartikulatión [med: Absetzung eines Gliedes im Gelenk] lat. *ex* aus, *artículus* Gelenk.

Excavátio [an: Aushöhlung, Vertiefung] von lat. *ex* aus, *cávus* hohl.

excélsior [bot] lat. höher.

excéls us, -a, -um [bot] lat. hoch, erhaben.

Excitántia (*remédia*) [pharm: erregende Mittel] lat. *éxcitans*, Gen. *excitántis* aufreizend.

Exhalatión [biol: Ausatmung, geol: Ausdunstung von Gasen] von lat. *ex-* aus-, *haláre* hauchen.

Exhaústor [phys: Ventilator mit großer Umdrehungszahl] von lat. *exhaústus* ausgesaugt.

Éxitus [biol: Tod] lat. *éxitus* Ausgang, von lat. *exíre* hinausgehen.

Exkrét [bot, zool: Ausscheidung] lat. *excrétum*, von lat. *excérnere* ausscheiden.

Exodérmis [bot: Außenhaut der Wurzel] latin. aus gr. *éxō* außen, *dérma* Haut.

exogén [geol: von außerhalb der Erdrinde stammend] gr. *éxō* außen, *génesis* Entstehung.

Exokárp [bot: Außenschicht der Frucht] gr. *éxō* außen, *karpós* Frucht.

Exómphalus [med: Nabelbruch] gr. *ex-* aus-, *omphalós* Nabel.

exotérisch [phil: allgemeinverständlich] gr. *exōterikós* äußerlich, allgemeinfaßlich.

Expansión [phys: Ausdehnung eines Gases] lat. *expánsus* ausgebreitet.

Expectorántia (*remédia*) [pharm: Auswurf befördernde Mittel] lat. *ex* heraus, *péctus* Gen. *péctoris* Brust.

Expressión [med: Auspressung] von lat. *expréssus* ausgedrückt.

Exspiratión [biol: Ausatmung] von *exspiráre* ausatmen.

Exstirpatión [med: Ausrottung] lat. *exstirpátio* Ausrottung, von lat. *ex-* aus-, *stirps* Stamm.

Exsudatión [med: entzündliche Ausschwitzung, geol, geog: Aufsaugung der Bodenfeuchtigkeit durch Sonnenstrahlen] lat. *exsudáre* ausschwitzen, von lat. *ex* aus, *súdor* Schweiß.

Exténsor [an: Streckmuskel] von lat. *exténdere* ausdehnen.

exténs us, -a, -um [bot] lat. ausgebreitet.

extérn us, -a, -um [zool, pal] lat. außen gelegen, äußere.

Extrákt [pharm: Auszug] lat. *extráctum* das Herausgezogene, von lat. *ex-tráhere* aus-ziehen.

Extremitä́t [an: Gliedmaße] von lat. *extrémus* äußerste.

Extrusión [geol: an der Erdoberfläche stattfindender vulkanischer Ausbruch] von lat. *extrúdere* austreiben.

Exumbrélla [zool: Außenfläche des Schirms der Medusen] lat. *ex-* außerhalb, *umbrélla* Schirm (von lat. *úmbra* Schatten).

Exzénter [phys: Maschinenteil zur Umwandlung drehender in hin und her gehende Bewegung] lat. *ex* außerhalb, *céntrum* Mittelpunkt.

F

Faciális [an: Gehirnnerv] lat. *faciális* zum Gesicht (lat. *fácies*) gehörig (innerviert Gesichtsmuskulatur).

Fácies [an: Gesicht, Fläche, Oberfläche] lat. *fácies* Gesicht.

Faéces [med: Kot] lat. *faéces* Kot.

Fagopýrum [bot: Gttg. Buchweizen] latin. aus gr. *fágos* Buche, gr. *pyrós* Weizen.

fakultatív [phil, biol: nach Belieben] von lat. *facúltas* Fähigkeit.

falcát us, -a, -um [bot: sichelförmig] von lat. *falx*, Gen. *fálcis* Sichel.

falcifórm is -e [bot] lat. sichelförmig.

fállax [bot, pal] lat. trügerisch, täuschend.

Falx [an: Sichel, z. B. Hirnsichel] lat. *falx*, Gen. *fálcis* Sichel.

Farcimínium [med: chronischer Rotz, Hautwurm] von lat. *farcímen* Wurst (wurstförmige Schwellungen der Haut).

farinós us, -a, -um [bot: mehlig] von lat. *farína* Mehl.

Fáscia [an: Muskelbinde, Bindegewebe, das die Muskeln umschließt, med: Binde] lat. *fáscia* Binde.

fasciát us, -a, -um [zool] lat. gebändert.

Fasziólen [pal: glatte Bänder auf der Schale mancher Seeigel] lat. *fascíola* kleine Binde.

Fatalísmus [phil: Glaube an Schicksalsbestimmung] von lat. *fátum* Schicksal.

Fatuität [psych: hochgradiger Schwachsinn] von lat. *fátuus* dumm, albern.

Faúces [an: Rachen, Schlund] von lat. *faux*, lat. *faúcis* Schlund.

Faúna [zool: Tierwelt eines Gebietes] lat. *Faúna* Schutzgöttin der Tiere.

Favosítes [pal: Gttg. der *Tabuláta*] von lat. *favósus* wabig (Korallenstock mit wabenförmigen Öffnungen für die Polypen).

Fávus [med: Erbgrind] lat. *fávus* Honigwabe (wegen der schwefelgelben, von einem Haar durchbohrten „*Favus*-Körper").

Fázies [geol: die unterschiedlichen Merkmale gleichzeitig entstandener Gesteine] lat. *fácies* Gesicht.

Febrícula [med: leichtes Fieber] lat. Verkl. von *fébris* Fieber.

Febrifúga (*remédia*) [pharm: Fiebermittel] von lat. *fébris* Fieber, *fugáre* in die Flucht schlagen.

Fébris [med: Fieber] lat. *fébris* Fieber.

Fecundátio [biol: Befruchtung] lat. von *fecúndus* fruchtbar.

Fel [an, pharm: Galle] lat. *fel* Galle.

Félis [zool: Gttg. Katze] lat. *félis*, Gen. *félidis* Katze.

félle us, -a, -um [an] lat. zur Galle (lat. *fel*) gehörig.

feminín us, -a, -um [phil] lat. weiblich, von lat. *fémina* Frau.

fémisch [geol: eisen- und magnesiumreiche Mineralien] zusammengesetzt aus *Fe* (*Ferrum* lat. = Eisen) und *Mg* (Magnesium).

Fémur [an: Oberschenkel] lat. *fémur*, Gen. *fémoris* Oberschenkel.

Fenestélla [pal: Gttg. der *Bryozóa*] lat. *fenestélla* Fensterchen (wegen der zahlreichen Kammern).

Fenéstra [an: Fenster] lat. Fenster.

Fermént [biol: Stoff, der ohne selbst in Reaktion zu treten, chem. Reaktionen auslöst oder beschleunigt] lat. *ferméntum*, von lat. *fervére* sieden.

férox [zool] lat. wild.

Férrum [chem, pharm: Element Eisen] lat. *férrum* Eisen.

fértil is, e [bot] lat. *fruchtbar*.

Fertilität [biol: Fruchtbarkeit] lat. *fertílitas* Fruchtbarkeit.

Fetischísmus [psych: Anomalie des sexuellen Empfindens: sinnliche Erregung wird durch bestimmte Kleidungsstücke oder Körperteile erzeugt] port. *feitíco* (lat. *factítius*) Zauber.

Fétus [biol: Leibesfrucht] lat. *fétus*, was geboren wird, vgl. gr. *phýein* wachsen.

Fíbra [an: Faser] lat. *fíbra* Faser, von lat. *fíndere* spalten.

Fibrílla [an: Fäserchen] lat. Verkl. von *fíbra* Faser.

Fibrovasal- [bot. Gefäßbündel-] lat. *fíbra* Faser, *vas* Gefäß.

Fíbula [an: Wadenbein] lat. *fíbula* Spange (Form).

Fiktión [phil: erdichtete Annahme] lat. *fíctio*, von lat. *fíngere* erdichten.

Filária [zool: Gttg. der *Nematódes*] von lat. *fílum* Faden (Fadenwurm).

Filibránchia [zool: Ordn. der *Lamellibranchiáta*] lat. *fílum* Faden, *bránchia* Kieme (Kiemen fadenförmig).

Filicacéae [bot, pal: Kl. der Farne] lat. *fílix*, Gen. *fílicis* Farnkraut.

filicaúl is, -e [bot: mit fadenförmigem, dünnem Stengel] lat. *fílum* Faden, *caúlis* Stengel.

filifórm is, -e [an] lat. fadenförmig.

filtríeren [chem: Durchgießen einer Flüssigkeit durch poröses Papier, um feste Bestandteile zurückzuhalten] neulat. *fíltrum* Filter, „Filz".

Fílum [an] lat. *fílum* Faden.

Fímbria [an: Faser, Franse] lat. *fímbria* Faser.

Finalität [phil: Zielstrebigkeit] lat. *finálitas*, von *fínis* Grenze, Ende.

Fissilíngua [zool: U.Ordn. der Eidechsen] lat. *físsus* gespalten, *língua* Zunge.

Fissúra [an: Furche, Spalte] lat. *fissúra* Spalte, von lat. *fíndere* spalten.

Fissurélla [zool, pal: Gttg. der *Gastrópoda*] lat. *fissurélla* kleiner Spalt (Wirbel der Schale durchbohrt).

físs us, -a, -um [bot] lat. gespalten.

Fístula [med: Fistel, Verbindung der Körperoberfläche mit inneren natürlichen Hohlräumen] lat. *fístula* Röhre, von lat. *fíndere* spalten.

Fistuláta [pal: Ordn. der *Crinoidéa*] von lat. *fístula* Röhre (Kelch röhrenförmig ausgezogen).

Fiumáre [geog: in der Trockenzeit versiegender Fluß] von ital. *fiúme* Fluß.

Fixstern [astr: scheinbar feststehender Stern, im Ggs. zu Planet] lat. *fíxus* angeheftet.

Fjeld [geog: Hochfläche des skandinav. Gebirges] dänisch *fjeld* Feld.

Fjord [geog: Trogtal in früher vergletscherten Gebieten] norw., vgl. „Föhrde".

Flabéllum [pal, zool: Gttg. der Korallen) lat. *flabéllum* Fächer (fächerförmige Einzelkoralle).

Flagelláta [zool: Kl. der *Protozóa*, Geißeltiere] lat. *flagellátus* mit Geißel versehen.

flámme us, -a, -um [zool] lat. flammend.

Flatulénz [med: Bildung reichlicher Darmgase] von lat. *flátus* Blasen, Aufgeblasensein.

Flátus [med: Blähung] lat. *flátus* Blasen, von lat. *fláre* wehen.

flavéscens [bot] lat. gelb werdend.

flavivéntr is, -e [zool] von lat. *flávus* gelb, *vénter* Bauch.

fláv us, -a, -um [bot, zool] lat. gelb.

Flexibília [pal: Ordn. der *Crinoidéa*] lat. *flexíbilis* biegsam (Kelchdecke aus beweglichen Tafeln bestehend).

fléxilis, -is, -e [bot] lat. biegsam.

Fléxor [an: Beugemuskel] von lat. *fléctere* beugen.

flexuós us, -a, -um [pal] lat. voller Krümmungen, gekrümmt.

Flexúr [geol: gegenseitige Verschiebung zweier Schichten in der Vertikalen, an: Biegung] lat. *flexúra* Biegung.

Flóres [pharm: Blumen, Blüten] lat. *flos*, Gen. *flóris*, Mz. *flóres* Blume, Blüte.

flórid us, -a, -um [bot] lat. blühend, blütenreich.

flos, Gen. ***flóris*** [bot] lat. Blüte.

Floszélle [zool, pal: durch die vertieften Ambulakralfelder gebildeter Stern am Mundfeld mancher Seeigel] lat. *flósculus* kleine Blüte.

fluktuíerend [biol: hin und her wogend] lat. *flúctere* auf und ab wogen.

Flúor [chem: Element, med: Ausfluß] lat. *flúor* Fließen, von lat. *flúere* fließen.

Fluorít [min: Flußspat] lat. *flúor* Fließen.

Flústra [zool: Gttg. der *Bryozóa*] lat. *flústra* Meeresstille.

fluviál is, -e, fluviátil is, e [bot, zool] lat. am bzw. im Flusse lebend, von lat. *flúvius* Fluß.

fluvioglaziál [geol: durch Schmelzwässer des Eises entstanden] von lat. *flúvius* Fluß, *glácies* Eis.

fluviomarín [geol, geog: brackisch] lat. *flúvius* Fluß, *marínus* zum Meer gehörig (wo Süß- und Seewasser sich mischen).

Flys, Flysch [geol: Fazies des Tertiärs im Mittelmeergebiet] schweizerisch: flyschig = bröckelig (leicht „fließend").

Foétor [med: Geruch, Gestank] von lat. *foetére* übel riechen.

foétid us, -a, -um [bot, zool] lat. stinkend.

Foétus s. *Fetus*.

Fokométer [phys: Instrument zur Bestimmung der Brennweite] lat. *fócus* Herd, *métron* Maßstab.

Fólia [pharm: Blätter] lat. *fólium*, Gen. *fólii*, Mz. *fólia* Blatt.

Folklore [phil: Volkskunde] engl.

Folliculus, **Follíkel** [an: schlauchförmige Hautdrüse, Haarbalg, bot: Balgfrucht] lat. *follículus* kleines Säckchen.

Foméntum [med: Umschlag] lat. *fovimentum*, von lat. *fovére* wärmen, warmhalten.

Fontanélle [an: Stelle des Schädeldaches, an der eine unverknöcherte Lücke liegt] Verkl. von lat. *fontánus* zu einer Quelle gehörig (Lebensquell?)

fontán us, -a, -um [bot: an Quellen wachsend] von lat. *fons*, Gen. *fóntis* Quelle.

Forámen, Mz. *Forámina* [an: Loch, Öffnung] lat. *forámen*, Gen. *foráminis* Loch.

Foraminífera [zool, pal: Ordn. der *Rhizópoda*] lat. *forámen*, Gen. *foráminis* Loch, Pore, *férre* tragen (Schale mit zahlreichen Poren).

forénsisch [med: gerichtlich] lat. *forénsis* zum Markt oder Gericht (lat. *fórum*) gehörig.

Forfícula [zool: Gttg. Ohrwurm] lat. *forfícula* kleine Zange (Ohrwurm eigtl. Öhrwurm, wegen der endständigen Zange).

formál [phil: die Form betreffend] lat. *formális* zur Form (lat. *fórma*) gehörig.

Formatión [geol: Phase der Erdgeschichte, die durch einheitliche Lebewelt ausgezeichnet ist] lat. *formátio* Bildung, von lat. *formáre* bilden, „formen".

Formíca [zool: Gttg. Ameise] lat. *formíca* Ameise.

Fórnix [an: Gewölbe (z. B. des Schlundes, der Scheide)] lat. *fórnix* Wölbung, Bogen.

Fóssa [an: Grube] lat. *fóssa* Graben.

fossíl [geol: als Versteinerung erhalten] lat. *fossílis* ausgegraben, von lat. *fóssa* Graben.

Fóssula [an: Grübchen, kleine Einsenkung] Verkl. von lat. *fóssa* Graben.

Fóvea [an: Grube] lat. *fóvea* Grube.

Fovéola [an: Grübchen] Verkl. von lat. *fóvea* Grube.

Fractúra [med: Bruch, Knochenbruch] lat. *fractúra* Bruch, von lat. *frángere* brechen.

Fragária [bot: Gttg. Erdbeere] von lat. *frágum* Erdbeere.

frágil is, -e [bot, zool, pal] lat. zerbrechlich.

fraktioníert [phys: unterbrochen] lat. *fráctus* gebrochen.

Frángula [bot: Gttg. Faulbaum] von lat. *frángere* zerbrechen (Äste leicht zerbrechlich).

Frénulum [an: Bändchen] Verkl. von lat. *frénum* Zügel.

fréquens [pal] lat. häufig.

Fringílla [zool: Gttg. Fink] lat. *fringílla* kleiner Vogel, ital. *fringuéllo*.

Frigidität [psych: geschlechtliche Gleichgültigkeit] von lat. *frígidus* kalt.

frondós us, -a, -um [bot] lat. reich mit Laub (lat. *frons*, Gen. *fróndis*) versehen.

Frons [an: Stirn] lat. *frons* Stirn, *frontális* zur Stirn gehörig.

Frúctus [pharm: Frucht] lat. *frúctus* Frucht.

frutéscens [bot: strauchig] von lat. *frútex* Strauch.

Fúcus [bot: Gttg. Blasentang] lat. *fúcus* Seetang, von gr. *phýkos* Tang.

fúlgens [zool] lat. glänzend.

Fulguríte [geol: Blitzröhren] lat. *fúlgur* Blitz.

Fulígo [bot: Gttg. Lohpilz] lat. *fulígo* Ruß.

fúlvus, -a, -um [bot] lat. rotgelb, braun.

Fumária [bot: Gttg. Erdrauch] von lat. *fumáre* rauchen.

Fumaróle [geol: Gasaushauchung der fließenden Lava] ital. von lat. *fúmus* Rauch.

fundifórm is, e [an] lat. schleuderförmig.

Fúndus [an: Grund, Boden (z. B. des Magens)] lat. *fúndus* Grund.

Fúngus [pal, zool: Gttg. der *Hexacorálla*] lat. *fúngus* Pilz (pilzförmige Koralle).

Fúngi [bot: Kl. Pilze] lat. *fúngus* Pilz.

Funículus [bot, an: Strang, z. B. Nabelstrang] lat. *funículus*, Verkl. von lat. *fúnis* Seil, Strang.

Funktión [biol: Betätigungsweise

eines Organs, math: zwischen zwei oder mehr voneinander abhängigen Größen bestehende Beziehung] lat. *fúnctio* Verrichtung.

Fúrca [zool: gegabelter Endabschnitt mancher Krebse und Insekten] lat. *fúrca* Gabel.

furcát us, -a, -um [pal] lat. gegabelt, von lat. *fúrca* Gabel.

Furnárius [zool: Gttg. Töpfervogel] von lat. *fúrnus* Backofen.

Furúnculus [med: Blutschwären, Furunkel] lat. *furúnculus* Spitzbube, jedenfalls aber von *fúrfus* kohlschwarz, dunkel (wie *Carbúnculus* von lat. *cárbo* Kohle).

fúscus, -a, -um [bot, zool] lat. *fúsc us, -a, -um* dunkel, schwärzlich.

Fusión [med: Verschmelzung] von lat. *fúndere* verschmelzen.

Fusulína [pal: Gttg. der *Foraminífera*] Verkl. von lat. *fúsus* Spindel: kleine Spindel (Form der Schale).

Fúsus [pal, zool: Gttg der *Gastrópoda*] lat. *fúsus* Spindel (Form der Schale).

G

Gábbro [min: dunkles, aus Plagioklas, Pyroxen und Erz bestehendes Gestein] oberital. Lokalname.

Gádus [zool: Gttg. der *Písces*, Dorsch] gr. *gádos* eine Fischgattung.

Gágat [min: polierfähige Kohle] gr. *gagátēs* Pechkohle, nach der Stadt *Gagai* (Kleinasien).

Galaktágoga (*remédia*) [pharm: die Milchabsonderung verstärkende Mittel] von gr. *gála*, Gen. *gálaktos* Milch, *agōgós* herbeiführend.

Galaktóse [chem: durch Hydrolyse von Milchzucker darstellbarer Zucker] von gr. *gála*, Gen. *gálaktos* Milch.

Galánthus [bot: Gttg. Schneeglöckchen] von gr. *gála* Milch (weiße Farbe), *ánthos* Blüte.

Galathéa [zool: Gttg. der *Decápoda*] gr. *Galatheía* eine Meernymphe.

Galenít [min: Bleiglanz] gr. *galḗnē* Bleierz.

Galerída [zool: Gttg. Haubenlerche] von lat. *galérus* Pelzkappe.

Gálium [bot: Gttg. Labkraut] gr. *gála* Milch (Saft bewirkt Gerinnung der Milch).

gállic us, -a, -um [bot, zool] lat. aus Frankreich (lat. *Gállia*) stammend.

Gallifórmes [zool: Ordn. der *Áves*, Hühnervögel] von lat. *gállus* Huhn, *-fórmis* = förmig.

Galmeí [min: Zinkspat] verderbt aus gr. *kadmeía*.

Gambúsia [zool: Gttg. Zahnkarpfen] latin. aus span. *gambusíno* Kleinigkeit (kleine Fische).

Gametophýt [bot: geschlechtliche Generation der Moose und Farne] gr. *gamḗtēs* Gatte, *phytón* Gewächs.

Gámmarus [zool: Gttg. der *Amphípoda*] lat. *gámmarus* Krebsart.

gamopetál [bot: mit verwachsenen Kronblättern versehen] gr. *gámos* Ehe, Verbindung, *pétalon* Blatt.

Gánglion [an: Anhäufung von Nervenzellen] gr. *gánglion* Nervenknoten (Galen).

Gangraéna [med: „heißer Brand" der Gewebe oder Organe] gr. *gángraina* krebsartiges Geschwür, von gr. *gráein* nagen.

Ganoídēi [pal, zool: Ordn. des *Písces*, Schmelzschupper] von gr. *gános* Schmelz, *eídos* Aussehen (Schuppen mit Schmelz bedeckt).

Gargarísma [pharm: Gurgelwasser] von gr. *gargarízein* gurgeln.

Gárrulus [zool: Gttg. Häher] lat. *gárrulus* schwatzhaft.

Gas [phys: Aggregatzustand] aus gr. *cháos* Urnebel.

Gastér [an: Magen] gr. *gastḗr* Magen.

Gasterósteus [zool: Gttg. der *Teleóstei*, Stichling] von gr. *gastḗr* Magen, *ósteon* Knochen (Rückenflosse in Stacheln aufgelöst).

Gastralgíe [med: Magenschmerz] von gr. *gastḗr* Magen, *álgos* Schmerz.

Gastr(o)ektasíe [med: Magenerweiterung] von gr. *gastḗr* Magen, *éktasis* Erweiterung, von gr. *ekteínein* ausdehnen.

Gastrítis [med: Magenentzündung] von gr. *gastḗr* Magen.

Gastrochaénidae [zool: Fam. der *Lamellibranchiáta*] von gr. *gastḗr* Bauch, *chaínein* klaffen.

Gastrocnémius [an: Wadenmuskel] latin. aus gr. *gastḗr* Bauch, *knḗmē* Wade.

Gastrodiaphaníe, Gastrodiaphanoskopíe [med: Magendurchleuchtung] von gr. *gastḗr* Magen, *diaphanḗs* durchsichtig, *skopeín* schauen.

Gastroenterítis [med: Magendarmkatarrh] gr. *gastḗr* Magen, *énteron* Gedärm.

Gastroenterostomíe [med: künstliche Verbindung zwischen Magen und Dünndarm] gr. *gastḗr* Magen, *énteron* Darm, *stóma* Mündung.

gastrogén [an: vom Magen ausgehend] gr. *gastḗr* Magen, *génesis* Entstehung.

Gastrográph, Gastrokinesiográph [med: Apparat zur Aufzeichnung der Magenbewegungen] von gr. *gastḗr* Magen, *kínēsis* Bewegung, *gráphein* schreiben.

Gastrolíth [med: Magenstein] gr. *gastḗr* Magen, *líthos* Stein.

Gastromegalíe [med: krankhafte Magenerweiterung] gr. *gastḗr* Magen, *mégas*, *megálē* groß.

Gastromycétes [bot: Ordn. der *Fúngi*] latin. aus gr. *gastḗr*, Gen. *gastrós* Bauch, *mýkēs*, Gen. *mykḗtos* Pilz.

Gastropathíe [med: Magenleiden] gr. *gastḗr* Magen, *páthos* Leiden.

Gastrópoda [zool, pal: Kl. der *Mollúsca*, Schnecken] gr. *gastḗr* Bauch, *pús*, Gen. *podós* Fuß („Bauchfüßler").

Gastrospásmus [med: Magenkrampf] latin. aus gr. *gastḗr* Magen, *spásmós* Krampf.

Gastrotríchae [zool: Fam. der *Rotatória*] von gr. *gastḗr* Bauch, *thríx*, Gen. *trichós* Haar (Wimpern an der Bauchseite).

Gástrula [zool, an: Becherlarve, embryologisches Stadium] lat. *gástrula*, von gr. *gastḗr* Magen.

Gault [geol: Glied der Kreideformation] engl. Lokalname für dunkle Tone in der Gegend von Cambridge.

Geáster [bot: Gttg. der *Gastromycétes*, Erdstern] gr. *gḗ* Erde, *astḗr* Stern.

Gécko [zool: Gttg. der *Reptília*] ital. nach seiner Stimme „Geck".

Geíser, Geysir [geol: Springquelle] nach dem isländ. Geysir.

Geitonogamíe [bot: Nachbarbestäubung] gr. *geítōn* Nachbar, *gámos* Ehe.

Gel [phys, min: amorphe Abscheidung aus Minerallösungen] lat. *gélu* Frost, Erstarrung.

Géna [an, pal: Wange] lat. *géna* Wange.

Generalisatión [phil: Verallgemeinerung] von lat. *generális* allgemein.

Generatión [biol: Geschlecht] lat. *generátio* Geschlecht.

Generátor [phys: Stromerzeuger] lat. *generátor* Erzeuger, von lat. *generáre* zeugen.

genérisch [biol: die Gattung betreffend] von lat. *génus*, Gen. *géneris* Geschlecht.

Génesis [biol: Entstehung] gr. *génesis* Entstehung.

genétisch [biol: entwicklungsgeschichtlich] von gr. *génesis* Entstehung.

geniculát us, -a, -um [bot] lat. mit Knoten (lat. *geniculum*) versehen, knotig.

Genitálien [an: Geschlechtsorgane] von lat. *génere* zeugen.

gentíl is, -e [bot] lat. *gentíl is, e* zu derselben Sippe (lat. *gens*, Gen. *géntis* gehörig, Geschlechtsverwandter.

Génu [an: Knie] lat. *génu*, gr. *góny* „Knie".

genuín is, -e [bot] lat. *genuín is, -e* angeboren, natürlich.

Génus [biol: Gattung] lat. *génus* Geschlecht, Stamm.

Geobíos [pal, biol: Gesamtheit des Lebens auf dem Festlande] gr. *gḗ* Erde, *bíos* Leben.

Geodäsíe [geog: Feldmeßkunst] von gr. *gḗ* Erde, *daíein* einteilen.

Geóde [geol: Mandel] von gr. *geṓdēs* erdartig.

Geogenése, Geogeníe [geol: Entwicklungsgeschichte der Erde] von gr. *gē* Erde, *génesis* Entstehung.

Geognosíe [geol: älterer Name für Geologie] von gr. *gē* Erde, *gnōsis* Kenntnis.

Geographíe [geog: Erdkunde] von gr. *gē* Erde, *gráphein* beschreiben.

Geoíd [geog: Erdgestalt] von gr. *gē* Erde, *eídos* Aussehen.

Geoisothérmen [geog: Flächen gleicher Temperatur im Erdinnern] von gr. *gē* Erde, *ísos* gleich, *thermá* Wärme.

Geologíe [geol: Wissenschaft von der Entstehung und dem Bau der Erde] von gr. *gē* Erde, *lógos* Kunde, Lehre.

Geomýidae [zool: Fam. der *Rodéntia*, Erdmäuse] von gr. *gē* Erde, *mýs*, Gen. *myós* Maus.

geophíl [bot: erdliebend] gr. *gē* Erde, *phílos* Freund.

Geophysík [geog: der die physikalischen Eigenschaften der Erde behandelnde Zweig der Geographie] von gr. *gē* Erde, *phýsis* Natur.

Geopsíttacus [zool: Gttg. Erdsittich] von gr. *gē* Erde, *psíttakos* Papagei.

Geosynklinále [geol: Meerestrog, in dem sich Sedimente anhäufen, die später zu Gebirgen emporgefaltet werden] von gr. *gē* Erde, *synklínein* zusammenneigen.

Geotáxis [bot: Einstellung frei beweglicher Pflanzen auf die Schwerkraft] gr. *gē* Erde, *táxis* Aufstellung.

Geothérmik [geol: Lehre von den Wärmeverhältnissen der Erde] von gr. *gē* Erde, *thermós* warm.

Geotropísmus [bot: Einstellung von Pflanzen und Pflanzenteilen auf die Richtung der Schwerkraft] latin. aus gr. *gē* Erde, *trópos* Richtung.

Geotrúpes [zool: Gttg. der *Coleóptera*, Mistkäfer] von gr. *gē* Erde, *trypán* durchbohren.

geozéntrisch [phil: die Erde als Mittelpunkt der Welt ansehend] von gr. *gē* Erde, lat. *céntrum* Mittelpunkt.

Gephyrēi [zool: U.Kl. der *Annélides*], von gr. *géphyra* Brücke (als Zwischenglieder zwischen Würmer und Stachelhäuter aufgefaßt).

Geránium [bot: Gttg. Storchschnabel] latin. aus gr. *géranos* Kranich.

germinatív [biol: den Keim betreffend] von lat. *gérmen*, Gen. *gérminis* Keim, Sproß.

gibbós us, -a, -um [bot, zool, pal] lat. mit einem Buckel (lat. *gíbbus*) versehen, höckerig.

gigánte us, -a, um [bot, zool: riesig] latin. aus gr. *gígas*, Gen. *gígantos* Riese.

Gigantoblásten [an: besonders große rote Blutkörperchen] gr. *gígas*, Gen. *gígantos* Riese, *blastós* Keim.

Gigantóstraca [zool: Kl. der *Arthrópoda*] von gr. *gígas*, Gen. *gígantos* Riese, *óstrakon* Gehäuse, Schale.

Gingíva [an: Zahnfleisch] lat. *gingíva* Zahnfleisch.

Gips [min: $CaSO_4$] von gr. *gýpsos*, aus gr. *gē* Erde, *hépsein* brennen.

Glabélla [pal: Mittelstück des Kopfschildes der *Trilobítae*, an: Stirnglatze] von lat. *glabéll us*, *-a*, *-um* glatt.

gláb er, -ra, -rum [bot, pal] lat. *gláber* glatt, kahl.

Gladíolus [bot: Gttg. Schwertel] Verkl. von lat. *gládius* Schwert.

glandós us, -a, -um [bot] lat. eichelförmig, von lat. *glans*, Gen. *glándis* Eichel.

Glándula [an: Drüse] lat. *glándula*, Verkl. von lat. *glans*, Gen. *glándis* Eichel.

Glans [an: Eichel] lat. *glans*, Gen. *glándis* Eichel.

glaúc us, -a, -um [bot, zool] lat. bläulichgrau, schillernd.

Glaukodót [min: AsS] von gr. *glaukós* blau, *dotḗr* Geber (zur Herstellung der blauen Smaltefarbe gebraucht).

Glaukóma [med: grüner Star des Auges] gr. *glaúkōma*, von gr. *glaukós* bläulich, meerfarben (graugrüne Färbung der Pupille).

Glaukonít [min: glimmerähnliches Silikatgestein] von gr. *glaukós* blau, glänzend, glimmernd.

Glaukophán [min: bläuliche Var. der Hornblende] von gr. *glaukós* blau, *phaínein* scheinen.

glaziál [geol, geog: auf Gletscher bzw. auf Eiszeit bezüglich] von lat. *glácies* Eis.

Globigerína [zool, pal: Gttg. der *Foraminífera*] von lat. *glóbus* Kugel, *gérere* führen (aus mehreren kugeligen Kammern bestehend).

globós us, -a, -um [bot, pal] lat. wie eine Kugel (lat. *glóbus*) geformt, kugelig.

Globularprojektión [geog: Kartendarstellung, auf der die Längen- und Breitenkreise Kreise sind] lat. *globuláris* auf die Kugel (lat. *glóbus*) bezüglich, *projéctus* Entwurf.

globulífer us, -a, -um [bot: kugelfrüchtig] lat. *glóbulus* kleine Kugel, *férre* tragen.

Glóbus [geog: körperliches, verkleinertes Abbild der Erde] lat. *glóbus* Kugel.

glomerát us, -a, -um [bot] lat. zusammengewickelt, geknäuelt.

Glossalgíe [med: Zungenschmerz] gr. *glṓssa* Zunge, *álgos* Schmerz.

glossopharyngéus [an: zur Zunge und zum Kehlkopf gehörig] latin. aus gr. *glṓssa* Zunge. *phárynx* Kehlkopf.

Glossoplegíe [med: Zungenlähmung] gr. *glṓssa* Zunge, *plēgḗ* Schlag.

Glossópteris [pal: karbonisch-permischer Farn] von gr. *glṓssa* Zunge, *ptéris* Wedel (Form der Fiederchen).

Glóttis [an: Stimmapparat, bes. Stimmritze] gr. *glōttís* (Galen), von gr. *glṓtta* Zunge.

Glúma [bot: Hüllspelze der Grasähre] lat. *glúma* Hülse.

Glutín [an, chem: Knochenleim] lat. *glúten* Leim.

glutinós us, -a, -um [bot: klebrig] von lat. *glútinum* Leim.

Glycéria [bot: Gttg. Süßgras] latin. aus gr. *glykýs* süß.

Glycirrhíza [bot: Gttg. Süßholz] latin. aus gr. *glykýs* süß, *rhíza* Wurzel.

Glykhämíe [med: vermehrter Zuckergehalt des Blutes] gr. *glykýs* süß, *haíma* Blut.

Glykogén [biol, chem: tierische Stärke] gr. *glykýs* süß, *génesis* Entstehung (durch Fermentwirkung Zucker bildend).

Glykokóll [chem: $C_2H_5NO_2$, bei der Zersetzung einiger Proteïne entstehend, „Leimzucker"] gr. *glykýs* süß, *kólla* Leim.

Glykóse [chem: $C_6H_{12}O_6$, Traubenzucker] gr. *glykýs* süß.

Glykosuríe [med: Zuckerausscheidung im Harn] g. *glykýs* süß, *ureín* harnen.

Glyphostómata [zool, pal: U.Ordn. der *Echinoidéa*] von gr. *glýphein* aushöhlen, *stóma*, Gen. *stómatos* Mund (Mundfeld mit 10 Einschnitten für die Mundkiemen).

Glýptodon [pal: Gttg. der *Edentáta*] von gr. *glyptós* graviert, *odús*, Gen. *odóntus* Zahn (Backzähne tief eingeschnürt).

Glyzéra [zool: Gttg. der *Annélides*] von gr. *glykerá* die Süße (griechischer Vorname).

Glyzerín [chem: $C_3H_5(OH)_3$, „Ölsüß"] von gr. *glykerós* süß.

Gnaphálium [bot: Gttg. Rührkraut] latin. aus gr. *gnáphalon* Wolle.

Gnathobdéllidae [zool: Fam. der *Hirudinéa*, Kieferegel] von gr. *gnáthos* Kiefer, *bdélla* Blutegel.

Gnathostómata [pal, zool: U.Ordn. der *Echinoidéa*] von gr. *gnáthos* Kiefer, *stóma*, Gen. *stómatos* Mund (Kiefergebiß vorhanden).

Gomphóceras [pal: Gttg. der *Orthocerátidae*] gr. *gómphos* Pflock, *kéras* Horn (Schale dick).

Goniatítes [pal: Gttg. der *Ammonoidéa*] von gr. *gonía* Winkel (Lobenlinie scharf gezackt).

Gonídien [bot: Brutzellen der Flechten] von gr. *gonḗ* Erzeugung.

Goniométer [phys, min: Instrument zum Messen der Kantenwinkel von Kristallen] gr. *gonía* Winkel, *métron* Maß.

Gónium [bot: Gttg. der *Álgae*] von gr. *gonía* Winkel (eckige Form der Kolonie).

gonochorístisch [zool: getrenntgeschlechtlich] von gr. *gónos* Geschlecht, *chorízein* trennen.

Gonokókken [bot, med: Erreger des Trippers] gr. *gónos* Geschlecht, *kókkos* Kern (Form der Bakterien).

Gonophóren [zool: die Geschlechtsprodukte erzeugende Teile der *Coelen-*

teraten-Stöcke] von gr. *gónos* Geschlecht, *phóros* Träger.

Gonorrhoé [med: Tripper] gr. *gonórrhoia* Samenfluß (Galen), von gr. *gónos* Geschlecht, *rheín* fließen.

Górdius [zool: Gttg. der *Némathelmínthes*] nach gr. *Górdios* König von Phrygien, mit dem unentwirrbaren „gordischen Knoten" (im Hinblick auf die knäulartig aufgerollten, saitendünnen Würmer).

grácil is, -e [bot, zool] lat. schlank, zierlich.

Grad [math: Einheit des Winkels, phys: Einheit des Thermometers] lat. *grádus* Schritt.

graduéll [phil: gradweise] von lat. *grádi* schreiten.

Grallatóres [zool: U.Abt. der Vögel, Stelzvögel] von lat. *grállae* Stelzen.

Graminéae [bot: Fam. Gräser] lat. *grámen*, Gen. *gráminis* Gras, Rasen.

Gramm [phys: Einheit der Masse] gr. *grámma* Buchstabe (kleines Gewicht).

Granát [min: Halbedelstein] von lat. *granátus* gekörnt.

Grand [geol: grober Kies] lat. *grándo* Hagel.

grandiflór us, -a, -um [bot: großblütig] lat. *grándis* groß, *flos*, Gen. *flóris* Blüte.

grandifóli us, -a, -um [bot: großblätterig] lat. *grándis* groß, *fólium* Blatt.

Granít [min: körniges Eruptivgestein, aus Feldspat, Glimmer und Quarz bestehend] ital. *graníto* körnig, von lat. *gránum* Korn.

Gránula [an: Körnchen im Zellplasma] lat. *gránulum*, Mz. *gránula* kleines Korn.

granulát us, -a, -um [zool, bot] lat. gekörnt.

gráphisch [math: zeichnerisch] gr. *gráphein* schreiben.

Graphít [min: C] von gr. *gráphein* schreiben.

Graphologíe [psych: Handschriftenkunde] gr. *gráphein* schreiben, *lógos* Kunde.

Graphospásmus [med: Schreibkrampf] gr. *gráphein* schreiben, *spasmós* Krampf.

Graptolíthen [pal: *Hydrozoen*-Kolonien des Silurs] von lat. *graptós* geschrieben, *líthos* Stein (die fossilen Reste sehen wie gezeichnet aus).

grát us, -a, -um [bot] lat. lieblich, anmutig.

Gravédo [med] lat. Schnupfen.

Gravíditas [biol: Schwangerschaft] von lat. *grávidus* beschwert, schwanger.

Gravigráda [pal: Fam. der *Edentáta*] von lat. *grávis* schwer, *grádi* schreiten (plumpe Gliedmaßen).

Gravitatión [phys: gegenseitige Anziehung zweier Massen, „Schwerkraft"] lat. *grávitas* Schwere.

gregári us, -a, -um [zool, pal] lat. herdenhaft auftretend, häufig, von lat. *grex*, Gen. *grégis* Herde.

gríse us, -a, -um [bot, zool] lat. grau.

Grossésse [biol: Schwangerschaft] franz. *grosséssè* Schwangerschaft.

Grossulár [min: Var. des Granats] lat. *grossulária* Stachelbeere (große grüne Kristalle).

Gryphaéa [pal: Gttg. der *Lamellibranchiáta*] von gr. *grýps*, Gen. *grypós* Greif: habichtsnasig (Form der Schale).

gustatív [psych: auf den Geschmack bezüglich] von lat. *gústus* Geschmack.

Gústus [psych: Geschmack] lat. *gústus* Geschmack.

Gútta [pharm] lat. *gútta* Tropfen.

Guttapércha [chem: eingetrockneter Milchsaft verschiedener tropischer Bäume] malaiisch *gettah* Gummi, *pertja* Brocken.

Guttatión [bot: Wasserausscheidung an den Blättern] von lat. *gútta* Tropfen.

gutturál [psych: Kehllaut] von lat. *gúttur*, Gen. *gútturis* Gurgel, Kehle.

Gymnástik [med: Leibesübungen] gr. *gymnastikḗ* (*téchnē*) Turnkunst, von gr. *gymnós* nackt.

Gymnocórax [zool: Gttg. der *Áves*, Nacktrabe] gr. *gymnós* nackt, *kórax* Rabe.

Gymnophióni [zool: Ordn. der *Reptília*, Blindwühlen] gr. *gymnós* nackt, *ophís* Schlange (schlangenartig, mit nackter Haut).

Gymnospérmae [bot: Nacktsamige] von gr. *gymnós* nackt, *spérma* Same.

gymnótis [zool: nacktohrig] von

gr. *gymnós* nackt, *ús*; Gen. *ōtós* Ohr (Ohr nicht mit Federn besetzt).

Gynäkologíe [med: Lehre von den körperlichen Verhältnissen der Frau, bes. von den Krankheiten des weiblichen Geschlechtsapparates] gr. *gýnē*, Gen. *gynaikós* Weib, *lógos* Kunde, Lehre.

Gynäkomastie [med: Weiberbrust bei Männern] gr. *gýnē*, Gen. *gynaikós* Weib, *mastós* Brust.

gynándrisch [bot: 1. zwitterig, 2. weibliche Geschlechtsorgane vor den männlichen reifend] von gr. *gyné*, Weib, *anér*, Gen. *andrós* Mann.

Gynäzéum [bot: Gesamtheit der weiblichen Geschlechtsorgane] latin. aus gr. *gynaikaíon* Frauenhaus, von gr. *gyné*, Gen. *gynaikós* Weib.

Gynephór [bot: Stempelträger] von gr. *gyné* Weib, übertr.: weibliches Geschlechtsorgan, *phóros* Träger.

Gypágus [zool: Gttg. der *Áves*, Königsgeier] von gr. *gýps* Geier, *agós* Anführer von gr. *ágein* führen.

Gyrínidae [zool: Fam. der *Coleóptera*, Taumelkäfer] von gr. *gýros* Kreis (im Kreise schwimmend).

Gyróceras [pal: Gttg. der *Ammonoidéa*] von gr. *gyrós* krumm, *kéras* Horn.

Gyroskóp [phys: Instrument zur Demonstration der Kreiselbewegung] gr. *gyrós* gerundet, *skopeín* beobachten.

Gýrus [an: Windung] lat. *gýrus* Windung.

H

habituéll [med: gewohnheitsmäßig] lat. *hábitus* Gehaben, Gewohnheit.

Hábitus [bot: Tracht, Wuchsform, an: äußere Körperform] lat. *hábitus* Gebaren.

Hadróm [bot: Holzteil des Gefäßbündels] von gr. *hadrós* dick, stark, ausgewachsen.

Haemágoga (*remédia*) [pharm: Blutungen befördernde Mittel] gr. *haíma* Blut, *ágein* führen.

Haemárthros [med: Bluterguß in ein Gelenk] gr. *haíma* Blut, *árthron* Gelenk.

Haematóma [med: Blutgeschwulst] gr. *haimatún* bluten.

Haemátopus [zool: Gttg. der *Aves*, Austernfischer] gr. *haíma*, Gen. *haímatos*, Blut, *pús* Fuß.

Haematuría [med: Blutharn] gr. *haíma*, Gen. *haímatos* Blut, *ureín* harnen.

Haemoptoë, Haemoptýsis [med: Blutspucken] latin. aus gr. *haíma* Blut, *ptýein* spucken.

Haemorrhágia [med: Blutung] gr. *haíma* Blut, *rhēgnýnai* (Stamm *rhag-*) zerreißen.

Haemorrhóides [med: Mastdarmblutungen] gr. *haíma* Blut, *rhoé* Fließen.

Haesitátio línguae [med: Stottern] lat. *haesitáre* stocken, *língua* Zunge.

Haliaëtus [zool: Gttg. der *Aves*, Seeadler] gr. *háls* Salz, übertr. Meer, *aëtós* Adler.

Halichoérus [zool: Gttg. der Kegelrobbe] latin. aus gr. *hals* Salz, übertr. Meer, *choíros* Schwein.

Haliótis [zool, pal: Gttg. der *Gastrópoda*, Seeohr] gr. *hals* Salz, übertr. Meer, *ús*, Gen. *ōtós* Ohr (Form der Schale).

Hálitus [med: Hauch, Ausdünstung] lat. *haláre* hauchen.

Hállux [an: Daumen, große Zehe] lat. *hállus* Daumen, große Zehe.

Halluzinatión [psych: Sinnestäuschung ohne äußere Ursachen] von lat. (*h*)*alucinári* ins Blaue reden, träumen.

Hálo [med: Hof um die Brustwarze oder um Pusteln bei Hautausschlägen] lat. von gr. *hálōs* Tenne (im Altertum rund).

Halobíos [biol: Gesamtheit des Lebens im Meere] gr. *hals*, Gen. *halós* Salz, übertr. Meer, *bíos* Leben.

Halogéne [chem: Elemente Chlor, Brom, Jod, Fluor] gr. *háls*, Gen. *halós* Salz, *gennán* bilden.

Halopégen [med, min: Kochsalzquellen] gr. *háls*, Gen. *halós* Salz, *pēgḗ* Quelle.

halóphil us, -a, -um [bot: salzliebend, auf salzigem Boden wachsend] latin. aus gr. *háls*, Gen. *halós* Salz, *philós* Freund.

Halophýten [bot: Salzpflanzen] von gr. *háls*, Gen. *halós* Salz, *phýton* Gewächs.

Halothérme (med, min: warme Kochsalzquelle] gr. *háls*, Gen. *halós* Salz, *thermá* warme Quelle.

Haltéren [zool: Schwingkolben der *Díptera*] gr. *haltḗres* Sprunggewichte, Hanteln.

Halysítes [pal: Gttg. der *Tabuláta*] gr. *hálysis* Kette (Polypenzellen kettenförmig aneinandergereiht).

Hamáda [geog: Kieswüste mit eckigen Gesteinen] arab. *Hamada.*

Hämatít [min: Fe_2O_3] latin. aus gr. *haíma* Blut (angeblich blutstillend).

Hämatologíe [med: Lehre vom Blut und seinen Krankheiten] gr. *haíma*, Gen. *haímatos* Blut, *lógos* Lehre.

Hämatonósen [med: Blutkrankheiten] gr. *haíma*, Gen. *haímatos* Blut, *nósos* Krankheit.

Hämatorrhoé [med: starke Blutung] gr. *haíma*, Gen. *haímatos* Blut, *rhoḗ* Fließen.

Hämatozóen [zool, med: tierische Parasiten des Blutes] gr. *haíma*, Gen. *haímatos* Blut, *zṓon* Lebewesen.

Hämatozytolýse [med: Auflösung roter Blutkörperchen] gr. *haíma*, Gen. *haímatos* Blut, *kýtos* Höhlung, übertr. Zelle, *lýsis* Lösung.

hamát us, -a, -um [an, bot: mit Haken versehen] lat. von *hámus* Haken.

Hámma [med: Bruchband] gr. *hámma* das Geknüpfte, von gr. *háptein* berühren, knüpfen.

Hammatóceras [pal: Gttg. der *Ammonoidéa*] gr. *hámma* Knoten, *kéras* Horn (Schale mit Knotenbildungen).

Hämodynamométer [med: Instrument zur Blutdruckbestimmung] gr. *haíma* Blut, *dýnamis* Kraft, *métrein* messen.

Hämophilíe [med: Bluterkrankheit] gr. *haíma* Blut, *philía* Liebe (Neigung zu starken Blutungen bei kleinen Verletzungen).

Hämostasíe [med: Blutstillung] gr. *haíma* Blut, *stásis* Stehen, Stillstand.

Hämotachométer [med: Instrument zur Bestimmung der Geschwindigkeit des Blutumlaufs] gr. *haíma* Blut, *táchos* Geschwindigkeit, *métrein* messen.

Hámulus [an: hakenförmiger Fortsatz] lat. Verkl. von *hámus* Haken.

Hapále [zool: Gttg. der *Primátes*, Krallenaffe] gr. *hapalós* weich (Pelz seidenweich).

Hapalocrínus [pal: Gttg. der *Crinoidéa*] gr. *hapalós* zierlich, *krínos* Lilie.

hapaxánthisch [bot: einmal blühend] gr. *hápax* einmal, *ánthos* Blüte.

Haplóceras [pal: Gttg. der *Ammonoidéa*] gr. *haplóos* einfach, *kéras* Horn (glatte Schale).

haplochlamýd(é)isch [bot: mit einfacher Blütenhülle versehen] gr. *haplóos* einfach, *chlamýs*, Gen. *chlamýdos* Mantel.

Haplocrínus [pal: Gttg. der *Crinoidéa*] latin. aus gr. *haplóos* einfach, *krínos* Lilie.

haplokaúlisch [bot: einstengelig] gr. *haplóos* einfach, *kaulós* Stengel.

Haptéren [bot: Haftwerkzeuge mancher Wasserpflanzen] gr. *háptein* heften, berühren.

háptisch [psych: zum Tastsinn gehörend] gr. *háptein* berühren.

Harmoníe [phys: Zusammenklang von Tönen] gr. *harmonía* Übereinstimmung.

harmónisch [geol: = konkordant] gr. *harmonía* Übereinstimmung.

Harmotóm [min: Kreuzstein (Zeolith)] gr. *harmós* Fuge, *tómos* Schnitt.

Harpóceras [pal: Gttg. der *Ammonoidéa*] gr. *hárpē* Sichel, *kéras* Horn (Sichelrippen der Schale).

hastát us, -a, -um [bot. lanzenförmig] lat. *hastátus* mit Lanze (lat. *hásta*) versehen.

hastifóli us, -a, -um [bot: mit lanzenförmigen Blättern] von lat. *hásta* Lanze, *fólium* Blatt.

Haustórien [bot: Saugwurzeln und -warzen von Schmarotzerpflanzen] von lat. *hauríre* aufsaugen.

Haústra cóli [an: Ausbuchtungen des Dickdarms] lat. *haústrum* Schöpfgefäß, von lat. *hauríre* schöpfen, *cólum* Dickdarm.

Hauterive-Stufe [geol: Stufe der Schweizer Kreideformation] *Hauterive* im Kanton Neuenburg.

Hebephreníe [psych: jugendliches Irresein] gr. *hḗbē* Jugend, *phrḗn* Geist.

Hebetúdo [med: Abstumpfung (der Sinne)] lat. *hébes* stumpf.

Hédera [bot: Gttg. Efeu] lat. *hédera* Efeu.

hederacé us, -a, -um [bot] latin. efeuartig.

Héktar [phys: 100 Ar = 10000 qm] von gr. *hekatón* 100.

Heleoplánkton [biol: Teichplankton] gr. *hélos*, Gen. *héleos* Sumpf, *planktós* umhertreibend.

Heliánthemum [bot: Gttg. Sonnenröschen] gr. *hḗlios* Sonne, *ánthos* Blüte.

Heliánthus [bot: Gttg. Sonnenblume] gr. *hḗlios* Sonne, *ánthos* Blume.

Heliastraéa [zool, pal: Gttg. der *Hexacorálla*] latin. aus gr. *hḗlios* Sonne, *astḗr* Stern (Form der Septen).

Helicopégmata [pal: U.Ordn. der *Brachiópoda*] gr. *helíkē* Schraube, *pḗgma* Gerüst (Armgerüst aus 2 eingegerollten Bändern bestehend).

Heliodór [min: = Beryll] gr. *hḗlios* Sonne, *dṓron* Geschenk.

Heliophýllum [pal: Gttg. der *Tetracorálla*] gr. *hḗlios* Sonne, *phýllon* Blatt (Septen sonnenstrahlenähnlich angeordnet).

Heliostát [phys: Spiegelvorrichtung, die infolge automatischer Drehung die Sonnenstrahlen stets in gleicher Richtung reflektiert] gr. *hḗlios* Sonne, *statós* gestellt.

Heliotrópium [bot: Gttg. Heliotrop] gr. *hēliotrópion* Sonnenuhr, von gr. *hḗlios* Sonne, *trópos* Richtung (starker Heliotropismus).

Heliozóa [zool: Ordn. der *Rhizópoda*, Sonnentierchen] gr. *hḗlios* Sonne, *zṓon* Tier (im Hinblick auf die strahlenförmigen Pseudopodien).

Hélium [chem: Element, Edelgas] von gr. *hḗlios* Sonne (zuerst mittels Spektralanalyse auf der Sonne entdeckt).

Hélix [zool, pal: Gttg. der *Pulmonáta*] gr. *helíkē* Schraube.

Hélkosis [med: Geschwürsbildung] gr. *hélkōsis* Verschwärung, von gr. *hélkos* (lat. *úlcus*) Geschwür.

Helmínth [min: Var. des Chlorits] gr. *hélmins* Wurm (Kristalle wurmförmig anderen Mineralien aufsitzend).

Helmínthia [bot: Gttg. der *Compositae*, Wurmkraut] gr. *hélmins*, Gen. *helmínthos* Wurm.

Helminthologíe [zool: Lehre von den Eingeweidewürmern) gr. *hélmins*, Gen. *helmínthos* Wurm, *lógos* Lehre, Kunde.

Helocháris [bot: Gttg. Teichbinse] gr. *hélos* Sumpf, *cháris* Anmut, Zierde.

Helodéa (Elodéa) [bot: Gttg. Wasserpest] latin. aus gr. *hélos* Sumpf, feuchte Niederung.

Helotársus [zool: Gttg. der *Aves*, Gaukler] gr. *hélos* Buckel, *társos* Lauf (buckelige Schilder am Laufknochen).

Helvélla [bot: Gttg. der *Fúngi*, Faltenmorchel] Verkl. von lat. *hélvus* honiggelb.

helvétic us, -a, -um [bot, zool] lat. in der Schweiz (lat. *Helvétia*) vorkommend.

Hemeralopíe [psych: = Tagblindheit] gr. *hēméra* Tag, *alaós* blind, *ṓpsis* Sehen.

hemi- gr. *hēmi-* halb-.

Hemianopsíe, Hemiopsíe [med: Halbblindheit] gr. *hemí* halb, *an-* ohne, *ópsis* Sehen.

Hemicéphalus [med: Mißgeburt mit unvollkommenem Kopf] latin. aus gr. *hḗmisys* halb, *kephalḗ* Kopf.

Hemiéder [min: Kristallform, bei der nur die Hälfte der möglichen Flächen ausgebildet ist] gr. *hēmi-* halb, *hédra* Fläche.

Hemielýtren [zool: die zur Hälfte harten Flügel der Wanzen] gr. *hēmi-* halb-, *élytron* Decke.

Hemikraníe [med: Migräne, halbseitiger Kopfschmerz] gr. *hḗmisys* halb, *kraníon* Schädel.

hemimórph [min: Kristall mit verschiedener Ausbildung nach beiden Seiten] gr. *hēmi-* halb, *morphḗ* Gestalt.

Hemiparasíten [biol: Halbschmarotzer] gr. *hēmi-* halb-, *parásitos* Mitesser, Tischgenosse.

hemipelágisch [biol: im Meer und am Strande lebend] gr. *hēmi-* halb-, *pelágios* im Meere lebend.

Hemiplegíe [med: einseitige Lähmung] gr. *hḗmi-* halb, *plēgḗ* Schlag.

· ***Hemíptera*** [zool: Ordn. der *Inséeta*, Halbflügler, Wanzen] gr. *hēmi-* halb-, *ptéron* Flügel.

Hemisphären [geog: Halbkugeln der Erde, an: die halbkugeligen Hälften des Großhirns] gr. *hḗmi-* halb, *sphaíra* Kugel.

hemisphaéricus [bot: halbkugelig] latin. aus gr. *hēmi-* halb-, *sphaíra* Kugel.

Hépar [an: Leber] gr. *hḗpar*, Gen. *hépatos* Leber.

Hepática[bot: Gttg. Leberblümchen] gr. *hḗpar*, Gen. *hḗpatos* Leber (früher gegen Leberleiden angewendet).

hephästogén [geol: vulkanisch entstanden] gr. *Hḗphaistos* Gott der Unterwelt, *génesis* Entstehung.

Heptándria [bot: Blüten mit 7 Staubgefäßen (Linné)] gr. *heptá* sieben, *anḗr*, Gen. *andrós* Mann, übertr. männliches Geschlechtsorgan.

Hérba [pharm: Blätter, Blüten und Stengel von Arzneipflanzen] lat. *hérba* Kraut.

herbacé us, -a, -um [bot: krautartig] von lat. *hérba* Kraut.

Herbárium [bot: Sammlung getrockneter und gepreßter Pflanzen] lat. *hérba* Kraut.

herbivór [zool: pflanzenfressend] lat. *hérba* Kraut, *voráre* fressen.

Hereditát [biol: Erblichkeit] von lat. *heréditas* Erblichkeit, Vererbung.

hermaphrodítisch [biol: zwitterig] gr. *Hermaphróditos*, Sohn von *Hérmes* und *Aphrodíte* der gr. Sage.

Hérnie [med: Bruch, Austritt von Eingeweiden nebst deren Hüllen] lat. von gr. *hérnos* Sproß oder von lat. *híra* Leerdarm.

Hérpes [med: Bläschenflechte] gr. *hérpēs* (Galen), von gr. *hérpein* kriechen (wegen der Ausbreitungsform?).

Herpéstes [zool: Gttg. Ichneumon] gr. *hérpein* kriechen.

Herzýn [geol: Fazies des Devons im Harz] lat. *Hercýnia* Harzgebirge.

Hésperis [bot: Gttg. der *Crucíferi*, Nachtviole] gr. *hespéra* Abend (abends stärker duftend).

Hessonít [min: Var. des Granats mit geringerem Eisengehalt] gr. *hésson* geringer.

heterochlamýd(é)isch [bot: Blüte mit ungleichem Kelch und Krone] gr. *heteros* verschieden, *chlamýs*, Gen. *chlamýdos* Kleid.

Heterocóntae [bot: Algen mit ungleich langen Geißeln] gr. *heteros* verschieden, *kontós* Stange, Geißel.

Heterocotyléae [zool: U.Ordn. der *Trematódes*] gr. *heteros* verschieden, *kotýlē* Napf (Saugnäpfe vorn und hinten).

heterodónt [pal: Schloßform mit Scheidung der Zähne in Schloß- und Seitenzähne, zool: verschiedene Zähne aufweisend] gr. *heteros* verschieden, *odús*, Gen. *odóntos* Zahn.

heterogén [biol, phys: verschiedenartig] gr. *heteros* verschieden, *génesis* Entstehung.

Heterogoníe [zool: Wechsel geschlechtlicher und parthenogenetischer Generationen] gr. *heteros* verschieden, *goneía* Erzeugung.

Heterokarpíe [bot: Verschiedenfrüchtigkeit einer Pflanze] gr. *heteros* verschieden, *karpós* Frucht.

Heteromyária [zool, pal: U.Ordn. der *Lamellibranchiáta*] gr. *heteros* verschieden, *mýs*, Gen. *myós* Muskel (Muskeleindrücke in der Schale ungleich groß).

heterophág [bot: auf verschiedenen Wirtspflanzen schmarotzend] gr. *heteros* verschieden, *phageín* fressen.

Heterophyllíe [bot: verschiedene Blattformen an einer Pflanze] gr. *heteros* verschieden, *phýllon* Blatt.

Heteroplástik [med: Ersatz eines Knochens durch fremdartiges Material] gr. *heteros* verschieden, *plastikḗ* (*technḗ*) bildende Kunst.

Heterópoda [zool: Ordn. der *Gastrópoda*] gr. *heteros* verschieden, *pús*, Gen. *podós* Fuß.

Heterosporéae [bot: U.Kl. der *Filicéae* mit verschieden großen Sporen] gr. *heteros* verschieden, *sporá* Keimkorn, Spore.

Heterostylíe [bot: Griffel verschieden lang] *gr. heteros* verschieden, *stýlos* Säule, Griffel.

Heterotaxíe [an: Verlagerung der Eingeweide] gr. *heteros* andere, *táxis* Aufstellung.

heterothérm [geog: verschieden warm] gr. *heteros* verschieden, *thermós* warm.

Heterotrícha [zool: Ordn. der *Ciliáta*] gr. *heteros* verschieden, *thríx*, Gen. *trichós* Haar, Wimper (neben der Körperbewimperung besonderer Wimperstreifen um das Mundfeld).

heterözisch [bot: auf verschiedenen Wirtspflanzen lebend (parasitische Pilze)] gr. *heteros* verschieden, *oikós* Haus.

heterozygótisch [biol: aus der Verbindung ungleichartiger Gameten entstehend] gr. *heteros* verschieden, *zygón* Joch, Verbindung.

Hexacorálla [zool, pal: Ordn. der *Zoanthária*] gr. *héx* sechs, *korállion* Koralle (Septen zumeist in Sechszahl).

Hexacrínus [pal: Gttg. der *Crinoidéa*] gr. *héx* sechs, *krínos* Lilie (Kelch mit 5 Radialia und 1 Interradiale).

Hexactinéllidae [zool, pal: Ordn. der *Silicispóngiae*] latin. Verkl. von gr. *héx* sechs, *aktís*, Gen. *aktínos* Strahl.

Hexaëder [min: aus sechs gleichen Quadraten bestehende Kristallform (= Würfel)] gr. *héx* sechs, *hédra* Fläche.

hexagonál [min: mit sechs- oder dreizähliger Symmetrieachse] gr. *héx* sechs, *gonía* Winkel.

Hexakisoktaëder [min: Kristallform mit 48 begrenzenden Dreiecken] gr. *hexakís* sechsmal, *oktṓ* acht, *hédra* Fläche.

Hexándria [bot: Blüten mit sechs Staubgefäßen (Linné)] gr. *héx* sechs, *anḗr*, Gen. *andrós* Mann, übertr. männliches Geschlechtsorgan.

Hexápoda [zool: Kl. der *Arthrópoda*, Insekten] gr. *héx* sechs, *pús*, Gen. *podós* Fuß.

Hexósen [chem: Zucker mit sechs C-Atomen nach der Formel $C_6H_{12}O_6$] gr. *héx* sechs.

Hg [chem: Symbol des Quecksilbers] latin. *Hydrárgyrum* Quecksilber, von gr. *hýdōr* Wasser, *árgyros* Silber.

Hiátus [an: Kluft, Spalt] von lat. *hiáre* klaffen.

Hibernákel [bot: Winterknospe] lat. *hibernáculum* Winterlager, von lat. *hibérnus* winterlich.

Hidrótica (*remédia*) [pharm: schweißtreibende Mittel] latin. aus gr. *hidrṓs*, Gen. *hidrṓtos* Schweiß.

hiemál is, -e [bot: im Winter wachsend bzw. blühend] lat. *hiemăl is, -e* winterlich, von lat. *híems*, Gen. *híemis* Winter.

Hierácium [bot: Gttg. der *Compositae*, Habichtskraut] latin. aus gr. *hiérax* Habicht.

Hippárion [pal: Gttg. der *Ungulata*] gr. *híppos* Pferd (Vorfahr des Pferdes).

Hippobóscidae [zool: Fam. der *Díptera*, Lausfliegen] gr. *híppos* Pferd, *bóskein* weiden, füttern.

Hippocámpus [zool: Gttg. der *Písces*, Seepferdchen] gr. *hippókampos* Seepferd der griech. Sage.

Hippologíe [zool: Lehre vom Pferde und seiner Zucht] gr. *híppos* Pferd, *lógos* Lehre.

Hippopótamus [zool: Gttg. der *Mammália*, Flußpferd] gr. *híppos* Pferd, *potamós* Fluß.

Hippotrágidae [zool: Fam. der *Ruminántia*, Pferdeantilope] gr. *híppos* Pferd, *trágos* Bock.

Híppuris [bot: Gttg. Tannenwedel] gr. *híppuris* Roßschweif, von gr. *híppos* Pferd, *urá* Schwanz.

Hippurítes [pal: Gttg. der *Lammellibranchiáta*] gr. *híppuris* Roßschweif (Schalenform).

hircín us, -a, -um [bot: nach Bock riechend] lat. *hircín us, -a, -um* vom Bock (lat. *hírcus*) stammend.

Hirsúties [an: stark zottige Behaarung] lat. *hirsútus* zottig.

hirsút us, -a -um [bot, zool, pal] lat. *hirsút us, -a, -um* struppig, rauh.

hírt us, -a, -um [bot] lat. *hírt us, -a, -um* struppig, rauh.

Hirudinéa [zool: U.Kl. der *Annélides*, Egel] lat. *hirúdo*, Gen. *hirúdinis* Blutegel.

Hirúndo [zool: Gttg. der *Aves*, Schwalbe] lat. *hirúndo* Schwalbe.

hispánic us, -a, -um [bot, zool] lat. in Spanien (*Hispánia*) vorkommend.

híspid us, -a, -um [bot, zool] lat. struppig, rauh.

Histéridae [zool: Fam. der *Coleóptera*, Stutzkäfer] lat. *híster* Schauspieler („stellen sich tot").

histioíd [an: gewebeähnlich] gr. *histíon* Gewebe, *eídos* Gestalt.

Histogenése, Histogeníe [an: Lehre von der Entwicklung der Gewebe und Organe] gr. *hístos* Gewebe, *génesis* Entstehung.

Histologíe [an, zool, bot: Gewebelehre] gr. *histós* Gewebe, *lógos* Kunde.

Histolýse [an: Gewebszerfall] gr. *hístos* Gewebe, *lýsis* Auflösung.

Holéctypus [pal: Gttg. der *Echinoidéa*] gr. *hólos* ganz, *ktypeín* krachen (mit Bezug auf das Kiefergerüst).

holoblástisch [an: Eier, die bei der Furchung ganz zerlegt werden] gr. *hólos* ganz, *blastós* Keim.

Holoëder [min: Kristallform mit Ausbildung aller möglichen Flächen] gr. *hólos* ganz, *hédra* Fläche.

hololeúc us, -a, -um [bot: ganz weiß] latin. von gr. *hólos* ganz, *leukós* weiß.

Holosideríte [min: ganz aus Eisen bestehende Meteorite] gr. *hólos* ganz, *sídēros* Eisen.

Holosterík [phys: Metallbarometer] von gr. *hólos* ganz, *stereós* steif, hart (ganz aus Metall bestehend).

Holostómata [pal: U.Ordn. der *Echinoidéa*] gr. *hólos* ganz, *stóma*, Gen. *stómatos* Mund (Mundfeld ohne Einschnitte).

Holothurioidéa [zool, pal: Kl. der *Echinodérmata*, Seegurken] gr. *holothúria* Seegurke, *eídos* Aussehen.

Holotrícha [zool: Ordn. der *Ciliáta*] gr. *hólos* ganz, *thríx*, Gen. *trichós* Haar (gleichmäßig bewimpert).

Hómo [zool, pal: Gttg. Mensch] lat. *hómo*, Gen. *hóminis* Mensch.

homodróm [bot: gleichlaufend] gr. *homós* gleich, *drómos* Lauf.

homogén [biol, phys, min: gleichartig] gr. *homós* gleich, *génesis* Entstehung.

homológ [biol: entsprechend, gleichwertig] gr. *homólogos* übereinstimmend, von *homós* gleich, *lógos* Wort.

Homomyária [zool, pal: Ordn. der *Lamellibranchiáta*] gr. *homós* gleich, *mýs*, Gen. *myós* Muskel (vorderer und hinterer Muskeleindruck in der Schale gleich groß).

homonóm [an, biol: gleichwertig] gr. *hómos* gleich, *nómos* Gesetz.

homöodynám [biol: Bastarde mit gleichen Eigenschaften von beiden Eltern] gr. *homoíos* gleich, *dýnamis* Kraft.

homöogén [geol: ähnlichen Ursprungs] gr. *homoíos* ähnlich, *génesis* Entstehung.

homöomér [zool, bot: aus gleichen Teilen bestehend] gr. *homoíos* ähnlich, gleich, *méros* Teil.

Homöomorphísmus [min: Ähnlichkeit von Gestalt und Volumen bei chemisch verschiedenen Körpern) latin. aus gr. *homoíos* ähnlich, *morphḗ* Gestalt.

Homöopathíe [med: Heilmethode, bei der Krankheiten mit Medikamenten behandelt werden, die auf den Gesunden wie die betr. Krankheit wirken würden] gr. *homoíos* ähnlich, *páthos* Leiden.

homöothérm [biol: mit eigener Körperwärme] gr. *homoíos* ähnlich, gleich, *thermós* warm (stets gleich warm).

homöotóp [an: an demselben Ort] gr. *homoíos* gleich, *tópos* Ort, Stelle.

Homoseíste [geol: Kurve, die alle bei einem Beben gleichzeitig erschütterten Orte der Erdoberfläche verbindet] gr. *homós* gleich, *seistós* erschüttert.

Homosexualität [psych: gleichgeschlechtliche Liebe zwischen Männern oder zwischen Frauen] von gr. *homós* gleich, lat. *sexuális* (auf das Geschlecht (lat. *séxus*) bezüglich.

homozéntrisch [phys: aus einem Punkt kommend] gr. *homós* gemeinsam, lat. *céntrum* Mittelpunkt.

homothérm [geog: gleichmäßig warm] gr. *homós* gleich, *thermós* warm.

Homozerkíe [zool: scheinbare Gleichheit der Hälften der Schwanzflosse der Knochenfische] gr. *hómos* gleich, *kérkos* Schwanz.

Hoplítes [pal: Gttg. der *Ammonoidéa*] gr. *hoplítēs* der Schwerbewaffnete (im Hinblick auf die dicke, reich verzierte Schale).

Hordéolum [med: Gerstenkorn] lat. *hordéolus*, von lat. *hórdeum* Gerste.

Hórdeum [bot: Gttg. Gerste] lat. *hórdeum* Gerste.

Horizónt [geog: die zu überblickende Fläche und ihr Grenzkreis] gr. *horízōn*, Gen. *horizóntos* begrenzend.

Hormóne [an: Drüsenprodukte, die auf dem Blutwege die Funktionen von Organen anregen oder hemmen] gr. *hormán* antreiben.

Horoptér [psych: Sehgrenze] von gr. *hóros* Grenze, *optḗr* Späher.

hórrid us, -a, -um [pal] lat. *hórridus* schrecklich.

Horripilátio [med: Erschauern (Gänsehaut)] von lat. *horrére* rauh sein, erstarren, *pílus* Haar.

Horse power (H. P.) [phys: Pferdestärke (P.S.)] engl. *horse* Pferd, *power* Kraft.

horténs is, -e [bot, zool] lat. *horténs is, -e* im Garten (lat. *hórtus*) wachsend, lebend.

Húmerus [an: Oberarmknochen] lat. *húmerus* Oberarm.

humíd [geog: feucht] lat. *húmidus* feucht.

húmil is, -e [bot] lat. *húmil is, -e* niedrig, klein.

Húmus [geog, geol: aus organ. Substanzen entstehendes Zersetzungsprodukt im Boden] lat. *húmus* Boden.

Hyaéna [zool: Gttg. der *Carnivóra*, Hyäne] lat. von gr. *hýaina* Hyäne.

hyalín [min: amorph, im Schmelzfluß erstarrt] gr. *hyálinos* gläsern.

Hyalonéma [zool: Gttg. der *Silicispóngiae*, Glasschwamm] gr. *hýalos* Glas, *nḗma* Faden.

Hyazínth [min: gelbe Var. des Zirkons] gr. *hyákinthos* ein Edelstein.

Hybríd [zool, bot: Bastard, Mischling] von gr. *hýbris* Frevel.

Hydatóden [bot: Wasserdrüsen] gr. *hýdōr*, Gen. *hýdatos* Wasser, *hodós* Weg.

hydatogén [min: aus wässeriger Lösung entstanden; geol: durch Wasserkraft zusammengeführt] gr. *hýdōr*, Gen. *hýdatos* Wasser, *génesis* Entstehung.

Hydatophýten [bot: Wasserpflanzen] von gr. *hýdōr*, Gen. *hýdatos* Wasser, *phýton* Gewächs.

hydatopyrogén [min: aus wasserdampfgesättigtem Magma entstanden] gr. *hýdōr*, Gen. *hýdatos* Wasser, *pýr*, Gen. *pyrós* Feuer, *génesis* Entstehung.

Hýdra [zool: Gttg. der *Hydrozóa*] gr. *Hýdra* Name der lernäischen Wasserschlange, bei der für jeden abgeschlagenen Kopf zwei neue wuchsen (im Hinblick auf die große Regenerationsfähigkeit von *Hydra*).

Hydrágoga (*remédia*) [pharm: wassertreibende Mittel] gr. *hýdōr* Wasser, *agōgós* herbeiführend, von gr. *ágein* führen.

Hydránthen [zool: die einzelnen Polypen eines Hydrozoenstocks] gr. *hýdōr* Wasser, *ánthos* Blume.

Hydrárgyrum [pharm, chem: Quecksilber] gr. *hýdōr* Wasser, *árgyros* Silber.

hydraúlisch [phys: durch Wasserdruck erzeugt] gr. *hýdōr*, Gen. *hydrós* Wasser, *aulós* Röhre.

Hydróbia [pal, zool: Gttg. der *Lamellibranchiáta*] gr. *hýdōr* Wasser, *bíos* Leben.

Hydrobiologíe [biol: Lehre von den Lebensgewohnheiten der Wassertiere] gr. *hýdōr* Wasser, *bíos* Leben, *lógos* Lehre.

Hydrobíos [biol: Gesamtheit des Lebens im Wasser] gr. *hýdōr* Wasser, *bíos* Leben.

Hydrocáryon [bot: Gttg. Wassernuß] gr. *hýdōr* Wasser, *káryon* Nuß, Kern.

Hydrocéle [med: Wasserbruch] gr. *hýdōr* Wasser, *kḗlē* Bruch.

Hydrocéphalus [med: Wasserkopf] latin. aus gr. *hýdōr* Wasser, *kephalḗ* Kopf.

Hydrocháris [bot: Gttg. Froschbiß] gr. *hýdōr* Wasser, *cháris* Schönheit.

Hydrochoérus [zool: Gttg. Wasserschwein] latin. aus gr. *hýdōr* Wasser, *choíros* Schwein.

Hydrodíctyum [bot: Gttg. der *Algae*, Wassernetz] gr. *hýdōr* Wasser, *díktyon* Netz.

Hydrodynámik [phys: Lehre von der Bewegung der Flüssigkeiten] gr. *hýdōr* Wasser, *dýnamis* Kraft.

hydrogám [bot: durch Wasser bestäubt, wasserblütig] gr. *hýdōr* Wasser, *gámos* Ehe.

Hydrographíe [geog: Zweig der Geographie, der Meer- und Süßwasser behandelt] gr. *hýdōr* Wasser, *gráphein* beschreiben.

Hydrométer [geog, phys: Instrument zur Messung der Fließgeschwindigkeit] gr. *hýdōr* Wasser, *métron* Maß.

Hydrophán [min: nur im Wasser opalisierende Var. des Opals] gr. *hýdōr* Wasser, *phaínein* scheinen.

hydrophíl [bot: wasserliebend, wasserblütig] gr. *hýdōr* Wasser, *phílos* Freund.

Hydrophílidae [zool: Fam. der *Coleóptera*, Wasserkäfer] gr. *hýdōr* Wasser, *phílos* Freund.

Hydrophobíe [med: Wasserscheu] gr. *hýdōr* Wasser, *phóbos* Furcht.

Hydrophýten [bot: Wasserpflanzen] gr. *hýdōr* Wasser, *phýton* Gewächs.

Hydropsía [med: Wassersucht] gr. *hýdrōps*, von gr. *hýdōr* Wasser.

Hydroptéridae [bot: Wasserfarne] gr. *hýdōr* Wasser, *ptéris* Flügel, Wedel.

Hydrosól [chem, min: wasserlösliches kolloidales Salz] gr. *hýdōr* Wasser, lat. *solútus* gelöst.

Hydrosphäre [geog. Gesamtheit des Wassers auf der Erde] gr. *hýdōr* Wasser, *sphaíra* Kugel.

Hydrostátik [phys: Lehre vom Gleichgewicht der Flüssigkeiten] gr. *hýdōr* Wasser, *statós* stehend.

Hydrotáxis [bot: Bestreben freilebender Pflanzen, Feuchtigkeit aufzusuchen] gr. *hýdōr* Wasser, *táxis* Aufstellung.

Hydrothéka [zool: das napfförmige Periderm der Polypenglocken der *Hydrozóa*] gr. *hýdōr* Wasser, *thḗkē* Behältnis.

Hydrothórax [med: Brustwassersucht] gr. *hýdōr* Wasser, *thṓrax* Brustkorb.

Hydrotropísmus [bot: Krümmungsbewegungen der Pflanzenteile zum Wasser hin] gr. *hýdōr* Wasser, *trópos* Wendung.

Hydrozóa [zool: Kl. der *Cnidária*] gr. *hýdōr* Wasser, *zṓon* Tier.

Hydrozöl [zool: Anlage des Wassergefäßsystems der *Echinodérmata*] gr. *hýdōr* Wasser, *koílos* hohl.

Hygiéne [med: Gesundheitslehre] von gr. *hygieinós* gesund.

Hygrométer [phys: Feuchtigkeitsmesser] gr. *hygrós* feucht, *métron* Maß.

Hygrophýten [bot: Feuchtigkeitspflanzen] gr. *hygrós* feucht, *phýton* Gewächs.

hygroskópisch [chem, phys: Wasserdampf aufsaugend] gr. *hygrós* feucht, *skopeín* erspähen.

Hýla [zool: Gttg. der *Anúra*, Laubfrosch] gr. *hýlē* Wald.

Hylobátes [zool: Gttg. der *Primátes*, Gibbon] gr. *hýlē* Wald, *baínein* gehen, Waldläufer.

Hylozoísmus [phil: Belebung anorganischer Vorgänge] von gr. *hýlē* Wald, Stoff, *zoḗ* Leben.

Hýmen [an: Jungfernhäutchen] gr. *hymḗn* Häutchen.

Hymenomycétes [bot: Hautpilze] latin. gr. *hýmēn*, Gen. *hyménos* Haut, *mýkēs*, *mýkētos* Pilz.

Hymenóptera [zool: Ordn. der *Insécta*, Hautflügler] gr. *hymḗn* Häutchen, *ptéron* Flügel.

Hyoscýamus [bot: Gttg. Bilsenkraut] latin. aus gr. *hýs*, Gen. *hyós* Schwein, *kýamos* Bohne.

Hypánthium [bot: Blütenboden] latin. aus gr. *hypó* unterhalb, *ánthos* Blüte.

Hypästhesíe [psych: Herabsetzung der Empfindung] gr. *hypó* unter, *aísthēsis* Empfindung.

Hyperakusíe [psych: übergroße Tonempfindlichkeit] von gr. *hypér* über hinaus, *akúein* hören.

Hyperalgesíe [psych: übertriebene Schmerzempfindlichkeit] von gr. *hypér* über, *álgēsis* Schmerz.

Hyperämíe [med: anormale Zunahme des Blutgehaltes] gr. *hypér* über, *haíma* Blut.

Hyperästhesíe [psych: Überempfindlichkeit] von gr. *hypér* über, *aísthēsis* Empfindung.

Hyperazidät [med: zu hoher Säuregehalt (z. B. im Magensaft)] gr. *hypér* über, lat. *ácidus* sauer.

Hyperchromíe [an: vermehrter Farbstoffgehalt] gr. *hypér* über, *chróma* Farbe.

Hyperdaktylíe [an: Mißbildung durch überzählige Finger oder Zehen] gr. *hypér* über, *dáktylos* Finger, Zehe.

Hyperextensión [med: übermäßige Streckung (von Gliedmaßen in der Orthopädie)] latin. aus gr. *hypér* über, lat. *exténdere* ausspannen.

Hyperhedoníe [psych: Steigerung der Wollustempfindung] von gr. *hypér* über, *hedonḗ* Lust.

Hyperkeratósis [med: übermäßige Verhornung] gr. *hypér* über, *kéras*, Gen. *kératos* Horn.

Hypermastíe [an: Vorhandensein überzähliger Milchdrüsen] gr. *hypér* über, *mastós* Brust.

Hypermetropíe [med: Übersichtigkeit] gr. *hypérmetros* übermäßig, *ópsis* Sehen.

Hyperthermíe [med: abnorme Erhöhung der Körpertemperatur] gr. *hypér* über, *thérmē* Wärme.

Hyperthymíe [psych: krankhafte Überhebung] von gr. *hypér* über, *thymós* Gemüt.

Hypertrichóse [med: abnormer Haarwuchs] gr. *hypér* über, *thríx*, Gen. *trichós* Haar.

Hypertrophíe [biol: Überschreitung des normalen Wachstums] gr. *hypér* über, *trophḗ* Ernährung.

Hýphen [bot: schlauchartige Pilzfäden] gr. *hyphḗ* Faden.

Hyphomycétes [bot: Fadenpilze] latin. aus gr. *hyphḗ* Faden, *mýkēs*, Gen. *mýkētos* Pilz.

hypidiomórph [min: Gemengteile nur teilweise von eigenen Flächen begrenzt] gr. *hypó* unterhalb, *ídios* eigen, *morphḗ* Gestalt.

Hypnágoga (*remédia*) [pharm: Schlafmittel] gr. *hýpnos* Schlaf, *ágein* führen.

Hypnolepsíe [psych: Schlafsucht] gr. *hýpnos* Schlaf, *lḗpsis* Anfall.

Hypnóse [psych: künstlich erzeugter Schlafzustand] gr. *hýpnos* Schlaf.

Hypochondríe [psych: trübe seelische Stimmung] von gr. *hypochóndrios* unter dem (Brust-) Knorpel befindlich.

hypochordál [zool: unter der Chorda gelegen] gr. *hypó* unten, *chórdē* Saite.

Hypodérma [bot: Speichergewebe unter der Epidermis] gr. *hypó* unterhalb, *dérma* Haut.

hypogaé us, -a, um [bot: unterirdisch] latin. aus gr. *hypó* unterhalb, *gaía* Erde.

hypoleúc us, -a, -um [zool: unten weiß] latin. von gr. *hypó* unten, *leukós* weiß.

Hypoplasíe [an: unvollkommene Ausbildung eines Organs] gr. *hypó* unter, *plásis* Bildung.

hypogýn [bot: mit unterständigem Fruchtknoten] gr. *hypó* unterhalb, *gynḗ* Weib.

Hypokínesis [an: Lähmung] gr. *hypó* unterhalb, *kínēsis* Bewegung.

Hypophýse [an: Hirnanhang] gr. *hypó* unterhalb, *phýsis* Wuchs.

Hypospadíe [med: pathologischer Zustand, daß Harnröhre auf der Unterseite des Penis mündet] gr. *hypospáein* hinabziehen (die Mündung der Harnröhre).

Hypothermíe [med: abnorm niedrige Körpertemperatur] gr. *hypó* unterhalb, *thermós* warm.

Hypothése [phil: Voraussetzung, Annahme eines der Erfahrung nach wahrscheinlichen Prinzips] gr. *hypóthesis* Unterlage.

Hypotrícha [zool: Ordn. der *Ciliáta*] gr. *hypó* unten, *thríx*, Gen. *trichós* Haar (an der Unterseite mit starken Cilien).

Hypotrophíe [biol: Unterernährung] gr. *hypó* unterhalb, *trophḗ* Ernährung.

Hypozéntrum [geol: der unter der Erdoberfläche gelegene Erdbebenherd] gr. *hypó* unterhalb, lat. *céntrum* Mittelpunkt.

hypsodónt [zool: Zähne mit hoher Krone] gr. *hýpsos* Höhe, *odús*, Gen. *odóntos* Zahn.

Hypsometríe [geog: Höhenmessung] gr. *hýpsos* Höhe, *métron* Maß.

Hypsophobíe [psych: Höhenschwindel] gr. *hýpsos* Höhe, *phóbos* Angst.

Hysterése [phys] gr. *hystérēsis* Zuspätkommen.

Hysteríe [psych, med: Psychoneurose, Mutterweh] gr. *hystéra* Gebärmutter.

Hýstrix [zool: Gttg. der *Rodéntia*, Stachelschwein] gr. *hýstrix* Stachel, übertr. Stachelschwein.

I

Iamatologíe [pharm: Heilmittellehre] gr. *íama* Heilmittel, *lógos* Lehre.

Iátrik [med: Heilkunst] gr. *iatrikḗ* (*téchnē*) Heilkunst.

ibér us, -a, -um [bot, zool] lat. spanisch.

Ichneumónidae [zool: Fam. der *Insécta*, Schlupfwespen] gr. *ichneúmōn* Ichneumon, von gr. *ichneúein* aufspüren.

Ichthyísmus [med: Fischvergiftung] von gr. *ichthýs* Fisch.

Ichthyocárdia [zool: zusammenfassender Name für Fische und Rundmäuler] gr. *ichthýs*, Gen. *ichthýos* Fisch, *kardía* Herz.

Ichthyolíthen [pal: versteinerte Fische] gr. *ichthýs*, Gen. *ichthýos* Fisch, *líthos* Stein.

Ichthyologíe [zool: Fischkunde] gr. *ichthýs*, Gen. *ichthýos* Fisch, *lógos* Lehre.

Ichthyóphis [zool: Gttg. der *Amphíbia*, Blindwühle] gr. *ichthýs* Fisch, *óphis* Schlange.

Ichthyophthálm [min: = Apophyllit] gr. *ichthýs* Fisch, *ophthalmós* Auge (wegen seines Schimmers).

Ichthyórnis [pal: taubengroße Gttg. der Vögel aus der Kreide] gr. *ichthýs* Fisch, *órnis* Vogel.

Ichthyosaúria [pal: Ordn. der *Reptília*, Fischechsen] gr. *ichthýs* Fisch, *saúros* Echse.

Ictus [med: Schlag, Stoß] lat. *íctus* Schlag.

idiochromátisch [phys, min: farbig (Gegens.: gefärbt)] gr. *ídios* eigen, *chrṓma* Farbe.

idiomórph [min: von eigenen Flächen begrenzt (z. B. Kristall)] gr. *ídios* eigen, *morphḗ* Gestalt.

Idioplásma [biol: der angenommene körperliche Träger der Vererbung] gr. *ídios* eigen, *plásma* Gebilde.

Idiosynkrasíe [psych: heftige Abneigung gegen bestimmte Dinge (Speisen, Gerüche)] gr. *ídios* eigenartig, *synkrasía* Mischung.

Idiotíe [med, psych: angeborener Blödsinn] gr. *idiṓtēs* Privatmann, Sonderling.

idiothérm [biol: mit eigener Blutwärme] gr. *ídios* eigen, *thermós* warm.

ignáv us, -a, -um [zool] lat. feige.

ígne us, -a, -um [zool] lat. feuerrot, von lat. *ígnis* Feuer.

Ikosaëder [min: Kombination von Oktaeder und Pentagondodekaeder mit 20 Flächen] latin. aus gr. *eíkosi* 20, *hédra* Fläche.

Ikositetraëder [min: Vierundzwanzigflächner, Kristallform des regulären Systems] latin. aus gr. *eíkosi* 20, *tétra* 4, *hédra* Fläche.

Iktérus [med: Gelbsucht] gr. *íkteros* Name der Krankheit, eigentlich Pirol (gelbe Färbung).

Ileum [an: Krummdarm] lat. *íleum* Gedärm.

Ilium [an: Darmbein] lat. *ília* Weichen.

Illusión [phil: Selbsttäuschung] lat. *illúsio*, von lat. *illúdere* sein Spiel mit jemand treiben.

Imágo [zool: fertig ausgebildetes Insekt] lat. *imágo* Bild.

imaginär [math, psych: scheinbar vorhanden] von lat. *imágo*, Gen. *imáginis* Bild.

Imbezillität [psych: einfache Idiotie]

lat. *imbecíllus* schwach, eigentlich „ohne Stab", von lat. *in* un, *bacíllus* Stab.

Imbibitión [an, biol: Durchtränkung] von lat. *imbíbere* einsaugen.

imbricát us, -a, -um [bot] lat. dachziegelförmig, von lat. *ímbrex*, Gen. *ímbricis* Dachziegel.

imitíeren [psych: nachahmen] lat. *imitári* nachahmen.

Immersión [phys: Eintauch-Objektiv] von lat. *immérsus* eingetaucht.

Immunität [med, biol: Unempfänglichkeit gegen eine Krankheit] von lat. *immúnus*, von lat. *in-*, un-, *múnus* Amt, also dienstfrei, verschont.

ímpar [pal] lat. *ímpar* ungleich.

Impátiens [bot: Gttg. Springkraut] lat. *impátiens* nicht leidend (nämlich Berührung, Früchte springen bei Berührung auf).

Impedánz [phys: Wechselstromwiderstand eines Leiters] von lat. *impedíre* hemmen.

Imperforáta [zool: Abt. der *Thalamóphora*] lat. *im-* un-, *perforát us, -a, -um* durchbohrt.

Impetígo [med: Hautausschlag mit Eiterbläschen] lat. *impetígo* Räude, von *impétere* angreifen.

Implantatión [biol: Einpflanzung] lat. *implantáre* einpflanzen.

Impoténtia [med: Unfähigkeit zum Beischlaf] lat. von *in-* nicht, *poténtia* Macht.

Impréssio [an: Eindruck, Vertiefung] lat. *impréssus* eingedrückt.

impréss us, -a, -um [pal] lat. eingedrückt.

impudíc us, -a, -um [bot] lat. schamlos.

Impúls [psych: Anstoß, phys: Wirkung einer momentanen oder Stoßkraft] lat. *impúlsus* Stoß.

inäquál [an, zool] lat. *inaequális* ungleichmäßig.

Inarticuláta [pal: Ordn. der *Brachiópoda*] lat. *inarticulát us, -a, -um* unverbunden (Schalen ohne Schloßverbindung).

incán us, -a, -um [bot] lat. grauweiß.

Incarcerátio [med: Einklemmung] von lat. *in* in, *cárcer* Gefängnis.

incarnát us, -a, -um [bot] lat. wie Fleisch (lat. *cáro*, Gen. *cárnis*) beschaffen, fleischfarben.

Incéstus [psych: Blutschande] lat. von *in-* un-, *cástus* keusch.

Incísio [med: Einschnitt] lat. von *incídere* einschneiden.

Incisívus [an: Schneidezahn] lat. von *incídere* einschneiden.

Incisúra [an: Einschnitt, Einkerbung] lat. von *incídere* einschneiden.

incís us, -a, -um [bot, pal] lat. eingeschnitten, eingekerbt.

Íncubus [psych: Vorstellung eines den Menschen bedrückenden Wesens (Alpdrücken)] von lat. *incubáre* darauf liegen.

incurvát us, -a, -um [bot] lat. eingekrümmt.

Incus [an: Amboß der Gehörknöchelchen] lat. *íncus* Amboß.

indeterminíert [psych: unbestimmt] lat. *in-* un-, *determináre* abgrenzen, bestimmen.

Index [an: Zeigefinger] lat. *índex* Anzeiger, von *indícere* ansagen.

Indigestión [med: Verdauungsstörung] lat. *in-* un-, *digérere* verdauen.

Indigo [chem: Farbstoff der Indigopflanze, jetzt zumeist synthetisch] aus lat. *índicus cólor* indische Farbe.

Indikátor [phys: Instrument zur Aufzeichnung des Arbeitsvorganges der Dampfmaschine, chem] lat. *indicátor*, von lat. *indicáre* anzeigen.

Indivíduum [phil, biol: Einzelwesen] lat. *indivídu us, -a, -um* unteilbar, von lat. *in-* un-, *divídere* teilen.

indolént [psych: unempfindlich, med: schmerzlos] lat. *in dólens* nicht schmerzend.

Induktión [phil: Ableitung des Allgemeinen aus dem Besonderen] lat. *indúctio*, von lat. *indúcere* hineinführen.

Indúsium [bot: Sporenhülle mancher Farne] lat. *indúsium* Übergewand.

inérm is, -e [bot: unbewaffnet (z. B. ohne Grannen)] lat. *inérm is, -e* waffenlos, von lat. *in-* un-, *árma* Waffen.

infantíl [an: kindlich] von lat. *ínfans*, Gen. *infántis* Kind.

Infárkt [med: abgestorbener Gewebsteil] von lat. *infarcíre* hineinstopfen.

infaúst [med: unglücklich] lat. *infaúst us -a, um* unglücklich.

Infektión [med: Ansteckung] von lat. *inficere* hineintun.

inférior [zool] lat. der untere, niedrigere.

inféstus, -a, -um [bot: schädlich, gefährlich] lat. *infést us, -a, -um* feindlich, schädlich.

Infiltratión [med: Einlagerung fremder Substanzen in Zellen und Gewebe] von lat. *in-* ein-, *filtrum* Seiher, Filter.

ínfim us, -a, -um [an] lat. unterste.

Infinitesimál [phil, math: unendlich klein] lat. *infinítus* unbegrenzt, von lat. *fínis* Grenze.

Inflammabílien [min: brennbare Mineralien] lat. *inflammábilis* anzündbar.

Inflammátio [med: Entzündung] lat. *inflammáre* entzünden.

inflát us, -a, -um [bot, pal: aufgeblasen] lat. *inflát us, -a, -um* aufgeblasen.

Infléxio [an] lat. Beugung, von lat. *infléctere* beugen.

Infloreszénz [bot: Blütenstand] lat. *infloréscere* zu blühen beginnen, in Blüte stehen.

Influénz [phys] lat. *inflúere* hineinfließen.

Influénza [med] ital., von lat. *inflúere* hineinfließen, beeinflussen.

Infrabasália [pal: unterhalb der Basalia liegende Tafelreihe am Kelch mancher *Crinoidéa*] lat. *ínfra* innerhalb, gr. *básis* Grundfläche.

Infráctio [med: unvollständiger Bruch] von lat. *in* ein, *fráctus* gebrochen.

Infrarot [phys: = Ultrarot] lat. *ínfra* unterhalb.

Infundíbulum [an: Trichter, Einsenkung] lat. Trichter, von lat. *infúndere* hineingießen.

Infusória [zool: Zusammenfassung für *Flagelláta* und *Ciliáta*] lat. *infúsum* Aufguß (treten in sog. Heuaufgüssen auf).

Ingésta [an: aufgenommene Nahrung] lat. *ingést us, -a, -um* das Eingeführte, von lat. *ingérere* einführen.

Ingestión [biol: Einführung von Nahrung] von lat. *ingérere* einführen.

Ingressión [geog: Überspülung durch Meer] von lat. *ingréssus* eingedrungen.

inguinál is, -e [an] lat. zur Leiste (lat. *inguína* die Weichen) gehörig.

Inhalatión [med: Einatmung von Dämpfen] von lat. *inhaláre* einatmen.

Injektión [med, biol: Einspritzung gelöster Stoffe] lat. *injéctio* das Hineinwerfen.

Inklinatión [phys, geog: Winkel, den eine im Schwerpunkt aufgehängte Magnetnadel im magnet. Meridian mit der Horizontalen bildet] lat. *inclinátio* Neigung.

Inkohärénz [psych: mangelhafter Gedankenzusammenhang] lat. *incohaérens* unzusammenhängend.

inkompressíbel [phys: nicht zusammendrückbar] gr. *incompressíbilis* von *in-* un-, *compréssus* zusammengedrückt.

Inkrustatión [min: min. Überzug] lat. *incrustáre* mit einer Kruste (lat. *crústa*) überziehen.

Inkubatión [med: Zeit zwischen Ansteckung und sichtbaren Zeichen einer Krankheit, zool: Bebrütung] lat. *incubátio* Brüten, von lat. *in- cubáre* darauf liegen.

innát us, -a, -um [bot: angewachsen] lat. *innát us, -a, -um* eingeboren.

Inocéramus [pal: Gttg. der *Lamellibranchiáta* aus Jura und Kreide] gr. *Inō* Eigenname, *kéramos* Ziegel (weil dicke, ziegelsteinähnliche Schale).

inodór us, -a, -um [bot: geruchlos] lat. *in-* un-, *ódor* Geruch.

inornát us, -a, -um [pal] lat. nicht geschmückt, einfach.

Insécta [zool: Kl. der *Arthrópoda*, Kerbtiere] lat. *inséctus* eingeschnitten, eingekerbt.

Insectivóra [pal, zool: Ordn. der Säuger, Insektenfresser] lat. *inséctus* eingekerbt (übertr. Kerbtier), *voráre* fressen.

Insértio [an: Anheftung, Ansatz (z. B. eines Muskels)] von lat. *insérere* einreihen, anheften.

Insolatión [geog, geol: die Sonnenbestrahlung und ihr Einfluß auf den

Boden] lat. *insoláre* bestrahlen, von lat. *sol* Sonne.

Insomníe [med: Schlaflosigkeit] lat. *in-* un-, *sómnus* Schlaf.

Inspiratión [biol: Einatmung, psych: Eingebung] lat. *inspiráre* einatmen.

Instillatión [med: Einträufelung] lat. *instilláre* einträufeln, von lat. *stílla* Tropfen.

Instínkt [phil, biol: Naturtrieb] lat. *instínctus* Antrieb.

Instruktión [psych: Anordnung, Anweisung] lat. *instrúctio* Aufstellen.

Instrumént [phys: Gerät zur Messung oder Beobachtung] lat. *instruméntum* Werkzeug.

Insuffiziénz [med: ungenügende Funktion] lat. *in-* un-, *suffícere* genügen.

intákt [med: unberührt, heil] lat. *intáct us, -a, -um* unberührt.

Integripalliáta [zool, pal: Abt. der *Lamellibranchiáta* mit ganzrandigem Manteleindruck in der Schale] lat. *ínteger* unversehrt, *pállium* Mantel.

Integumént [an: äußere Haut] lat. *integuméntum* Decke, von lat. *intégere* bedecken.

Intelligénz [psych: Bestand an Fähigkeiten und Kenntnissen] von lat. *intellégere* einsehen.

Intensität [phil: Stärkegrad] lat. *inténsus* angespannt, von lat. *inténdere* stark anspannen.

Intentión [phil: Absicht, Meinung] lat. *inténtio* Absicht, von lat. *inténdere* hinstreben.

intercostál is, -e [an: zwischen den Rippen gelegen] von lat. *inter* zwischen, *cósta* Rippe.

interdentál [an: zwischen den Zähnen befindlich] von lat. *inter* zwischen, *déntes* Zähne.

Interésse [psych: Anteilnahme] lat. *interésse* dazwischen-, dabeisein.

Interferénz [phys: die beim Zusammentreffen zweier Wellen entstehenden Erscheinungen] lat. *interférre* zwischentragen.

Interglaziál- [geol: Zwischeneiszeit-] lat. *ínter* zwischen, *glaciál is, -e* auf das Eis (lat. *glácies*) bezüglich.

interkalár [bot: eingeschaltet] lat. *intercaláre* einschalten.

Interkostal- [an: Zwischenrippen-] lat. *ínter* zwischen, *cósta* Rippe.

Intermaxilláre [an: Zwischenkiefer] lat. *ínter* zwischen, *maxílla* Kiefer.

intermediär [phil: in der Mitte gelegen] lat. *ínter* zwischen, *médium* Mitte.

intermédi us, -a, -um [bot, zool: mittelständig, mittelgroß] lat. *intermédius* in der Mitte stehend.

intermittíerend [geol, geog: zeitweise aussetzend (Quellen, Vulkane)] lat. *intermíttere* aussetzen.

Internódium [bot: Stengelstück zwischen zwei Knoten] lat. *ínter* zwischen, *nódum* Knoten.

intérn us, -a, -um [an] lat. innere.

Interpolatión [phil, math: Ausfüllen von Beobachtungslücken] lat. *interpolátio* das Dazwischenschieben zwecks Glättung, von lat. *inter* zwischen, *políre* glätten.

interrúpt us, -a, -um [bot, med: abgebrochen, unterbrochen] lat. von *interrúmpere* abbrechen.

interstitiéll [an: die Zwischenräume ausfüllend] lat. *interstítium* Zwischenraum.

Intertrígo [med: Wundsein der Haut („Wolf")] lat. von *inter* zwischen, *térere* reiben.

Interváll [phys, med] lat. *intervállum* Zwischenraum.

Interzellulár- [an: Zwischenzell-] lat. *ínter* zwischen, *céllula* Zelle.

intestinál [an] lat. *intestinális* zum Darm gehörig.

Intestínum [an: Eingeweide, Darm] lat. von *intus* innen.

Íntima [an: innerste Schicht eines Organs] lat. *íntim us, -a, -um* innere.

Intíne [bot: innere Hautschicht von Pollen] von lat. *íntus* innen.

Intoleránz [psych: Widerstandslosigkeit] lat. *in-* un-, *toleráre* ertragen.

Intoxikatión [med: Vergiftung] latin. von gr. *toxikón* Pfeilgift.

intrakraniéll [an: im Innern des Schädels befindlich] lat. *íntra* innerhalb, *cránium* Schädel.

intrastaminál [bot: zwischen den Staubgefäßen befindlich] lat. *íntra* innerhalb, *stámen*, Gen. *stáminis* Faden.

intratellúrisch [geol: im Innern der Erde befindlich] lat. *íntra* innerhalb, *téllus*, Gen. *tellúris* Erde.

Intróitus [an] lat. Eingang, Zugang.

intrórs [bot: nach innen gekehrt] lat. *intrórsus* nach innen gelegen.

Intrusión [geol: Eindringen des Magmas in das Gestein] lat. *intrúdere* einzwängen.

Intuitión [psych: Eingebung, ahnungsweises Finden] von lat. *intuéri* genau hinsehen.

Intumescéncia [an, med: Anschwellung] lat. von *intuméscere* aufschwellen.

Intuskrustatión [pal: Versteinerung von Pflanzen durch und durch] lat. *íntus* innerhalb, *crústa* Kruste.

Inundatiónsbett [geog: Hochflutbett eines Flusses] lat. *inundáre* benetzen, von lat. *únda* Welle.

inundát us, -a, -um [bot: an überschwemmten Stellen wachsend] lat. *inundáre* benetzen, von lat. *únda* Welle.

inúngu is, -e [zool: ohne Klauen] lat. *in-* ohne, *únguis* Klaue.

Inunktión [med: Einreibung (bes. diejenige mit grauer Salbe)] lat. *inúngere* einsalben.

Invaginatión [zool: Einstülpung bei der Bildung der Gastrula] lat. *invaginátio* Einstülpung in eine Scheide.

Inversión [geog: Umkehrung (z. B. der Temperatur), med: Einstülpung, phys, psych: Umkehrung] lat. *invérsio* Umkehrung.

inveteríert [med: veraltet] von lat. *vétus*, Gen. *véteris* alt.

Involúkrum [bot: Hüllkelch] lat. *involúcrum* Hülle.

Inzést [med: Blutschande] lat. *incéstus* unrein.

Inzidénzwinkel [phys: = Einfallswinkel] lat. *íncidens* einfallend.

Inzisúren [an: Einschnitte] von lat. *incísus* eingeschnitten.

Iolíth [min: = Cordierit] gr. *íon* Veilchen, *líthos* Stein (blaue Farbe).

Ion [phys: mit Elektrizität geladenes Atom oder Molekül] gr. *íon* das Wandernde.

Ips [zool: Gttg. der *Coleóptera*, Buchdrucker] gr. *íps*, *ipós* Holzwurm.

Ipsatión [psych: = Selbstbefriedigung] von lat. *ipse* selbst.

Iridektomíe [med: Ausschneiden eines Stückes der Iris] gr. *íris*, Gen. *íridos* Regenbogenhaut, *ek-* heraus-, *tomḗ* Schnitt.

Irídium [chem: Element] lat. *Iris* Regenbogen (im Hinblick auf die bunte Färbung der Chloride des I.).

Iris [an: Regenbogenhaut des Auges] lat. *Iris* Göttin des Regenbogens.

Irradiatión [med: Ausstrahlung (von Schmerzen)] lat. *ir* = *in* ein, *rádius* Strahl.

irregulár [zool: unregelmäßig] lat. *irreguláris* unregelmäßig.

Irreguláres [pal: Ordn. der *Echinoidéa* von unregelmäßiger Gestalt] lat. *irreguláris* unregelmäßig.

Irrigatión [med: Spülung] lat. *irrigáre* spülen, berieseln.

irrígu us, -a, -um [bot: im, am Wasser lebend] lat. von *irrigáre* bespülen.

Irritabilität [biol, psych: Reizbarkeit] lat. *irritábilis* reizbar.

Isanabásen [geog, geol: Linien, die Punkte gleicher Hebung verbinden] gr. *ísos* gleich, *anábasis* Aufstieg.

Isanomálen [geog: Linien, die Orte gleicher thermischer Anomalie verbinden] gr. *ísos* gleich, *an-* nicht, *homalḗs* gleich.

Isastraéa [pal: Gttg. der *Hexacorálla*] gr. *ísos* gleich, *astraíos* mit Sternen versehen (die sternförmigen Zellen sind gleich groß).

Ischias [med: neuralgisches Hüftweh] gr. *ischíon* Hüfte.

Ischophoníe [med: Stammeln, Stottern] gr. *íschein* hemmen, *phonḗ* Stimme.

Isobáre [phys, geog: Linie, welche die Orte gleichen Luftdrucks verbindet] gr. *ísos* gleich, *báros* Schwere.

Isobáthen [geog: Linien, die Orte gleicher absoluter Tiefe verbinden] gr. *ísos* gleich, *báthos* Tiefe.

Isochiménen [geog: Linien, die Orte gleicher Wintertemperatur verbinden] gr. *ísos* gleich, *cheimṓn* Winter.

isochrón [phys: von gleicher Zeitdauer] gr. *ísos* gleich, *chrónos* Zeit.

Isochrónen [geog: Linien, die Orte gleicher Reisedauer von einem Mittelpunkt aus verbinden] gr. *ísos* gleich, *chrónos* Zeit.

Isocóntae [bot: Grünalgen mit gleich langen Geißeln] gr. *ísos* gleich, *kontós* Stange, Geißel.

isodónt [zool, pal: Schloß der Muscheln mit wenigen, symmetrischen Zähnen] gr. *ísos* gleich, *odús*, Gen. *odóntos* Zahn.

Isodynámen [geog: Linien, die Orte gleicher magnetischer Stärke verbinden] gr. *ísos* gleich, *dýnamis* Stärke.

Isoëtes [bot: Gttg. Brachsenkraut] gr. *ísos* gleich, *étos* Jahr (gleiches Aussehen zu allen Jahreszeiten).

Isogamíe [biol: Befruchtung durch Gameten von gleicher Gestalt (nicht ♂ und ♀ differenziert)] gr. *ísos* gleich, *gámos* Ehe.

Isogóne [phys, geog: Linie, welche die Orte gleicher Deklination verbindet] gr. *ísos* gleich, *gonía* Winkel.

Isogoníe [min: Ähnlichkeit oder Gleichheit der Kantenwinkel von Kristallen] gr. *ísos* gleich, *gonía* Winkel.

Isohyéte [geog: Linie, welche die Orte gleicher Niederschlagshöhe verbindet] gr. *ísos* gleich, *hyetós* Regen.

Isohýpsen [geog: Linien, die auf der Karte Punkte gleicher absol. Höhe verbinden] gr. *ísos* gleich, *hýpsos* Höhe.

isoklinál [geol: nach beiden Seiten mit gleichem Winkel abfallend] gr. *ísos* gleich, *klínein* neigen.

Isoklíne [geog, phys: Linie, welche Orte gleicher Inklination verbindet] gr. *ísos* gleich, *klínein* neigen.

Isolíerung [phys, psych: Abschließung] ital. *isoláre* absondern, von ital. *ísola*, lat. *ínsula* Insel.

isomér [bot, zool: gleichzählig] gr. *ísos* gleich, *méros* Teil.

Isomorphíe [min: Formähnlichkeit von Körpern ähnlicher chemischer Beschaffenheit] gr. *ísos* gleich, *morphḗ* Gestalt.

Isomyária [zool, pal: = *Homomyária*] gr. *ísos* gleich, *mýs*, Gen. *myós* Muskel (beide Muskeleindrücke gleich groß).

Isonéphen [geog: Linien, die Orte gleicher Bewölkungsstärke verbinden] gr. *ísos* gleich, *néphos* Wolke.

isópisch [geol: von gleicher Ausbildung] gr. *ísos* gleich, *ópsis* Aussehen.

Isópoda [zool: Ordn. der *Arthrópoda*, Asseln] gr. *ísos* gleich, *pús*, Gen. *podós* Fuß.

Isóptera [zool: Ordn. der Insekten, Termiten] gr. *ísos* gleich, *ptéron* Flügel.

Isorháchien [geog: Linien, die Orte mit gleichem Flutbeginn verbinden] gr. *ísos* gleich, *rhachía* Brandung.

Isoseísten [geog: Linien, die Orte gleicher Erdbebenstärke verbinden] gr. *ísos* gleich, *seistós* erschüttert.

Isostasíe [geol: Gleichgewichtszustand der Erde] gr. *ísos* gleich, *stásis* Stellung.

Isotáchen [geog: Linien, die Punkte gleicher Stromgeschwindigkeit im Querschnitt eines Flusses verbinden] gr. *ísos* gleich, *táchos* Schnelligkeit.

Isothéren [geog: Linien, die Orte gleicher Sommertemperatur verbinden] gr. *ísos* gleich, *théros* Sommer.

Isothérme [geog: Linie, welche Orte gleicher Monats- bzw. Jahrestemperatur verbindet] gr. *ísos* gleich, *thermós* warm.

Isothermobáthen [geog. Linien gleicher Tiefseetemperatur] gr. *ísos* gleich, *thermós* warm, *báthos* Tiefe.

Isotópe [chem: Elemente, die an der gleichen Stelle des periodischen Systems stehen] gr. *ísos* gleich, *tópos* Ort.

isotróp [phys: nach allen Richtungen gleiche Eigenschaften zeigend] gr. *isótropos* von gleicher Richtung.

Isthmus [geog: Landenge, an: Verengerung] gr. *isthmós* Landenge.

itálic us, -a, -um [bot, zool] lat. *itálicus* italienisch, in Italien vorkommend.

Itinerár [geog: Wegaufnahme, Wegbezeichnung] von lat. *íter*, Gen. *itíneris* Weg.

Ixódes [zool: Gttg. der Milben, Zecke] gr. *ixṓdēs* klebrig, festhaftend, von gr. *ixós* Mispel, Vogelleim.

J

Jacúlidae [zool: Fam. der *Rodéntia*, Springmäuse] Verkl. von lat. *iácere* werfen.

Jáspis [min: Var. des Quarzes] gr. *iáspis* ein Edelstein.

Jécur [an: Leber] lat. *jécur*, Gen. *jécuris* Leber.

Jejúnum [an: Leerdarm] lat. *jejúnus* nüchtern (bei der Leiche zumeist leer).

Jod [chem: Element] gr. *ioeídēs* veilchenfarbig (beim Erwärmen violette Dämpfe abgebend).

Jugále [an: Jochbein] von lat. *júgum* Joch.

Júglans [bot: Gttg. Walnußbaum] von *Jóvis glans* Jupiters Eichel (= Walnuß).

Júgulum [an] lat. Kehle.

Júgum [an, pal: Joch, Wulst] lat. *iúgum* Joch.

Juliflórae [bot: Kätzchenblütige] gr. *íulos* Bartflaum, lat. *flós*, *flóris* Blüte.

Júncus [bot: Gttg. Binse] lat. von lat. *júngere* binden, flechten.

juveníl [biol, geol] lat. *iuveníl is* jugendlich.

Juwél [min: geschliffener Edelstein] franz. *joyau*, von lat. *gaúdium* Freude.

Juxtapositión [min: Anlagerung] lat. *iúxta* daneben, *pósitus* gesetzt.

K

Kachexíe [med: verminderter Ernährungszustand] gr. *kachexía* schlechte Körperbeschaffenheit, von gr. *kakós* schlecht, *héxis* Befinden.

Kadáver [zool: Tierleiche] lat. *cadáver* Leichnam, von lat. *cádere* fallen.

Kainít [min: $KCl.MgSO_4.3H_2O$] gr. *kainós* neu.

Kakogeusíe [med, psych: schlechte Geschmacksempfindung] gr. *kakós* schlecht, *geúsis* Geschmack.

Kaleidoskóp [phys: Instrument] gr. *kalós* schön, *eídos* Gestalt, *skopeín* schauen.

kalibríeren [phys: Feststellung von Maßfehlern] span. *calíbo* Maß.

Kállus [bot: Überwallung bei Verwundung] lat. *cállum* Schwiele, Wulst.

Kálme [geog: windstille Zone] franz. *calme* Windstille.

Kalomél [chem: HgCl, Quecksilberchlorür] gr. *kalós* schön, *mélas* schwarz (die Verbindung mit Ammoniak ist tiefschwarz).

Kaloríe [phys: Einheit der Wärmemenge) lat. *cálor* Wärme.

Kaloriméter [phys: Instrument zur Messung der Wärmemenge] lat. *cálor* Wärme, gr. *métron* Maß.

Kalótte [an: Schädeldach, math: Kugelhaube] franz. *calotte* Käppchen der Geistlichen.

Kalýptra [bot: Wurzelhaube] gr. *kalýptra* Hülle.

Kályx [bot: Kelch] gr. *kályx* Becher, Kelch.

Kámbium [bot: Schicht zwischen Rinde und Holz] neulat. *cámbium*.

Kámbrium [geol: Formation] lat. *Cámbria* alter Name für Wales, wo die Formation zuerst untersucht wurde.

Kamera [phys: photographischer Apparat] lat. *cámera* Kammer.

Kamée [min: erhaben geschnittener Stein] franz. *camée*, ital. *caméo*, mittellat. *camaéus*.

kampylotróp [bot: gekrümmt] gr. *kampýlos* krumm, *trópos* Wendung.

Kännelkohle [min: Kohlenart] verstümmelt aus engl. *candle* Kerze, wegen des hohen Gehaltes an Gasen.

Känozóikum [geol: Formationsgruppe] gr. *kainós* neu, *zōon* Lebewesen.

Kaolín [min: $Al_2O_3 . 2SiO_2 . 2H_2O$] aus chin. *kaon-ling* Gebein.

Kapazität [phys: Aufnahmefähigkeit] lat. *capácitas* Geräumigkeit.

Kapilläre [phys: Haarröhrchen] lat. *capilláris* haarförmig.

Kapillítium [bot: Haargewebe in den Sporenbehältern mancher Pilze] lat. *capíllus* Haar.

Kapítulum [bot: Köpfchen] lat. *capítulum* Köpfchen, von lat. *cáput* Kopf.

Kaptivatión [psych: schlafähnlicher Zustand zu Beginn der Hypnose] von lat. *captívus* gefangen.

Karát [min: Gewichtseinheit für Edelsteine und -metalle (= 0,2 g)] gr. *kerátion* Johannesbrot (dessen Samen als Gewichte Verwendung fanden).

Karbón [geol: Steinkohlen-Formation] lat. *cárbo* Kohle.

Kardía [an: 1. Herz, 2. Magenwand der Speiseröhrengegend] gr. *kardía* Herz, Mageneingang.

Kardialgíe [med: Magenkrampf] gr. *kardía* Mageneingang, *álgos* Schmerz.

Kardiasthenie [med: neurasthenische Herzschwäche] gr. *kardía* Herz, *asthéneia* Schwäche.

Kardinalzähne [zool, pal: unter dem Wirbel gelegene Zähne der Muschelschale] von lat. *cárdo*, Gen. *cárdinis* Türzapfen.

Kardiodemíe [med: Fettherz] gr. *kardía* Herz, *dēmós* Fett.

Kardiogramm [med: Aufzeichnung der Herzbewegung] gr. *kardía* Herz, *gráphein* schreiben, zeichnen.

Kardiospásmus [med: Krampf des Mageneingangs] gr. *kardía* Mageneingang, *spasmós* Krampf.

Karénz [med: Aussetzen, Entbehrung] von lat. *carére* entbehren.

Karmín [chem: Scharlachfarbe] arab. *kérmes* Scharlachlaus.

Karneól [min: Var. des Quarzes] lat. *cárneus* fleischig (in bezug auf die fleischrote Färbung).

Karpéll [bot: Fruchtblatt] lat. *carpéllus* kleine Frucht.

Karpolíthen [pal: versteinerte Früchte] gr. *karpós* Frucht, *líthos* Stein.

Kartographíe [geog: Lehre von der Herstellung der Karten] lat. *chárta* Papier, Karte, gr. *gráphein* schreiben.

Kartometríe [geog: Kartenmessung] gr. lat. *chárta* Karte, gr. *métron* Maß.

Karúnkula [bot: Samenschwiele, Wucherung im Samen] lat. *carúncula* kleines Fleisch, von lat. *cáro* Fleisch.

Kárus [med: tiefer (Toten-) Schlaf] latin. aus gr. *káros* Totenschlaf.

Karyokinése [zool, an: Kernteilung] gr. *káryon* Kern, *kínēsis* Bewegung (im Hinblick auf die Wanderung der Chromosomen).

Karyópse [bot: Nußfrucht, Schließfrucht] gr. *káryon* Kern, *ópsis* Aussehen.

Karzinóm [med: Krebsgeschwür] von gr. *karkínos* Krebs.

Kassiterít [min: Zinnstein] gr. *kassíteros* Zinn, von ind. *kastíra* Zinn.

Kastratión [med: Entfernung der Hoden oder Eierstöcke] von lat. *castráre* verschneiden.

Kasuístik [med: Beschreibung von Krankheitsfällen] von lat. *cásus* Fall.

Katakaústik [phys: Brennfläche des Hohlspiegels] gr. *katá* zurück, *kaustikós* brennend, strahlend.

Kataklásstruktúr [geol: Trümmerstruktur eines Gesteins] gr. *kataklázein* zerbrechen.

Kataklýsmentheorie [geol: frühere Anschauung, daß in der Erdgeschichte Katastrophen mit Neuschöpfungen abgewechselt hätten] gr. *kataklysmós* Überschwemmung.

Katalepsíe [med, zool: Muskelstarre] gr. *katálēpsis* Festhalten.

Katalýse [chem: Beschleunigung einer Reaktion durch Anwesenheit bestimmter Stoffe] gr. *katálysis* Auflösung.

Kataménien [biol: Menstruation] gr. *katá* während, *mḗn* Monat.

Katarákt [geog: Stromschnelle] gr. *katarrháktēs* Wasserfall.

Katárrh [med: Schleimhautentzündung mit Schleimabsonderung] von gr. *katarrheín* hinabfließen (aus der Nase).

Kathártica (*remédia*) pharm: Abführmittel] gr. *kathartikós* zum Reinigen gehörig.

Kathéter [med: Instrument zur Entnahme des Blaseninhalts] gr. *kathetḗr* was hinabgelassen wird (Galen), von gr. *kathiénai* hinablassen.

Kathetométer [phys: Instrument zur Messung von Höhenunterschieden] gr. *káthetos* herabgelassen, *métron* Maß.

Kathóde [phys: negative Elektrode] gr. *katá* hinab, *hodós* Weg.

katogén [geol: sedimentär (von oben nach unten) abgelagert] gr. *kátō* nach unten, *génesis* Entstehung.

Katóptrik [phys: Lehre von der Spiegelung] gr. *katoptrikós* zum Spiegel gehörig.

Katothermie [geog: mit der Tiefe zunehmende Wärmeschichtung eines Sees] gr. *kátō* nach unten, *thermós* warm.

kaudál [an: nach dem Schwanze zu gelegen] lat. *caúda* Schwanz.

kauloíd [bot: sproßartig] gr. *kaulós* Sproß, *eídos* Aussehen.

Kaulóm [bot: Stengel, Sproß] gr. *kaulós* Stengel, Stamm.

kausál [phil: ursächlich] von lat. *caúsa* Ursache.

Kaústik [med: Ätzung] gr. *kaustikós* brennend.

kaústisch [geol: durch Verbrennung entstanden] gr. *kaustós* angebrannt.

Kaustobiolíthe [min: brennbare organische Mineralien (z. B. Petroleum)] gr. *kaustós* brennbar, *bíos* Leben, *líthos* Stein.

Kenophobíe [psych: Angst vor leeren Räumen] gr. *kenós* leer, *phóbos* Furcht, Scheu.

Keratín [zool: Hornsubstanz der Epidermis] gr. *kerátinos* aus Horn (gr. *kéras*, Gen. *kératos*) bestehend.

Keratinisíerung [an: Verhornung] gr. *kerátinos* hornig, von gr. *kéras*, Gen. *kératos* Horn.

Keratodermatṓsen [med: Krankheiten der Hornhaut] gr. *kéras*, Gen. *kératos* Horn, *dérma*, Gen. *dérmatos* Haut.

Kérion Célsi [med: Tiefe Trichophytie mit Borkenbildung] gr. *kēríon* Honigwabe (Farbe und Form), *Célsus* römischer medizinischer Schriftsteller (30 v. Chr. — 40 n. Chr.).

Kilogramm [phys: Einheit der Masse] gr. *chílioi* 1000, *grámma* kleinste Masse.

Kimophán [min: orientalisches Katzenauge] gr. *kýma* Woge, *phaínein* scheinen (wogender Lichtschein).

Kinästhesíe [psych: Muskelsinn] gr. *kinún* bewegen, *aísthēsis* Empfindung.

Kinemátik [phys: Lehre von der Bewegung] gr. *kínēma* Bewegung.

Kinematográph [phys: Projektionsapparat zur Veranschaulichung bewegter Gegenstände] gr. *kínēma*, Gen. *kinḗmatos* Bewegung, *gráphein* zeichnen.

Kionítis [med: Entzündung des Zäpfchens] gr. *kíōn* Pfeiler.

Kjökenmöddinger [geol: steinzeitlicher Küchenabfallhaufen] dän. = Küchenabfall.

Kladódien [bot: blattartig verbreiterte Sprosse] von gr. *kládos* Zweig.

klástisch [geol: aus Gesteinsbruchstücken entstanden] gr. *klastós* zerbrochen, von gr. *klázein* brechen.

Kleistogamíe [bot: Selbstbestäubung] gr. *kleistós* geschlossen, *gámos* Ehe, geschlechtliche Verbindung (Blüten bleiben geschlossen).

kleistokárp [bot: schließfrüchtig] gr. *kleistós* geschlossen, *kárpos* Frucht.

Klepomaníe, Kleptomaníe [psych: Stehlsucht] gr. *klépos* Diebstahl, *kléptō* ich stehle, *manía* Wahn.

Klíma [geog: mittlere Witterung eines Ortes] gr. *klíma* Neigung (des Himmelsäquators gegen den Horizont).

Klimaktérium [psych, biol: Wechseljahre] latin. aus gr. *klimaktḗr* Treppenstufe (Grenze zwischen auf- und abwärts).

Klinochlór [min: Var. des Chlorits] *klino* = monoklin, gr. *chlōrós* grün.

Klinométer [geol: Intrument zum Bestimmen von Streichen und Fallen der Schichten, phys: Neigungsmesser] gr. *klínein* neigen, *métron* Maß.

Klinostát [bot: Instrument zur Beobachtung von Wachstumsbewegungen] gr. *klínein* neigen, krümmen, *statós* stehend.

klinotróp [bot: schief zur Richtung (des Reizes)] gr. *klínein* neigen, *trópos* Richtung.

Klónus [med: Krampfzustand] gr. *klónos* heftige Bewegung, von *kloneín* jagen.

Klýsma [med: Klistier] gr. *klýsma* Spülwasser.

Kohärer [phys: Fritter] lat. *cohaerére* zusammenhängen.

Kohäsión [phys: Zusammenhalt zwischen den Molekülen] lat. *cohaésio*, von lat. *cohaerére* zusammenhängen.

Kokkolíthen, Kokkosphären [pal: mikroskopische Kalkkörperchen organischen Ursprungs in Tiefseeablagerungen] gr. *kókkos* Kern, *líthos* Stein, *sphaíra* Kugel.

Koleorrhíza [bot: Wurzelscheide der Gräser] gr. *koleós* Scheide, *rhíza* Wurzel.

Kolík [med: Leibschneiden] gr. *kōlikḗ nósos* die Darmkrankheit, von gr. *kṓlon* Grimmdarm.

kollagén [an: beim Kochen Leim liefernde Bindegewebsfasern] gr. *kólla* Leim, *génesis* Bildung.

kollaterál [bot: seitlich, nebenständig] lat. *collaterál is, -e* seitlich gelegen.

kollektív [phil: gemeinsam, insgesamt] lat. *colléctus* zusammengelesen, gesammelt.

Kolléktor [phys: Stromwender] lat. *colléctus* gesammelt.

Kollódium [pharm] gr. *kollodḗs* leimartig.

Kolloíd [phys: nicht kristallisierbare Substanz] gr. *kólla* Leim, *eídos* Aussehen.

Kólon [an: Grimmdarm] gr. *kṓlon* Grimmdarm.

Kolpítis [med: Entzündung der Scheide] latin. aus gr. *kólpos* Scheide.

Kolposkóp [med: Scheidenspiegel] gr. *kólpos* Scheide, *skópos* Späher.

Kolumélla [bot: Mittelsäule der Mooskapsel] lat. *columélla*, Verkl. von lat. *colúmna* Säule.

Kombinatión [min: Vereinigung mehrerer Formen an einem Kristall, psych: gedankliche Verbindung] neulat. *combinátio* Zusammensetzung.

Komét [astr. zeitweilig auftauchendes Gestirn mit Lichtschweif] gr. *komḗtēs* langhaarig, übertr. Haarstern, Komet.

kommunizíeren [phys: in enger Verbindung stehen] lat. *communicáre* verbinden, von lat. *commúnis* gemeinsam.

Kommutátor [phys: Umschalter] lat. *commutáre* vertauschen.

Komparátor [phys: Instrument zum genauen Vergleichen von Längenmaßen] lat. *comparáre* vergleichen.

Kompáß [geog: Instrument zur Bestimmung der Himmelsrichtung] spätlat. *compassáre* abmessen.

Kompensatión [phys: Ausgleichung] lat. *compensáre* ausgleichen.

Komplementär- [phys: Ergänzungs-] lat. *compleméntum* Ergänzungsmittel.

Kompóst [bot: zusamengetragener Dünger] lat. *compósitus* zusammengelegt.

Kompressibilität [phys: Zusammendrückbarkeit] lat. *compressíbilis* zusammendrückbar, von lat. *comprímere* zusammendrücken.

Kompressión [min: Gestaltsveränderung durch Zusammendrückung] lat. *compréssus* zusammengedrückt.

Konchýlien [zool: Schalen von Schnecken und Muscheln] von gr. *kónchē* Schale.

Kondensatión [phys: Verflüssigung von Gasen] lat. *condensáre* verdichten.

Konfluénz [geog: Zusammenfließen] lat. *conflúere* zusammenfließen.

kongenitál [biol: angeboren] lat. *congenitális* angeboren, von lat. *con-* zusammen, *génus* Geschlecht.

Kongestión [med: Blutandrang] von lat. *congéstus* zusammengeführt.

Konglomerát [geol: aus runden Stücken bestehendes Trümmergestein] lat. *conglomeráre* zusammenhäufen.

Konídien [bot: Pilzsporen] gr. *kónis*, Gen. *kónidos* Staub.

kónisch [phys: kegelförmig] von gr. *kónos* Kegel.

Konjugatión [zool: Fortpflanzungsform der *Ciliáta*] lat. *conjugáre* verbinden, von lat. *con-* zusammen, *júgum* Joch.

konkáv [phys] lat. *concávus* hohl.

Konkordánz [geol: Gleichsinnigkeit in der Lagerung] lat. *concórdans* übereinstimmend, von lat. *con-* zusammen, *cors*, Gen. *córdis* Herz.

konkrét [phil: körperlich, sinnlich wahrnehmbar] lat. *concrétus* zusammengewachsen, körperlich.

Konkretión [min: Abscheidung von Mineralsubstanz um einen Mittelpunkt] lat. *concrétio* Zusammenballung.

Konnektív [bot: Band zwischen den Hälften eines Staubbeutels, zool: verbindender Nervenstrang] von lat. *connéctere* verbinden.

Konsanguinität [biol: Blutsverwandtschaft] von lat. *consánguis* verwandt, von lat. *con-* zusammen, *sánguis* Blut.

Konsequénz [phil: Folgerichtigkeit] lat. *consequéntia*, von lat. *conséqui* folgen.

Konsonánt [phys: Mitlaut, psych: Zusammenklingen] lat. *consónans* mittönend, zusammenklingend.

konstánt [phil: andauernd] lat. *cónstans*, Gen. *constántis* beständig, andauernd.

Konstánte [math: unveränderliche Größe] lat. *cónstans*, Gen. *constántis* feststehend.

Konstitutión [med: allgemeine Beschaffenheit] lat. *constitútio* Verfassung.

Konstruktión [math: Darstellung eines Begriffes in der Anschauung (Kant)] lat. *constrúctio* das Zusammenfügen.

kontagiós [med: ansteckend] von lat. *con-tángere* zusammen berühren.

Kontákt [psych: innige Verbindung, phys: elektrischer Stromschluß] lat. *contáctus* Berührung.

Kontaktmetamorphóse [geol: Gesteinsumwandlung durch benachbarte Eruptivgesteine] lat. *contáctus* Berührung, gr. *metamórphōsis* Umwandlung.

Kóntinent [geog: Festland] lat. *cóntinens*, Gen. *continéntis* (*térra*) zusammenhängendes Land.

Kontinuität [phil: Stetigkeit] von lat. *contínuus* zusammenhängend.

kontraktíl [an, zool: zusammenziehbar] lat. *contráctus* zusammengezogen.

Kontraktión [phys: Zusammenziehung] lat. *contráctio* Zusammenziehen.

konvergént [math: zusammenlaufend] lat. *convérgens* sich zusammenneigend.

konvéx [phys] lat. *convéxus* gewölbt.

Konvulsiónen [med: schüttelnde Krämpfe] von lat. *convúlsus* zusammengeschüttelt.

Konzentratión [psych: gesteigerte Aufmerksamkeit] lat. *concentráre* in einem Punkt vereinigen.

konzéntrisch [math: mit demselben Mittelpunkt] lat. *con-* zusammen, *céntrum* Mittelpunkt.

Konzeptákel [bot: Blütenboden] lat. *conceptáculum* Behälter.

Konzeptión [biol: Empfängnis, psych: Einfall] lat. *concéptio* Aufnehmen.

Koordináten [math] lat. *coordinátus* zugeordnet.

Kóphosis [med, psych: Taubheit] gr. *kōphós* taub.

Koprágoga (*remédia*) [pharm: Abführmittel] gr. *kópros* Kot, *agōgós* herbeiführend.

Koprolíth [pal: versteinerter Kot, med: verhärteter Kot] gr. *kópros* Kot, *líthos* Stein.

Kopulatión [biol: Begattung] lat. *copuláre* verbinden.

Kormophýten [bot: Sproßpflanzen] gr. *kormós* Sproß, *phýton* Gewächs.

Korólle [bot: Blumenkrone] lat. *corólla* kleine Krone.

Koróna [astr: Strahlenkranz der Sonne] lat. *coróna* Kranz.

Korrasión [geol: Wirkung des Windes auf das Gestein] lat. *corrádere* zusammenscharren.

Korrektión [phys: Aufhebung von Instrumentfehlern] lat. *corréctio* Verbesserung.

Korrelatión [biol: Wechselbeziehung] lat. *correlátio* Beziehung.

Korrelatión [biol, psych: gegenseitige Abhängigkeit] lat. *cor-* = *con-* zusammen-; *relátio* Verhältnis.

Korrosión [geol: die nagende Wirkung des fließenden Wassers auf das Gestein] von lat. *corródere* zernagen.

Korúnd [min: Al_2O_3, Edelstein] indisch *korúnd*, sanskrit *kuruvínda*.

Kosmética (*remédia*) [pharm: Mittel

zur Pflege des Körpers] latin. aus gr. *kosmeín* schmücken.

kósmisch [astr, geog: zum Weltraum gehörig] gr. *kósmos* Welt.

Kosmogonie [phil: Lehre von der Entstehung der Welt] gr. *kósmos* Welt, *goneía* Erzeugung.

Kosmographie, Kosmologie [phil: Lehre von Bau und Enstehung der Welt] gr. *kósmos* Welt, *gráphein* beschreiben, *lógos* Kunde.

kosmopolítisch [geog, biol: auf der ganzen Welt verbreitet, Weltbürger] gr. *kósmos* Welt, *polítēs* Bürger.

Kotyledón [bot: Keimblatt] gr. *kotyledṓn* Saugwarze.

Kraniologíe [med: Schädellehre] gr. *kraníon* Schädel, *lógos* Lehre, Kunde.

Kraniometríe [med: Schädelmessung] gr. *kraníon* Schädel, *métron* Maß.

Kráter [geol: Öffnung eines Vulkans] gr. *kratḗr* Mischkrug.

Kremnophobíe [psych: Angst vor Abgründen] gr. *krēmnós* Abgrund, *phóbos* Furcht, Scheu.

Kreosót [chem: Gemisch von Phenolen und Äthern] gr. *kréas* Fleisch, *sōtḗr* Retter, Erhalter (Konservierungsmittel).

kretazéisch [geol: zur Kreideformation gehörig] von lat. *créta* Kreide.

Kretinísmus [med: zumeist in Gebirgsländern vorkommende Verkümmerung der Menschen hinsichtlich Größe, Zeugungs- und geistiger Fähigkeit] franz. *cretin*, von lat. *créta* Kreide (weil kombiniert mit Albinismus).

Kribrál- [bot: Siebröhrchen enthaltend] lat. *cribrum* Sieb.

Kribrovasál- [bot: Siebröhrchen und Gefäße enthaltend] lat. *cribrum* Sieb, *vas* Gefäß.

Krísis [med: Entscheidung, Besserung einer Krankheit] gr. *krísis* Entscheidung.

Kristáll [min] lat. *krýstallos* Eis, Bergkristall.

Kristallographie [min: Lehre von den chem. und physik. Eigenschaften der Kristalle] gr. *krýstallos* Eis, Bergkristall, *gráphein* beschreiben.

Kristalloíd [chem: kristallisierbare Substanz] gr. *krístallos* Eis-Kristall, *eídos* Gestalt.

kryogén [geol: durch Gletschereis zusammengetragen (z. B. Moränen)] gr. *krýos* Frost, Eis, *génesis* Entstehung.

Kryolíth [min: $3NaF.AlF_3$, Eisstein] gr. *krýos* Eis, Reif, *líthos* Stein (weil leicht schmelzbar).

Krýpten [an: Einsenkungen in der Schleimhaut] gr. *kryptós* verborgen.

kryptodónt [zool, pal: Muschelschloß mit winzigen Zahnkerben] gr. *kryptós* verborgen, *odús*, Gen. *odóntos* Zahn.

Kryptogámen [bot: Sporenpflanzen] gr. *kryptós* verborgen (ohne Blüte), *gameín* heiraten, übertr. blühen.

kryptoklástisch [min: aus ganz winzigen Bruchstücken bestehend] gr. *kryptós* verborgen, *klastós* zerbrochen.

kryptomér [geol: Gestein, dessen Bestandteile mit bloßem Auge nicht erkennbar sind] gr. *kryptós* verborgen, *méros* Teil.

kryptozóisch [geol: = archäozoisch] gr. *kryptós* verborgen, *zōon* Lebewesen.

Ktenoíd- [zool: Kamm-] gr. *kteís*, Gen. *ktenós* Kamm, *eídos* Form.

kúbisch [math: würfelförmig] lat. *cúbus* Würfel.

Kulminatión [astr: höchster und tiefster Stand der Gestirne bei ihrer scheinbaren täglichen Bewegung] von lat. *cúlmen*, Gen. *cúlminis* Gipfel.

Kúmulus [geog: Haufenwolke] lat. *cúmulus* Haufen.

Kúpula [bot: Becher der Eichel und Buchecker] lat. *cúpula* Tönnchen.

Kuvétte [chem: Glastrog] franz. *cuvétte* kleiner Trog.

Kymográphion [med: Aufzeichnung der Pulswelle] gr. *kýma* Welle, *gráphein* zeichnen.

Kynologíe [zool: Lehre vom Hunde und seiner Zucht] gr. *kýōn*, Gen. *kynós* Hund, *lógos* Lehre.

Kyphósis [med: Verkrümmung, Buckelbildung] von gr. *kyphós* gekrümmt.

L

Labéllum [bot: Honiglippe] lat. verkl. von *lábium* Lippe.

Lábia [an: Lippen] lat. *lábium*, Mehrz. *lábia* Lippe.

labíl [phys: unbeständig] von lat. *lábi* gleiten.

Lábium [zool: Unterlippe der Insekten] lat. *lábium* Lippe.

Lábridae [zool: Fam. der *Písces*, Lippfische] lat. *lábrum* Lippe.

Lábrum [zool: Oberlippe der Insekten] lat. *lábrum* Lippe.

Labyrínthodon [pal: Gttg. der *Stegocéphali*] gr. *labýrinthos* Labyrinth, *odús*, Gen. *odóntos* Zahn (Zahnschmelz vielfach gefaltet).

Lacerátio [med: Zerreißung] von lat. *laceráre* zerreißen.

Lacérta [zool: Gttg. der *Reptília*] lat. *lacérta* Eidechse.

laciniát us, -a, -um [bot] lat. mit Zipfeln (lat. *lacínia*) versehen, zerschlitzt.

Lacrimále [an: Tränenbein] von lat. *lacríma* Träne.

lácrimans [bot] lat. weinend, übertr. tröpfelnd.

Lactágoga (*remédia*) [pharm: Milchabsonderung befördernde Mittel] lat. *lac*, Gen. *láctis* Milch, gr. *agōgós* herbeiführend.

lactári us, -a, -um [bot] lat. Milchsaft (lat. *lac*, Gen. *láctis*) enthaltend.

lácte us, -a, -um [bot, zool] lat. milchweiß.

lactífer us, -a, -um [an: Milchführend] von lat. *lac*, Gen. *láctis* Milch, *férre* führen.

Lactúca [bot: Salat, Lattich] von lat. *lac*, Gen. *láctis* Milch.

lacústr is, -e [bot, zool] lat. im See lebend, von lat. *lácus* See.

Laésio [med: Verletzung] lat. von *laédere* verletzen.

laevigát us, -a, -um [bot, pal] lat. geglättet.

laévipes [zool: behende, leichtfüßig] lat. *laévis* leicht, *pes* Fuß.

laév is, e [bot, zool, pal] lat. glatt.

Lagéna [zool, pal. Gttg. der *Foraminífera*, an: Blindsack am Ohrlabyrinth des Menschen] lat. *lagoéna* Flasche mit langem Hals (Form).

Lagochilíe [med: Hasenscharte] gr. *lagṓs* Hase, *cheílos* Lippe.

Lagomórpha [zool: U.Ordn. der *Rodéntia*, Hasenartige] gr. *lagṓs* Hase, *morphḗ* Gestalt.

Lágopus [zool: Gttg. der *Áves*, Schneehuhn] gr. *lagṓs* Hase, *pús* Fuß (Fuß dicht befiedert).

Lágothrix [zool: Gttg. Wollaffe] gr. *lagṓs* Hase, *thríx* Haar (dichtes Haarkleid).

Lagúne [geog: Haff] ital. *lagúna*, von lat. *lácus* See.

Lakkolíth [geol: in der Erde steckender Eruptivverguß] gr. *lákkos* Grube, *líthos* Stein (sog. „Zisternenstein").

Lákmus [chem: pflanzlicher Farbstoff] von lat. *lácca músci* Moossaft.

Laktatión [biol: Milchabsonderung] von lat. *lac*, Gen. *láctis* Milch.

Lakúne [an: Gewebslücke] lat. *lacúna* Vertiefung.

Lalophobíe [psych: Sprechscheu der Stotterer] gr. *laleín* reden, *phóbos* Furcht.

Lamélle [an: dünnes Gewebselement, phys: dünne Scheibe] lat. *laméլla* dünne Scheibe.

Lamellibranchiáta [zool, pal: Kl. der *Mollúsca*, Muscheln] lat. *laméլla* kleine Falte, gr. *bránchia* Kieme.

Lamellicórnia [zool: Blatthornkäfer] lat. *laméլla* dünnes Blatt, *córnu* Horn (Ende der Fühler fächerartig ausbreitbar).

Lámina [bot: Blattspreite, an: dünne Platte, Gewebsschicht] lat. *lámina* Platte, Blatt.

Laminária [bot: Riementang] lat. *lámina* Handspreite.

Lámium [bot: Taubnessel] latin. aus gr. *lámos* Schlund (Blütenform).

Lamprídidae [zool: Fam. der *Písces*, Glanzfische] latin. aus gr. *lamprós* glänzend.

lamprocárp us, -a, -um [bot] latin. aus gr. *lamprós* glänzend, *karpós* Frucht.

Lampronéssa [zool: Brautente] gr. *lamprós* glänzend, *néssa* Ente (sehr schönes, „bräutliches" Gefieder).

Lamprophýr [geol: wegen seines Glimmergehaltes glänzendes Gestein] gr. *lamprós* glänzend, *phýrein* besprengen.

lamprospérm us, -a, -um [bot] latin. aus gr. *lamprós* glänzend, *spérma* Same.

Lampýris [zool: Leuchtkäfer] gr. *lampyrís*, von gr. *lámpein* leuchten.

lanát us, -a, -um [bot] lat. mit Wolle (lat. *lána*) versehen, wollhaarig.

lanceolát us, -a, -um [bot, zool] lat. lanzettförmig, von lat. *lancéola* die kleine Lanze.

Laniidae [zool: Fam. der Vögel, Würger] von lat. *laniáre* zerfleischen.

lanós us, -a, -um [zool] lat. wollig.

lanuginós us, -a, -um [bot] lat. mit Flaum (lat. *lanúgo*) versehen, zottig.

Lanúgo [an: Wollhaar des Fetus] lat. Wollhaar, von lat. *lána* Wolle.

Laparocéle [med: Bauchbruch] gr. *lapára* Bauch, von *laparós* weich, *kélē* Bruch.

Lapílli [geol: bei Eruptionen ausgeworfene Steine] ital. *lapíllo* Mehrz. *lapílli* Stein, von lat. *lápis* Stein.

Lápis [an, pharm] lat. *lápis* Stein.

Láppa [bot: Gttg. Klette] lat. *láppa* Klette.

Larifórmes [zool: Möwenvögel] lat. *lárus* Möve, *-fórmis* -förmig.

Lárix [bot: Gttg. Lärche] lat. *lárix* Lärche.

Lárve [zool: Jugendform von Tieren mit Metamorphose] lat. *lárva* Maske.

Larvifórmia [pal: Ordn. der *Crinoidéa*] lat. *lárva* Maske, übertr. Larve, *fórma* Gestalt (wegen ihres primitiven Baues).

Laryngektomíe [med: operative Entfernung des Kehlkopfes] gr. *lárynx*, Gen. *larýngos* Kehlkopf, *ek* aus, *tomḗ* Schnitt.

Laryngostomíe [med: Anlegung einer Kehlkopffistel] gr. *lárynx*, Gen. *larýngos* Kehlkopf, *stóma* Mündung.

Lárynx [an: Kehlkopf] gr. *lárynx* Kehlkopf.

Lasiagróstis [bot: Rauhgras] lat. *lásius* rauh, *Agróstis* von lat. *áger*, auf dem Acker lebend.

lási us, -a, -um [bot, zool] lat. rauh, wollig, zottig.

latént [phys, biol] lat. *laténs*, Gen. *laténtis* verborgen.

laterál [an, bot, zool: seitlich] lat. *laterális* seitlich, von lat. *látus*, Gen. *láteris* Seite.

Laterít [geol: Verwitterungsgestein heißer Gegenden] lat. *láter*, Gen. *láteris* Ziegelstein (wegen der ziegelroten Färbung).

Lathraéa [bot: Schuppenwurz] latin. aus gr. *lathraíos* verborgen (Stengel unterirdisch kriechend).

laticaúd us, -a, -um [zool: breitschwänzig] lat. *látus* breit, *caúda* Schwanz.

latifóli us, -a, -um [bot: breitblätterig] lat. *látus* breit, *fólium* Blatt.

latíssim -us, -a, -um [bot, zool] lat. sehr breit.

lát us, -a, -um [bot, zool] lat. breit.

Latwerge [pharm: leichtes Abführmitte] mittel at. *lactuárium* Arznei, die man im Munde zergehen läßt.

Láva [geol: Magmabrei der Vulkane] von lat. *laváre* waschen, überschwemmen.

Lavándula [bot: Gttg. Lavendel] von lat. *laváre* waschen (Zusatz zu Bädern].

Lävulóse [chem: linksdrehender Zucker, $C_6H_{12}O_6$] von lat. *laévus* links.

Lawíne [geol: plötzlich niedergehende Schneemasse] mittellat. *labína*, von lat. *lábi* hinabgleiten.

Laxántia (remédia) [pharm: Abführmittel] von lat. *laxáre* erleichtern, öffnen.

láx us, -a, -um [bot] lat. schlaff, locker.

Léda [pal: Gttg. der *Lamellibranchiáta*] lat. *Léda* römische Göttin.

Lédum [bot: Gttg. Porst] gr. *lédos* Wollstoff (filzige Blätter).

Lége ártis [pharm: nach Vorschrift der Arzneiverordnungslehre] lat. *lége* nach dem Gesetz, *ártis* der Kunst.

Legénde [geog: Erklärung der Signaturen einer Karte] lat. *legénd us, -a, -um* was gelesen werden muß.

Legíerung [chem: durch Zusammenschmelzen gewonnenes Metallgemisch] von lat. *ligáre* verbinden.

Leguminósen [bot: Hülsenfrüchtler] lat. *legúmen*, Gen. *legúminis* Hülsenfrucht.

Lemúridae [zool: Fam. der *Prosímii*] lat. *lemúres* Geister der Verstorbenen.

Lens [an: Linse des Auges] lat. *lens*, Gen. *léntis* Linse.

Lentizélle [bot: Korkwarze] lat. *lens*, *léntis* Linse (Form der Öffnung).

lént us, -a, -um [med] lat. langsam, schleichend.

léo [zool] lat. *léo* Löwe.

Leóntodon [bot: Gttg. Löwenzahn] gr. *léōn*, Gen. *léontos* Löwe, *odús*, Gen. *odóntos* Zahn.

Leontopíthecus [zool: Gttg. Löwenäffchen] gr. *léōn*, Gen. *léontos* Löwe, *píthekos* Affe (gelb gefärbt, mähnenförmige Behaarung).

Lepídium [bot: Kresse] lat. Verkl. aus gr. *lēpís*, Gen. *lēpídos* Schuppe.

Lepidodéndron [pal: Gttg. der *Lycopodiacéae*] gr. *lepís*, Gen. *lepídos* Schuppe, *déndron* Baum („Schuppenbaum").

Lepidolíth [min: schuppiger Lithionglimmer] gr. *lepís*, Gen. *lepídos* Schuppe, *líthos* Stein.

Lepidophýta [pal: Fam. der *Lycopodiacéae*] gr. *lepís*, Gen. *lepídos* Schuppe, *phýton* Gewächs („Schuppenbäume").

Lepidóptera [zool: Ordn. der *Insécta*, Schmetterlinge] gr. *lepís*, Gen. *lepídos* Schuppe, *ptéron* Flügel.

Lepidosaúria [zool: U.Kl. der *Reptília* Schuppenechsen] gr. *lepís*, Gen. *lepídos* Schuppe, *saúros* Echse.

Lepidosirénidae [zool: Fam. der *Dípnoi*, Schuppenmolche] latin. aus gr. *lepís*, Gen. *lepídos* Schuppe, *seirḗn* Molch.

Lepidóstëi [pal: U.Ordn. der *Ganoidéi*] gr. *lepís*, Gen. *lepídos* Schuppe, *ósteon* Knochen (Flossen mit Knochenplättchen).

Lépra [med: Aussatz] gr. *lépra*, von gr. *leprós* schuppig, schorfig.

Leptaéna [pal: Gttg. der *Brachiópoda*] gr. *leptós* zart (Schale fein gestreift).

Leptinotársa [zool: Gttg. der Käfer, Kartoffelkäfer] gr. *leptós* dünn, *társos* Fuß.

Leptocárdia [zool: = *Acránia*] gr. *leptós* zart, *kardía* Herz (Herz dünn, röhrenförmig).

leptocéphal us, -a, -um [bot: mit dünnem (zartem) Kopf versehen, zool: Larve des Aa's] latin. aus gr. *leptós* dünn, *kephalḗ* Kopf.

leptocläd us, -a, -um [bot: dünnästig] latin. aus gr. *leptós* dünn, *kládos* Zweig.

Leptoméninx [an: weiche Hirn- bzw. Rückenmarkshaut] gr. *leptós* zart, *mḗninx* Hirnhaut.

Leptoplána [zool: Gttg. der *Turbellária*] gr. *leptós* dünn, lat. *plán us*, *-a*, *-um* flach.

Leptúrus [bot: Gttg. der Gräser] gr. *leptós* zart, *urá* Schwanz (feine Ähre).

letál [med: tödlich] lat. *letális*, von lat. *létum* Tod.

Lethargíe [psych: starke Schläfrigkeit, namentlich bei Hypnose] von gr. *lḗthe* Vergessenheit.

leucándr us, -a, -um [bot: mit weißen Staubgefäßen versehen] gr. *leukós* weiß, *anḗr*, Gen. *andrós* Mann, übertr. männliches Geschlechtsorgan.

Leucíscus [zool: Gttg. der *Teleóstei*, Weißfisch] latin. aus gr. *leukós* weiß.

Leucobrýum [bot: Gttg. Weißmoos] gr. *leukós* weiß, *lat. brýum* Moos.

leucocéphal us, -a, -um [bot: mit weißem Kopf versehen] latin. aus gr. *leukós* weiß, *kephalḗ* Kopf.

leucogáster [zool: weißbäuchig] gr. *leukós* weiß, glänzend, *gástēr* Bauch.

Leucónes [zool: Ordn. der *Calcispóngiae*] latin. aus gr. *leukós* leuchtend, weißlich.

leucophaé us, -a, -um [zool: weißleuchtend] latin. aus gr. *leukophaḗs* weißschimmernd.

leukóphthalm us, -a, -um [zool: weißäugig] latin. aus gr. *leukós* weiß, *ophthalmós* Auge.

leucóp us, -a, -um [zool: weißfüßig] latin. aus gr. *leukós* weiß, *pús* Fuß.

Leukämíe [med: „Weißblütigkeit"] gr. *leukós* weiß. *haíma* Blut (krankhafte Vermehrung der weißen Blutkörperchen).

Leukodérma [an: Weißfärbung der Haut infolge Pigmentmangels] gr. *leukós* weiß, *dérma* Haut.

Leukorrhoë [med: Weißfluß] gr. *leukós* weiß, *rhoḗ* Fließen.

Leukozýten [zool, an: weiße Blutkörperchen] gr. *leukós* weiß, *kýtos* Höhlung, Zelle.

Leuzít [min: $KAlSi_2O_6$, weißliche Feldspartart] gr. *leukós* weiß.

Lezithín [chem] gr. *lékithos* Dotter.

Liánen [bot: Schlingpflanzen] von franz. *lier* binden.

Lías [geol: Formationsabteilung] *Lias* engl. Lokalausdruck für tonigkalkiges Gestein der Juraformation.

Libélle [phys: Instrument zur Bestimmung der Wagerechten] lat. *libélla* kleine Wage.

Líbido [psych: geschlechtliche Lust] lat. *líbido* Lust.

Líchen, Mehrz. ***Lichénes*** [bot: Flechte, med: Flechtenkrankheit] latin. aus gr. *leichḗn* Flechte.

Líen [an: Milz] lat.

Ligamént [an: Band, zool, pal: Band der Muschelschale] lat. *ligaméntum* Band.

Ligatúr [med: Abbindung, Unterbindung] lat. *ligatúra* Band, von lat. *ligáre* binden.

Lignín [bot: Holzstoff] lat. *lígnum* Holz.

Lignít [geol: Var. der Braunkohle mit deutlicher Holzstruktur] lat. *lígnum* Holz.

Lígnum [bot, pharm: Holz] lat.

Ligúlidae [zool: Fam. der *Cestódes*, Riemenwürmer] lat. *lígula* Schuhriemen.

Liliiflórae [bot: Liliengewächse] von lat. *lílium* Lilie, *flos*, Gen. *flóris* Blüte.

Líma [zool, pal: Gttg. der *Lamellibranchiáta*] lat *líma* Feile (im Hinblick auf die Streifung).

Límax [zool: Gttg. der *Pulmonáta*] lat. *límax* Nacktschnecke.

Límbus [an, pal: Rand, Saum] lat. *límbus* Saum.

Limícola [zool: Gttg. der *Áves*, Sumpfläufer] lat. *límus* Sumpf, *cólere* bewohnen.

Limnaéa [zool, pal: Gttg. der *Gastrópoda*, Sumpfschnecke] latin. aus gr. *limnaíos* im Sumpfe lebend.

límnisch [zool, geol: im Sumpf lebend, entstanden] von gr. *límnē* Sumpf.

Limnologíe [geog: Seenkunde] gr. *límnē* See, *lógos* Lehre, Kunde.

Limonít [min: $Fe_2O_3 + H_2O$, Wiesenerz] von gr. *leímōn* Wiese.

limóni us, -a, -um [bot] latin. auf der Wiese (gr. *leimṓn*) wachsend.

Limósa [zool: Gttg. der *Aves*, Uferschnepfe] von lat. *límus* Sumpf.

lineál [bot: fadenförmig, linienförmig] von lat. *línea* Faden, Linie.

lineár is, -e [bot, phys] lat. linienstrichförmig.

lineát us, -a, -um [pal, zool] lat. liniiert, gestreift.

Língua [an] lat. *língua* Zunge.

linguifórm is, -e [bot: zungenförmig] lat. *língua* Zunge, *-fórmis* -förmig.

Língula [pal, zool: Gttg. der *Brachiópoda*] lat. *língula* kleine Zunge (Schalenform).

lingulát us, -a, -um [pal] lat. zungenförmig.

Liniméntum [pharm: seifen- oder ölhaltige Salbe] lat. *liniméntum* Schmiere, von lat. *lináre* bestreichen.

Línum [bot: Flachs] latin. aus gr. *línon* Faden.

Líophis [zool: Gttg. der *Ophídia*, Glattschlange] gr. *leíos* glatt, *óphis* Schlange.

Lipóma [med: Fettgeschwulst] von gr. *lipóō* ich bin fett.

Lipothymíe, Lipopsychíe [med: Ohnmacht] gr. *leípein* verlassen, *thymós* Bewußtsein, *psychḗ* Seele.

Líquor [pharm: Flüssigkeit, Lösung] lat. *líquor* Flüssigkeit.

Lithíasis [med: Steinbildung] gr. *lithíasis*, von *líthos* Stein.

Lithistída [pal, zool: Ordn. der *Spóngia*] latin. aus gr. *líthos* Stein (steinartige Kolonien).

Lithodómus [pal, zool: Gttg. der *Lamellibranchiáta*] gr. *líthos* Stein, lat. *dómus* Haus (steinbohrende Muschel).

Lithogenése [geol: Lehre von der Entstehung der Gesteine] gr. *líthos* Stein, *génesis* Entstehung.

Lithokláse [geol: Spalte im Gestein] gr. *líthos* Stein, *klásis* Zerbrechen.

Lithologíe [geol: Gesteinslehre, = Petrographie] gr. *líthos* Stein, *lógos* Kunde, Lehre.

Lithophýse [geol: runder Hohlraum in Eruptivgesteinen] gr. *líthos* Stein, *phýsis* Wachstum, Bildung.

Lithosideríte [min: Eisenmeteorite mit Mineralgehalt] gr. *líthos* Stein, *sidērós* Eisen.

Lithosphäre [geol: der Gesteinsmantel der Erde, Erdkruste] gr. *líthos* Stein, *sphaíra* Kugel.

litorál [biol: Strand-] lat. *litorális* zum Strand gehörig.

litóre us, -a, -um [zool, bot] lat. am Strande lebend.

Litorína [pal. zool: Gttg. der *Gastrópoda*, Strandschnecke] lat. *lítus*, Gen. *lítoris* Strand.

Lituítes [pal: Gttg. der *Nautílidae*] lat. *lítuus* Krummstab (nach der Schalenform).

lívid us, -a, -um [bot] lat. blau, blaugrün, fahl.

lívi us, -a, um [zool] lat. blaugrau.

lobát us, -a, -um [bot] lat. mit Lappen (lat. *lóbus*) versehen, gelappt.

Lobósa (zool: Gruppe der *Rhizópoda*] lat. *lobósus* lappig (Form der Pseudopodien).

Lóbulus [an: Läppchen] lat. verkl. von *lóbus* Lappen.

Lóbus [an: Lappen, pal: der lappenförmig zurückspringende Teil der Sutur an Ammonitenschalen] lat. von gr. *lóbos* Lappen.

Lochía [med: Wochenfluß] latin. aus gr. *locheía*, von gr. *lóchios* zur Geburt gehörig.

Lodículi [bot: Schwellkörper] verkl. von lat. *lódix*, Gen. *lódicis* gewebte Decke.

Logaríthmus [math] gr. *lógos* Wort, übertr. Verhältnis, *arithmós* Zahl.

lógisch [phil: vernunftsgemäß] gr. *lógos* Wort, Lehre, Vernunft.

Logorrhöa [psych: Geschwätzigkeit der Geisteskranken] latin. von gr. *lógos* Rede, *rhoë* Fluß.

Lokomotión [biol: Ortsbewegung] latin. von *lóco movére* vom Orte bewegen.

lokulizíd [bot: in Fächer geteilt] lat. *lóculus* kleiner Ort, *-cídere* schneiden.

longicaúd us, -a -um [zool: langschwänzig] lat. *lóngus* lang, *caúda* Schwanz.

longicóll is, -e [zool: langhalsig] lat. *lóngus* lang, *cóllis* Hals.

longifóli us, -a, -um [bot, pal: langblätterig] lat. *lóngus* lang, *fólium* Blatt.

longipíl is, -e [zool: langhaarig] lat. *lóngus* lang, *pílum* Haar.

longiróstr is, -e [zool: langschnabelig] gr. *lóngus* lang, *róstrum* Schnabel, Schnauze.

lóng us, -a, -um [bot, zool] lat. lang.

Lóphius [zool: Gttg. der *Acanthopterýgii*, Anglerfisch] lat. von gr. *lophía* Mähne (Nackenflosse).

Lophobránchia [zool: U.Ordn. der *Teleóstei*, Büschelkiemer] gr. *lóphos* Schopf, *bránchia* Kieme.

Lophóphorus [zool: Gttg. der *Aves*, Glanzfasan] gr. *lóphos* Schopf, *phóros* Träger.

lophotrích [bot: mit Geißelbüscheln versehen] gr. *lóphos* Haarschopf, *thríx*, Gen. *trichós* Haar.

Loránthus [bot: Gttg. Riemenblume] gr. *lóron* Riemen, *ánthos* Blume (Blumenkronzipfel riemenförmig).

Loricaríidae [zool: Fam. der *Teleóstei*, Harnischwelse] von lat. *lórica* Riemenpanzer (im Hinblick auf die Knochenschilder der Haut).

loricát us, -a, -um [bot] lat. mit einem Panzer (lat. *lórica*) versehen, gepanzert.

Lóxia [zool: Gttg. der *Aves*, Kreuzschnabel] latin. aus gr. *lóxios* krumm.

Loxodróme [geog: alle Meridiane unter gleichem Winkel schneidende Linie] gr. *lóxos* schief, *drómos* Lauf.

Lucánus [zool: Gttg. der *Coleóptera*, Hirschkäfer] lat. *lucánus* Töpfer (im Hinblick auf das feste Gehäuse, in dem sich die Larve verpuppt).

lúcens, lúcid us, -a, -um [bot] lat. leuchtend.

Lucioperca [zool: Gttg. der *Teleóstei*, Zander] lat. *lúcius* Hecht, *pérca* Barsch.

lúcius [zool] lat. Hecht.

Lúes [med: Seuche, spez: Syphilis] lat. *lúes* Seuche, von lat. *Lúa* Sühnegöttin.

Lumbágo [med: Hexenschuß] von lat. *lúmbus* Lende.

Lúmbricus [zool: Gttg. der *Annélides*, Regenwurm] lat.

Lúmen [phys: lichte Weite, Einheit des Lichtstroms] lat. *lúmen* Licht.

Luminiszénz [phys, min: Selbstleuchten nach Bestrahlung mit Röntgen- u. anderen Strahlen] von lat. *lúmen*, Gen. *lúminis* Licht, Leuchten.

Lunária [bot: Mondviole] lat. *lúna* Mond.

Lunárium [astr: Apparat zur Veranschaulichung der Mondbewegung] von lat. *lúna* Laune.

Lunatísmus [psych: Mondsucht] von lat. *lúna* Mond.

lunát us, -a, -um [an, zool] lat. mond(sichel)förmig.

Lunisolárjahr [astr: Zeitrechnung, die Sonnen- und Mondbewegung berücksichtigt] lat. *lúna* Mond, *sol* Sonne.

Lúnula [an: halbmondförmiger weißer Teil des Nagels] lat. verkl. von *lúna:* kleiner Mond.

Lúpus [med: fressende Flechte] lat. *lúpus* Wolf, im Hinblick auf das Weiterfressen.

lúpulus [bot: Gttg. Hopfen] lat. kleiner Wolf (weil schlingend).

lúte us, -a, -um [bot, zool, an] lat. gelb.

Lux [phys: = Meterkerze] lat. *lux* Licht.

Luxátio [med: Verrenkung] von lat. *luxáre* verrenken.

Lúgula [bot: Gttg. Hainbinse] lat. *lúgula* kleines Licht (das Mark diente früher als Lampendocht).

Lycaéna [zool: Gttg. der *Lepidóptera*, Bläuling] gr. *lykaína* Wölfin, Beiname der Göttin *Aphrodite*.

Lýchnis [bot: Lichtnelke] latin. aus gr. *lýchnos* Lampe.

lycócton us, -a, -um [bot: sehr giftig] latin. aus gr. *lykós* Wolf, *kteínein* töten.

Lycopodiacéae [pal, bot: Kl. der *Pteridophýta*, Bärlappgewächse] gr. *lykós* Wolf, *pús*, Gen. *podós* Fuß.

Lycósa [zool: Gttg. der *Arachnoidéa*, Wolfsspinne] gr. *lykós* Wolf.

Lymántria [zool: Gttg. der *Lepidóptera*, Nonne] gr. *lymantḗr* Verderben bringend (Schädling!).

Lýmphe [an: Gewebsflüssigkeit, med: Impfflüssigkeit] lat. *lýmpha* Wasser, Saft.

Lýnx [zool: Gttg. der *Carnívora*, Luchs] gr. *lýnx* Luchs.

Lypemaníe [psych: Verstimmung] gr. *lýpē* Traurigkeit, *manía* Wahn.

lysigén [an, bot: durch Auflösung entstanden] gr. *lýsis* Lösung, *génesis* Entstehung.

Lýssa [med: Tollwut] gr. *lýssa* Wut.

Lythrum [bot: Weiderich] gr. *lýthron* Blut (blutrote Blüten).

Lytóceras [pal: Gttg. der *Ammonoidéa*] gr. *lytós* aufgelöst, *kéras* Horn (Schalenwindungen breit).

Lýtta [zool: Gttg. der *Insécta*, Spanische Fliege] gr. *lýtta* Tollwut (das Kantharidin der Spanischen Fliege ruft Tollwut hervor).

M

Mäánder [geog, geol: Flußwindung] gr. *Maíandros*, lat *Maeánder* vielgewundener Fluß in Kleinasien.

Machaírodus [pal: Gttg. der *Carnívora*, Säbeltiger] gr. *máchaira* Schlachtmesser, *odús* Zahn (gewaltige Reißzähne).

Machétes [zool: Gttg. der *Aves*, Kampfläufer] gr. *machétēs* Kämpfer.

Mácies [an: Magerkeit] lat.

macrocárp us, -a, -um [bot: großfrüchtig] latin. aus gr. *makrós* groß, *karpós* Frucht.

Macrocephalítes [pal: Gttg. der *Ammonoidéa*] latin. aus gr. *makrós* groß, *kephalḗ* Kopf.

Macrocýstis [bot: Gttg. der *Algae*, Blasenblattang] gr. *makrós* groß, *kýstis* Blase.

Mácrodon [pal: Gttg. der *Brachiópoda*] gr. *makrós* groß, *odús*, Gen. *odóntos* Zahn.

Macrolepidóptera [zool. = Großschmetterlinge] gr. *makrós* groß, *lepís* Schuppe, *ptéron* Flügel.

macrophyll us, -a, -um [bot: großblätterig] latin. aus gr. *makrós* groß, *phýllon* Blatt.

Macropódidae [zool: Fam. der *Marsupiália*, Känguruhs] gr. *makrós* lang, *pús*, Gen. *podós* Fuß.

Macrorhínus [zool: Gttg. der *Cetacéa*, Seeelefant] gr. *makrós* groß, *rhís*, Gen. *rhinós* Nase (Nase rüsselartig).

macrorhíz us, -a, -um [bot: lang-, großwurzelig] latin. aus gr. *makrós* groß, *rhíza* Wurzel.

Macroscaphítes [pal: Gttg. der *Ammonoidéa*] latin. aus gr. *makrós* groß, *skáphos* Kahn (letzter Umgang kahnförmig aufgebogen).

macrospérm us, -a, -um [bot: großsamig] latin. aus gr. *makrós* groß, *spérma* Same.

Macrúra [zool: U.Ordn. der *Decápoda*] gr. *makrós* groß, *urá* Schwanz (Schwanz groß und nicht umgeschlagen).

Mácula [an: Fleck] lat.

maculát us, -a, um; maculós us, -a, -um [bot, zool] lat. mit Flecken (lat. *mácula*) versehen, fleckig.

Magíe [psych: Zauberei] lat. *mágicus* zauberhaft.

Mágma [min: Schmelzfluß des Gesteins im Erdinnern] gr. *mágma* geknetete Masse, „Gesteinsbrei".

Magnesium [chem: Element *Mg*] nach der Stadt Magnesia.

Magnetít [min: $FeO.Fe_2O_3$] gr. *Magnḗtēs* Magnetstein nach *Magnesia*, Stadt in Kleinasien.

mágn us, -a -um [an, bot, zool] lat. groß.

Maiánthemum [bot: Gttg. Schattenblume] latin. aus gr. *ánthemon* Blume (im Mai blühend).

Makrobióse [biol: Langlebigkeit] gr. *makrós* groß, *bíos* Leben.

Makrocheilíe [an: Rüssellippe] gr. *makrós* groß, *cheílos* Lippe.

Makrocheiríe [an: abnorme Handgröße] gr. *makrós* groß, *cheír*, Gen. *cheirós* Hand.

Makrodaktylíe [an: Riesenfinger, bzw. -zehen] gr. *makrós* groß, *dáktylos* Finger.

Makrogamét [zool: weibliche Befruchtungszelle der *Sporozóa*] gr. *makrós* groß, *gamétēs* Gatte.

Makrokephalíe [an: abnorme Schädelgröße] gr. *makrós* groß, *kephalḗ* Kopf.

makroklástisch [min: aus großen Trümmerstücken bestehend] gr. *makrós* groß, *klastós* zerbrochen.

Makropodíe [an: abnorme Fußgröße] gr. *makrós* groß, *pús*, Gen. *podós* Fuß.

makroseísmisch [geol: starkes Erdbeben] gr. *makrós* groß, *seismós* Beben.

makroskópisch [an, biol: mit bloßem Auge sichtbar] gr. *makrós* groß, *skopeín* blicken.

Makrosomíe [an: Riesenwuchs] gr. *makrós* groß, *sõma* Körper.

Mála [an] lat. Wange.

Malachít [min: $CuCO_3.Cu(OH)_2$] gr. *maláchē* Malve (nach der grünen Farbe).

Malác(h)ium [bot: Gttg. Weichkraut] gr. *malakós* weich (weiche Stengel).

Malacodérmata [zool: Ordn. der *Hexacorálla*, Seerosen] gr. *malakós* weich, *dérma*, Gen. *dérmatos* Haut (ohne Skelett).

Malacóptera [zool: Abt. der *Teleóstei*, Weichflosser] gr. *malakós* weich, *ptéron* Flosse.

Malacóstraca [zool: U.Ordn. der *Crustacéa*] gr. *malakós* weich, *óstrakon* Schale (Bezeichnung des Aristoteles im Gegensatz zu den hartschaligen Mollusken).

Malacozóa [zool: = Weichtiere] gr. *malakós* weich, *zõon* Tier.

malakogám, malakophíl [bot: durch Weichtiere (Schnecken) bestäubt] gr. *malakós* weich, übertr. Weichtier, *gámos* Ehe; *phílos* Freund.

Malapterúrus [zool: Gttg. der *Malacóptera*, Zitterwels] gr. *mála* sehr stark, *ptéron* Flosse, *urá* Schwanz (große Schwanzflosse).

Malária [med: Sumpffieber] ital. *malaria* böse Luft.

malígn us, -a, -um [bot, med] lat. bösartig.

Málleus [an: Hammer der Gehörknöchel] lat. Hammer.

Mallóphaga [zool: Ordn. der *Insécta*, Haarlinge] gr. *mallós* Wolle, *phagéin* fressen.

Malm [geol: Formationsabteilung] *Malm* engl. Steinbrecherausdruck für hellen Kalk der Juraformation.

Maltóse [chem: Malzzucker] lat. *máltum* Malz, von gr. *méldein* erweichen.

Mamílla [an: Brustwarze] lat. *mamílla* Warze.

Mamillária [bot: Warzenkaktus] lat. *mamílla* Warze.

mamillós us, -a, -um [bot] lat. mit Warzen bedeckt.

Mámma [an: Brustdrüse] lat. *mámma* Zitze.

Mammália [zool: Kl. der *Vertebráta*, Säugetiere] lat. *mámma* Zitze.

Mandíbula [an] lat. *mandíbula* Unterkiefer.

Mangán [chem: Element *Mn*] *Mangan* verderbt aus *Magnet* (die Griechen sahen den Braunstein als weibliche Abart des Magnetsteins an).

***Manía,* Maníe** [med: Tobsucht] gr. *manía* Wahnsinn.

Manifestatión [phil, psych: Sichtbarmachung, Offenbarung] lat. *manifestáre* sichtbar machen.

Manilúvium [med: Handbad] von lat. *mánus* Hand, *lúere* waschen.

Manométer [phys: Instrument zur Messung des Drucks] gr. *manós* dünn, *métron* Maß.

Mántik [psych: Wahrsagekunst] gr. *mantikē* (*téchnē*) Wahrsagekunst.

Mántis [zool: Gttg. der *Orthóptera*, Gottesanbeterin] gr. *mántis* Wahrsagerin.

Manúbrium [zool: Magen der Medusen] lat. *manúbrium* Handgriff (Form des Magens).

Manufákt [geol: = Artefakt] lat. *mánu* mit der Hand, *fáctus* gemacht, hergestellt.

Mánus [an] lat. *mánus* Hand.

Marásmus [med: allgemeiner Kräfteverfall] gr. *marasmós*, von gr. *maraínein* verwelken.

Mareográph [geog: Flutmesser] lat. *máre* Meer, *gráphein* schreiben.

Margaritána [zool: Gttg. der *Lamellibranchiáta*, Perlmuschel] latin. aus gr. *margarítēs* Perle.

margaritát us, -a, -um [pal] lat. mit Perlen oder perlähnlichen Verzierungen versehen.

marginát us, -a, -um [pal, zool, bot] lat. mit Rand (lat. *márgo*, Gen. *márginis*) versehen.

Márgo [an] lat. *márgo*, Gen. *márginis* Rand.

marín [geog: zum Meer gehörig, bot, zool: im Meer lebend] lat. *marínus* zum Meer gehörig, von lat. *máre* Meer.

Markasít [min: FeS_2] alchimistisch *markasítae* Schwefelverbindungen, von arab. markâschîtsâ Feuerstein.

Mármor [geol: kristalline Var. des Kalkes] gr. *mármaros* Felsblock, Marmor.

Marmóta [zool: Gttg. der *Rodéntia*, Murmeltier] latin. aus ital. *marmótto* Murmeltier.

Marsupiália [zool, pal: Fam. der *Mammália*, Beuteltiere] von lat. *marsúpium* Beutel.

máscul us, -a, um [bot] lat. männlich.

Masséter [an: Kaumuskel] latin. von gr. *massásthai* kauen.

Masticátio [biol: Kauen] von lat. *masticáre* kauen.

Mastítis [med: Brustdrüsenentzündung] von gr. *mastós* Brustdrüse.

Mástodon [pal: Gttg. der *Proboscídea*] gr. *mastós* Zitze, *odús*, Gen. *odóntos* Zahn (Form der Zähne).

Masturbatión [psych: Selbstbefriedigung] lat. *masturbátio*, von lat. *mánus* Hand, *stupráre* schänden.

máter [an: Mutterschicht] lat. *máter* Mutter.

Matérie [phil: ungeformter Stoff] lat. *matéria* Stoff.

Materialisatión [psych: Verstofflichung] von lat. *matéria* Stoff.

Mathematik gr. *mathēmatikós* zur Mathematik (gr. *mathḗmata*, eigtl. die Wissenschaften) gehörig.

Matricária [bot: Kamille] von lat. *mátrix*, Gen. *mátricis* Gebärmutter (bei Frauenleiden gebraucht).

Mátrix [an: Ursprung] lat. *mátrix* Mutterboden.

Maxílla [an] lat. *maxílla* Oberkiefer, Adj. *maxillár is, -e.*

Máximum [phil, math: Höchstwert] lat. *máxim us, -a, -um* größte.

máxim us, -a, -um [bot, zool] lat. sehr groß.

Mazeratión [an: Gewebsauflösung] von lat. *maceráre* erweichen.

M. d. s. [pharm] lat. *Mísce, da, sígne* Mische, verabfolge, signiere (Angabe auf Rezepten für Mischungen).

Meátus [an: Gang] lat. *meátus* Gang, von lat. *meáre* gehen.

Mechánik [phys, Lehre von den Gesetzen des Gleichgewichts und der Bewegung] gr. *mēchanikḗ* (*téchnē*) die Maschinenkunst.

mediál [zool, an: in der Mittelebene gelegen] lat. *médius* mittlere.

Médium [phys: Mittel] lat. *médium* das mittlere.

médi us, -a, -um [an, bot, zool] lat. mittlere, in der Mitte gelegen.

Medúlla [an, zool: Mark] lat. *medúlla* Mark, von lat. *médius* mittlere.

Megalobátrachus [zool: Gttg. der *Amphíbia*, Riesensalamander] gr. *mégas*, Gen. *megálos* groß, *bátrachos* Frosch.

Megaloblásten [an: Riesenblutkörperchen] gr. *mégas*, Gen. *megálos* groß, *blastós* Keim.

Megálodus [pal: Gttg. der *Lamellibranchiáta* mit großen Schloßzähnen] gr. *mégas*, Gen. *mégalos* groß, *odús* Zahn.

Megalomaníe [psych: Größenwahn] gr. *mégas*, Gen. *megálos* groß, *manía* Wahn.

Megapódidae [zool: Fam. der *Aves*, Großfußhühner] gr. *mégas* groß, *pús*, Gen. *podós* Fuß.

Megaspóre [bot: Großspore] gr. *mégas* groß, *sporá* Saat.

Megathérium [pal: Gttg. der *Edentáta*, Riesenfaultier] gr. *mégas* groß, *thēríon* Tier.

Mekonísmus [med: Opiumvergiftung] latin. aus gr. *mḗkōn* Mohn.

Mekónium [biol: Kindspech, pharm: Opium] latin. aus gr. *mḗkōn* Mohn (Ähnlichkeit des Kindspech mit Mohnsaft?)

Melámpyrum [bot: Gttg. Wachtelweizen] gr. *mélas* schwarz, *pyrós* Weizen.

Melancholíe [psych: trübe Seelenstimmung] gr. *mélas* schwarz, *chólos* Galle.

Melanín [an: dunkler Farbstoff] gr. *mélas* schwarz.

melanocárp us, -a, -um [bot. schwarzfrüchtig] latin. aus gr. *mélas* schwarz, *karpós* Frucht.

melanoleúc us, -a, -um [zool: schwarzweiß] latin. aus gr. *mélas*, Gen. *mélanos* schwarz, *leukós* weiß.

melanótis [zool: schwarzohrig] latin. aus gr. *mélas* schwarz, *ús*, Gen. *ōtós* Ohr.

Melaphýr [min: dunkles porphyrisches Eruptivgestein] gr. *mélas* schwarz, *phýrein* besprengen.

Meleágris [zool: Gttg. der *Aves*, Truthuhn] gr. *Meléagros* sagenhafter Argonaute, dessen Schwestern in Perlhühner verwandelt wurden.

melífic us, -a, -um [zool: honigbereitend] lat. *mel*, Gen. *mélis* Honig, *fácere* machen.

Melilíth [min: honiggelbe Var. des Feldspats] gr. *méli* Honig, *líthos* Stein.

Melilótus [bot: Gttg. Honigklee] lat. *melilōtos*, gr. *melílōtos* süßer Steinklee.

Melíssa [bot: Zitronenkraut] gr. *melíssa* Biene (von Bienen besucht).

Melithämíe [med: Auftreten von Zucker im Blute) gr. *méli*, Gen. *mélitos* Honig, *haíma* Blut.

Membrána [an: dünne Haut] lat. *membrána* zarte Haut.

Mémbrum [an] lat. *mémbrum* Glied.

Menárche [biol: Beginn der Menstruation] gr. *mḗn* Monat, *archḗ* Beginn, Anfang.

Meningítis [med: Hirnhautentzündung] gr. *mēninx*, Gen. *mēníngos* Haut, bes. Hirnhaut.

Meniskus [phys: gekrümmte Oberfläche] gr. *méniskos* kleiner Mond.

Mennige [chem: Bleioxyd] lat. *mínium* Bergzinnober.

Menopaúse [med: Wechseljahre] gr. *mḗn* Monat, *paúen* aufhören lassen.

Menorrhoë [biol: Menstruation] gr. *mḗn* Monat, *rhoḗ* Fließen.

Menostáse [med: Ausbleiben der Monatsblutung] gr. *mḗn* Monat, *stásis* Stillstand.

Ménses, Menstruátio [biol: Monatsfluß] lat. *ménses* Monate, *ménstruus* monatlich.

Mensúr [chem: Meßzylinder] lat. *mensúra* Maß.

Menurifórmes [zool: Abt. der Vögel, Leierschwänze] gr. *mḗn* Mond, *urá* Schwanz, lat. *-fórmis* -förmig (Schwanz mondsichelförmig).

mentál is, -e [an] lat. zum Kinn gehörig.

Mentalität [psych: Geisteszustand] von lat. *mens*, Gen. *méntis* Geist.

Méntha [bot: Gttg. Minze] lat. *méntha*, gr. *mínthē* „Minze".

Méntum [an] lat. Kinn.

Mephítis [zool: Gttg. der *Carnívora*, Stinktier] lat. *mephítis* schädliche Ausdünstung.

Mercúrius [pharm] lat. alchimistisch = Quecksilber.

Meridián [geog: Mittagskreis] lat. *merídies* Mittag.

Merikárp [bot: Teilfrucht] gr. *méros* Teil, *karpós* Frucht.

Meristém [bot: Teilungsgewebe] von gr. *merízein* teilen.

Merkaptáne [chem: schwefelhaltige organ. Verbindungen] lat. *mercúrius* alchimistisch = Quecksilber, *captáre* fassen.

meroblástisch [zool: heißen Eier, deren Inhalt nur teilweise an der Furchung teilnimmt] gr. *méros* Teil, *blastós* Keim.

Merozoít [zool: bei der Zerfallsteilung von *Plasmódium* entstehender Keim] gr. *méros* Teil, *zṓon* Tier.

Mérula [zool: Gttg. der *Aves*, Amsel] lat.

Mésas [geog: Tafelberge] lat. *mésa* Tisch, Tafel.

Mesembriánthemum [bot: Gttg. Mittagsblume] gr. *mesembría* Mittag, *ánthemon* Blume (Blüten werden am Mittag entfaltet).

Mesencéphalon [an: Mittelhirn] gr. *mésos* mittlere, *enképhalos* Gehirn, von gr. *en*, im, *kephalḗ* Kopf.

Mesentérium [an: Gekröse] gr. *mésos* mittlere, *énteron* Eingeweide.

Mesodérm [an: mittleres Keimblatt] gr. *mésos* mittlere, *dérma* Haut.

Mesohíppus [pal: Vorfahr des Pferdes] gr. *mésos* mittlere, *híppos* Pferd.

Mesokárp [bot: Mittelschicht der Fruchtschale] gr. *mésos* mittlere, *karpós* Frucht.

Mesolíthikum, Mesozóikum [geol. Formationsgruppe, umfassend Trias, Jura, Kreide] gr. *mésos* mittlere, *líthos* Gestein, *zṓon* Lebewesen („Mittelalter" der Erdgeschichte).

Mesophyll [bot: Grundgewebe des Blattes] gr. *mésos* mittlere, *phýllon* Blatt.

Mesóphryon [an: Zwischenraum zwischen den Augenbrauen] gr. *mésos* in der Mitte gelegen, *ophrýs* Augenbraue.

Mesothórax [zool: Mittelbruststück der Insekten] gr. *mésos* mittlere, *thṓrax* Brustpanzer.

Mesozóa [zool: angebliche Zwischenformen zwischen *Protozoa* und *Metazoa*] gr. *mésos* mittlere, *zṓa* Lebewesen.

Mesozóikum s. Mesolíthikum.

Messing [chem: Legierung aus Kupfer und Zink] gr. (Aristoteles) Volk der Messinöken, die eine Kupferlegierung herstellten.

Mestóm [bot: Gefäßbündel] gr. *mestós* angefüllt (mit Säften).

metaból [zool: veränderlich gr. *metabolḗ* Veränderung.

Metacárpus [an: Mittelhand] gr. *metá* nach, *karpós* Handwurzel.

Metagénesis [biol: Generationswechsel zwischen geschlechtlichen und ungeschlechtlichen Generationen] gr. *metá* nach, *génesis* Erzeugung.

Metamorphósa [biol: Verwandlung] gr. *metamórphōsis* Umwandlung.

Metanéphros [an: Dauerniere] gr. *metá* nach, *néphros* Niere.

Metapháse [biol: Stadium der Kernteilung] gr. *metá* zwischen, *phásis* Erscheinung.

Metaplasíe [biol: Umwandlung eines Gewebes] von gr. *metaplássein* umwandeln, umbilden.

Metasomatóse [geol: Umwandlung (einer Lagerstätte)] von gr. *metá* nach, *sōma* Körper.

Metathórax [zool: Hinterbruststück der Insekten] gr. *metá* nach, *thōrax* Brustpanzer.

Metatropísmus [psych: Umkehr des Geschlechtsempfindens] gr. *metá* soviel wie Veränderung, *trópos* Wendung.

Metazóa [zool: Vielzeller] gr. *metá* nach (den Einzellern), *zōon* Tier.

Metazöl [zool: bleibende Leibeshöhle] gr. *metá* nach, *koilós* hohl.

Meteorít [astr: kleine Himmelskörper, die als Sternschnuppen auf die Erde fallen] gr. *meteōros* in der Höhe befindlich, Plural: *meteōra* übertr. Himmelserscheinungen.

Meteorologíe [phys, geog: Wetterkunde] gr. *meteōron* Lufterscheinung, *lógos* Lehre.

Méter [phys: Einheit der Länge] gr. *métron* Maß.

Methóde [phil: planmäßiges Verfahren] gr. *méthodos* Lehrgang, von gr. *metá* mit, nach, *hodós* Weg.

Metrítis [med: Entzündung der Gebärmutter] latin. aus gr. *mētra* Gebärmutter.

Metrologíe [phys, geog: Meßkunde] gr. *métron* Maß, *lógos* Lehre.

Metronóm [phys: Taktmesser] gr. *métron* Maß, *nómos* Gesetz.

M. F. [pharm] lat. *Misce*, *Fiat* Mische, es werde (z. B. im Pulver). Angabe auf Rezepten.

Miásma [med: Ansteckungsstoff] gr. *míasma* Ansteckung.

micránthes, micránth us, -a, -um [bot: kleinblütig] latin. aus gr. *mikrós* klein, *ánthos* Blume.

Micráster [pal: Gttg. der *Echinoidéa*] gr. *mikrós* klein, *astēr* Stern.

Micrastérias [bot: Gttg. der Algen] gr. *mikrós* klein, *astēr* Stern.

Microcála [bot: Fadenenzian] gr. *mikrós* klein, *kalós* schön.

microcárp us, -a, -um [bot: kleinfrüchtig] gr. *mikrós* klein, *karpós* Frucht.

Microchiróptera [zool: = Kleinfledermäuse] gr. *mikrós* klein, *cheír*, Gen. *cheirós* Hand, *ptéron* Flügel.

Micrmicróccus [bot: Kugelbakterie] gr. *mikrós* klein, *kókkos* Kern.

Microlepidóptera [zool. = Kleinschmetterlinge] gr. *mikrós* klein, *lepís*, Gen. *lepídos* Schuppe, *ptéron* Flügel.

Microléstes [pal: Gttg. der *Mammália*] gr. *mikrós* klein, *lēstēs* Räuber.

microphýll us, -a, -um [bot: kleinblätterig] latin. aus gr. *mikrós* klein, *phýllon* Blatt.

Micropterygia [zool: Fam. der *Lepidóptera*] gr. *mikrós* klein, *ptéryx*, Gen. *ptérygos* Flügel.

microspérm us, -a, -um [bot: kleinsamig] latin. aus gr. *mikrós* klein, *spérma* Same.

Míctio [biol: Harnentleerung] lat. von *míngere* harnen.

mígrans [med: wandernd] von lat. *migráre* wandern.

Mikrenkephalíe [an: abnorme Kleinheit des Gehirns] gr. *mikrós* klein, *enképhalon* Gehirn.

Mikrób(i)en [zool, bot: kleinste Lebewesen] gr. *mikrós* klein, *bíos* Leben.

Mikrodaktylíe [an: angeborene Verkümmerung von Fingern oder Zehen] gr. *mikrós* klein, *dáktylos* Finger, Zehe.

Mikrogamét [zool: männliche Befruchtungszelle der *Sporozóa*] gr. *mikrós* klein, *gamétēs* Gatte (die männliche Geschlechtszelle ist kleiner als die weibliche.)

Mikrokephalíe [an: abnorme Kleinheit des Kopfes] gr. *mikrós* klein, *kephalē* Kopf.

mikroklástisch [geol: aus kleinen Gesteinstrümmern bestehend] gr. *mikrós* klein, *klastós* zerbrochen.

mikrokristallín [min: feinkörnig] gr. *mikrós* klein, *krýstallos* Kristall.

Mikrolíth [min: mikroskopischer Kristall im Gestein] gr. *mikrós* klein, *líthos* Stein.

Mikromelía [an: abnorme Kleinheit der Gliedmaßen] gr. *mikrós* klein, *mélos* Glied.

Mikroméren [zool, an: kleine Furchungszellen] gr. *mikrós* klein, *méros* Teil.

Mikrométer [phys: Instrument zur Messung kleiner Größen] gr. *mikrós* klein, *métron* Maß.

Míkron [phys, biol: $^1/_{1000}$ mm] gr. *mikrón* ein kleines.

Mikronúkleus [zool: Kleinkern] gr. *mikrós* klein, lat. *núcleus* Kern.

Mikrophón [phys: Lautverstärker im Telephon] gr. *mikrós* klein, *phonḗ* Stimme.

Mikrophýten [bot: pflanzliche Mikroben] gr. *mikrós* klein, *phýton* Pflanze.

Mikropýle [zool: Öffnung in der Eihaut zur Aufnahme des Samenfadens] gr. *mikrós* klein, *pýlē* Tür.

mikroseísmisch [geol: schwaches Erdbeben] gr. *mikrós* klein, *seismós* Erdbeben.

Mikroskóp [phys: Instrument zur Untersuchung sehr kleiner Gegenstände] gr. *mikrós* klein, *skopeín* sehen.

Mikrosómen [an, zool: kleinste Körnchen im Protoplasma mancher Zellen] gr. *mikrós* klein, *sṓma* Körper.

Mikrospóren [bot: kleine Sporen] gr. *mikrós* klein, *sporá* Saat.

Mikrotóm [phys, biol: Instrument zur Herstellung dünner Schnitte von Geweben oder Organen] gr. *mikrós* klein, *tomḗ* Schnitt.

Mikrozýsten [bot: kleine blasenförmige Sporen] gr. *mikrós* klein, *kýstis* Blase.

miliacé us, -a, -um lat. hirseähnlich.

Miliária [med: Frieselausschlag] lat. *miliáris* hirseähnlich (Größe der Bläschen).

miliár is, -e [zool] lat. hirsekorngroß.

Milíola [zool: Gttg. der *Foraminífera*] lat. *mílium* Hirsekorn (Größe und Form).

militár is, -e [bot] lat. soldatenähnlich (helmförmige Blüten, oder schwertförmige Blätter).

Mílium [bot: Gttg. Hirse] lat. Hirse.

millefóli us, -a, -um [bot: vielblätterig] lat. *mílle* 1000, *fólium* Blatt.

millegrán us, -a, -um [bot: vielsamig] lat. *mílle* 1000, *gránum* Korn.

Millepóra [zool: Gttg. der *Hydrocorallínae*] lat. *mílle* 1000, unzählige, *pórus* Öffnung.

Mimesíe, Adj.: **mimétisch** [min: Zwilling, der eine höhere Symmetrie vortäuscht] gr. *mimētḗs* Nachahmer.

Miméta [zool: Gttg. der *Aves*, Spötter] gr. *mimētḗs* Nachahmer (ahmt die Laute anderer Vögel nach).

Mímik [psych: Gebärdensprache] gr. *mimikḗ* (*téchnē*) Schauspielerkunst.

Mímulus [bot: Gttg. Gauklerblume] latin. von gr. *mímos* Schauspieler (Blüte mit „Maske").

Minerál [min: anorganischer Stoff, der einen unmittelbaren Bestandteil der Erdrinde bildet und entweder eine chem. Verbindung oder ein Element ist] lat. *minerális* zum Bergwerk (lat. *mína*) gehörig.

Mineralogíe [min: Mineralkunde] lat. *minerális* zum Bergwerk gehörig, gr. *lógos* Lehre, Kunde.

minerogén [geol: aus Mineralien entstanden] lat. *minerális* zum Bergwerk gehörig, *génesis* Entstehung.

Minétte [geol: Eisenerze des Jura] franz. *minette* kleine Mine.

Mínimum [phil, math: Mindestmaß] lat. *mínim us, -a, -um* kleinste.

mínim us, -a, -um [bot, zool] lat. sehr klein, kleinste.

Mínium [chem, pharm: Mennige, Pb_3O_4] lat.

mínor [bot, zool] lat. der kleinere.

minút us, -a, -um [zool] lat. klein.

Miozä́n [geol: Formationsabteilung des Tertiärs] gr. *meíon* mehr, *kainós* neu.

mirábil is, -e [bot] lat. wunderbar, absonderlich.

Mirazídium [zool: Larve von *Dístomum*] latin. aus gr. *meirakídion* Knäblein.

Misandríe [psych: krankhafte Abneigung gegen Männer] gr. *miseín* hassen, *anḗr*, Gen. *andrós* Mann.

Misanthropíe [psych: Menschenhaß] gr. *miseín* hassen, *ánthrōpos* Mensch.

Misogynie [psych: krankhafter Haß gegen Frauen] gr. *miseín* hassen, *gynḗ* Weib.

Mitélla [med: Tragbinde für den Arm] lat. verkl. von *mítra* Binde.

Mitochóndrien [an, zool: fädige Körnchen im Protoplasma mancher Zellen] gr. *mítos* Faden, *chóndrion* Kern.

Mitóse [biol: Zellteilung mit Faden-(Chromosomen-)Bildung] gr. *mítos* Faden.

Mítra [zool, pal: Gttg. der *Gastrópoda*] gr. *Mítra* Kopfbinde, Mütze im Hinblick auf die Schalenform).

Mixtúra [pharm: Mischung gelöster Arzneistoffe] lat. von *míscere* mischen.

Mofétte [geol: Ausströmung von Kohlensäuregas in Vulkangebieten] ital. *moféta* Ausdünstung.

Mogigraphíe [psych: Schreibkrampf] gr. *mógis* mit Mühe, *gráphein* schreiben.

Moláris [an: Mahl-, Backenzahn] von lat. *moláre* mahlen.

Molásse [geol: lockere Sandsteine des Tertiärs] franz. *molasse* sehr weich.

Molékel [chem, phys: die kleinste Menge eines Elements oder einer Verbindung] lat. *molécula* kleine Masse.

Mólge [zool: Gttg. der *Urodéla*] latin. = Molch.

Mólidae [zool: Fam. der *Acanthopterýgii*] lat. *móles* große Masse (plumpe Fische).

móll is, -e [bot] lat. weich.

Mollúsca [zool, pal: Stamm der Wirbellosen, Weichtiere] von lat. *móllis* weich.

Molluscoidéa [zool, pal: Stamm der Wirbellosen, *Bryozóa* und *Brachiópoda* umfassend] lat. *Mollúsca* von lat. *móllis* weich, gr. *eídos* Gestalt.

Molybdän [chem: Element *Mo*] gr. *molýbdaina* Bleierz.

Monactinéllida [zool, pal: Ordn. der *Spóngiae*] latin. Verkl. aus gr. *mónos* ein, *aktís*, gr. *aktínos* Strahl (Gerüst aus einstrahligen Nadeln bestehend).

monadélphisch [bot: Staubgefäße zu einem Bündel verwachsen] gr. *mónos* einzig, *adelphós* Bruder, übertr. Staubgefäß.

Monándria [bot: Blüten mit nur einem Staubgefäß] gr. *mónos* einzig, *anḗr*, Gen. *andrós* Mann (übertr. männliches Geschlechtswerkzeug).

monánth us, -a, -um [bot] einblütig] latin. aus gr. *mónos* ein, *ánthos* Blüte.

monaxón [zool: einachsig (Nadeln mancher Schwämme)] gr. *mónos* ein, *áxōn* Achse.

Monazít [chem, min: $(CeLa)PO_4$] gr. *monázein* einsam sein (seltenes Vorkommen).

Monísmus [phil: Einheitslehre] latin. aus gr. *mónos* allein, einzig.

Monobráchius [an: angeborene Einarmigkeit] gr. *mónos* einzig, *brachíōn* Arm.

monocárp us, -a, -um [bot: einfrüchtig] latin. aus gr. *mónos* einzig, *karpós* Frucht.

monóceros [zool: einhörnig] latin. aus gr. *mónos* ein, *kéras* Horn.

Monochásium [bot: Blütenstand mit einem Seitenzweig] latin. aus gr. *mónos* ein, *chaínein* spalten.

monochlamydéisch [bot: mit einer Hülle] gr. *mónos* ein, *chlamýs*, Gen. *chlamýdos* Mantel.

Monochórd [phys: einsaitiges Musikinstrument] gr. *mónos* ein, *chordḗ* Saite.

Monochromasíe [psych: vollständige Farbenblindheit] gr. *mónos* einzig, *chrṓma* Farbe.

Monocotyledónes [bot: Einkeimblätterige] gr. *mónos* ein, *kotyledṓn* Warze.

Monóculus [med, pharm: Einaugenbinde] gr. *mónos* ein, lat. *óculus* Auge.

Mónodon [zool: Gttg. der *Cetacéa*, Narwal] gr. *mónos* einzig, *odús*, Gen. *odóntos* Zahn (ein 2 m langer Stoßzahn).

Monogamíe [psych: Einehe] gr. *mónos* allein, *gámos* Ehe.

monogén [geol: auf einmal entstanden] gr. *mónos* allein, *génesis* Entstehung.

Monogoníe [biol: ungeschlechtliche Fortpflanzung] gr. *mónos* allein, *gónos* Erzeugung.

monogýn [bot: mit einem Stempel versehen] gr. *mónos* ein, *gynḗ* Weib (übertr. weibliches Geschlechtswerkzeug).

monokárpisch [bot: einmal Früchte tragend] gr. *mónos* einzig, *karpós* Frucht.

monoklín [bot: zwitterig] gr. *mónos* einzig, *klínē* Bett (Samenfäden und Griffel in einer Blüte).

monoklínes System [min: Kristallsystem mit einer Symmetrieebene] gr. *monos* ein, *klínein* neigen.

monomér [bot: einzählig] gr. *mónos* allein, *méros* Teil.

Monomyária [zool, pal: = *Anisomyária*] latin. aus gr. *mónos* ein, *mýs*, Gen. *myós* Muskel.

Monophasíe [psych: Sprachstörung, nur ein Wort wird gesprochen] gr. *mónos* einzig, *phásis* Sprechen.

Monophobíe [psych: Angst vor dem Alleinsein] gr. *mónos* allein, *phóbos* Furcht.

monophylétisch [biol: mit einheitlicher Abstammung] gr. *mónos* einzig, *phylḗ* Stamm.

monophyll us, -a, -um [bot: einblätterig] latin. aus gr. *mónos* einzig, *phýllon* Blatt.

monophyodónt [biol: ohne Zahnwechsel] gr. *mónos* einzig, *phýein* wachsen, *odús*, Gen. *odóntos* Zahn.

monopodiál [bot: mit einer Hauptachse versehen] gr. *mónos* einzig, *pódion* Fuß.

Mónopus, Monopodíe [an: angeborenes Fehlen eines Beins] gr. *mónos* einzig, *pús*, Gen. *podós* Fuß.

Monosacharíde, Monósen [chem: einfache Zucker] gr. *mónos* ein, *sákcharon* Zucker.

monosexuéll [bot: eingeschlechtig] gr. *mónos* einzig, lat. *sexuális* auf das Geschlecht (lat. *séxus*) bezüglich.

Monospermíe [biol: normale Befruchtung durch einen einzigen Samenfaden] gr. *mónos* einzig, *spérma* Same.

Monóstomum [zool: Gttg. der *Trematódes*] gr. *mónos* ein, *stóma* Mund (nur ein Saugnapf).

monothalám [zool: einkammerige Schale mancher *Foraminífera*] gr. *mónos* ein, *thálamos* Kammer.

monothékisch [bot: mit nur einem Pollensack versehen] gr. *mónos* allein, *thḗka* Behälter.

Monótis [pal, zool: Gttg. der *Brachiópoda* mit kleinem Schalenohr] gr. *mónos* ein, *ús*, Gen. *ōtós* Ohr.

Monotocárdia [zool: = *Prosobránchia*] gr. *mónōtos* einhenkelig, einohrig, *kardía* Herz (Herz mit nur einer Vorkammer).

Monotrémata [zool: Ordn. der *Mammália*, Kloakentiere] gr. *mónos* einzig, *trēma* Saugloch, Kloake.

monotrích [bot: mit nur einer Geißel versehen] gr. *mónos* einzig, *thríx*, Gen. *trichós* Haar.

monotróp [phys, chem: nur in einer Richtung von einer Modifikation in die andere überführbar] gr. *mónos* ein, *trópos* Richtung.

Monözíe [bot: Einhäusigkeit] latin. aus gr. *mónos* einzige, *oikía* Haus.

monozóisch [biol: alleinlebend] gr. *mónos* allein, *zōon* Lebewesen.

monozýklisch [zool, pal: heißt Basis der *Crinoidéa*, wenn nur eine Reihe Täfelchen vorhanden ist] gr. *mónos* ein, *kýklos* Kreis.

Mons púbis, Mons Véneris [an: Schamhügel] lat. *mons* Berg, *púbis* Scham, *Vénus*, Gen. *Véneris* Göttin der Liebe.

Mónstrum [biol, an] lat. Mißgeburt.

montán us, -a, -um [bot] lat. auf dem Berge (lat. *mons*, Gen. *móntis*) wachsend.

Montícola [zool: Gttg. der *Áves*, Steinschmätzer] lat. Bergbewohner, von lat. *mons*, Gen. *móntis* Berg, *cólere* bewohnen.

Moräne [geol: Gesamtheit des Gletscherschuttes] franz. *moraine* Geröl e.

Morbidität [med: Krankenstand] von lat. *mórbidus* krank.

Morbílli [med: Masern] lat. verkl. von *mórbus*: kleine Krankheiten.

Mórbus [med] lat. *mórbus* Krankheit.

moribúndus [med: sterbend] lat. von *moríri* sterben.

Mórion [min: SiO_2, dunkle Var. des Bergkristalls] von lat. *morósus* eigensinnig, finster.

Mórphium [chem, pharm: Hauptbestandteil des Opiums] gr. *Morpheús*

Gott der Träume, der Gestaltende, von gr. *morphḗ* Gestalt.

Morphologíe [geog: Lehre von den Oberflächenformen der Erde, an: Lehre von der Körperform] gr. *morphḗ* Gestalt, *lógos* Kunde.

Morphotropíe [phys, min: Änderung der Gestalt mit Änderung der chem. Zusammensetzung] gr. *morphḗ* Gestalt, *trópos* Richtung.

Mortalität [med: 'Sterblichkeit] von lat. *mortális* sterblich.

Mosasaúrus [pal: Gttg. der *Reptília*] lat. *Mósa* Maas, gr. *saúros* Echse (nach dem Fundort Maastricht).

Moskítos [zool: zusammenfassende Bezeichnung für Mücken in warmen Ländern] span. *mosquíto*, von lat. *músca* Fliege.

Motacíllidae [zool: Fam. der *Aves*, Stelzen] lat. *motacílla* Schwanzwipperin, von lat. *mótus* Bewegung, *cílla* Schwanz.

Mótor [phys] lat. *mótor* Beweger, von lat. *movére* bewegen.

motórisch [an, psych, biol: auf die Bewegung bezüglich] von lat. *mótus* Bewegung.

mucédo, múcid us, -a, -um [bot] lat. *schimmelig*.

Mucilaginósa (remédia) [pharm: schleimige Arzneimittel] lat. *mucilágo*, Gen. *muciláginis* schleimiger Saft.

Múcor [bot: Gttg. Kopfschimmel] lat. *múcor* Schimmel.

Mucósa (túnica) [an: Schleimhaut] gr. *mucós us, -a, -um* schleimig.

mucronát us, -a, -um [bot, pal] lat. mit Spitze (lat. *múcro*, Gen. *mucrónis*) versehen.

Mulgédium [bot: Gttg. Milchlattich] von lat. *mulgére* melken.

Multángulum [an] lat. *múlti* viel, *ángulus* Winkel, Ecke.

multicaúl is, -e [bot: vielstengelig] lat. *múlti* viele, *caúlis* Stengel.

múlticeps [bot: vielköpfig] lat. *múlti* viele, *cáput* Kopf.

multifasciát us, -a, um [zool: vielstreifig] lat. *múlti* viele, *fáscia* Band.

multiflór us, -a, -um [bot: mit vielen Blüten] lat. *múlti* viele, *flos*, Gen. *flóris* Blüte.

multifóli us, -a, um [bot: mit vielen Blättern] lat. *múlti* viele, *fólium* Blatt.

multifórm is, -e [pal: vielgestaltig] lat. *múlti* viel, *-fórmis* -förmig.

Multituberculáta [pal: Ordn. der *Mammália* mit vielhöckerigen Zähnen] lat. *múlti* viele, *tuberculátus* mit Höckern (lat. *tubérculum*) versehen.

Muraénidae [zool: Gttg. der *Teleóstei*, Muränen] latin. von gr. *mýraina*.

murál is, -e [zool] lat. an Mauern (lat. *múrus*) lebend.

Múrex [pal, zool: Gttg. der *Gastrópoda*] lat. *múrex* Stachelschnecke.

murín us, -a, -um [zool] lat. mausartig.

Mus [zool: Gttg. der *Rodéntia*, Maus] R. lat. *mus*, Gen. *múris* Maus.

Muscária [zoo : U.Ordn. der *Díptera*, Fliegen] at. *músca* Fliege.

Músci [bot: Moose] lat. *múscus*, Mz. *músci* Moos.

Muscícapa [zool: Gttg. der *Áves*, Fliegenschnepper] lat. *músca* Fliege, *cápere* ergreifen.

muscífer us, -a, -um [bot: fliegentragend] lat. *músca* Fliege, *férre* tragen (Blüte fliegenförmig).

muscóides, muscós us, -a, -um [bot] lat. moosähnlich, von lat. *múscus* Moos.

Músculus [an: Muskel] lat. verkl. von *mus*: kleine Maus (der Muskel ähnelt einer abgehäuteten Maus).

Muskovít [min: Kaliglimmer] früher *vítrum muscovítum* lat. = russisches Glas genannt.

Mustéla [zool: Gttg. der *Carnívora*, Marder] lat. *mustéla* Wiesel.

mutábil is, -e [bot, zoo] lat. veränderlich.

Mutatión [biol: sprunghafte Veränderung, med: Stimmwechsel] lat. *mutátio* Veränderung.

Mutilátio [med: Verstümmelung] von lat. *mutiláre* verstümmeln.

Mutíllidae [zool: Fam. der *Hymenóptera*, Ameisenwespen] lat. *mútilus* verstümmelt (wegen des Fehlens der Flügel).

Mutualísmus [bio : Zusammenleben von Tieren] lat. *mútu us, -a, -um* wechselseitig (von Vorteil).

Muzíne [chem: Eiweißkörper der Schleimdrüsen] von lat. *múcus*, Gen. *múci* Schleim.

Myalgía [med: Muskelschmerz] gr. *mýs*, Gen. *myós* Maus, übertr. Muskel, *álgos* Schmerz.

Myasthenía [med: Muskelschwäche] gr. *mýs* Maus, übertr. Muskel, *asthéneia* Schwäche.

Mycetozóa [bot: Schleimpilze] gr. *mýkēs*, Gen. *mykētos* Pilz, *zōon* Tier (weil beweglich).

Myelín [an, chem: fettähnliche Substanz in der Markscheide der Nerven] von gr. *myelós* Mark.

myelogén [an: aus dem Rückenmark entstanden] gr. *myelós* Mark, *génesis* Entstehung.

Mykologíe, Myzetologíe [bot, biol: Pilzkunde] gr. *mýkes*, Gen. *mykētos* Pilz, *lógos* Wort, Lehre.

Mykorrhíza [bot: Pilzwurzel] gr. *mýkēs* Pilz, *rhíza* Wurzel.

Mylonít [geol: bei tektonischen Vorgängen zermahlenes Gestein] von gr. *mýlē* Mühle.

Myoblást [an: Muskelbildungszelle] gr. *mýs*, Gen. *myós* Muskel, *blastós* Keim.

Myocárdium [an: Herzmuskel] gr. *mýs*, Gen. *myós* Muskel, *kardía* Herz.

Myocástor [zool: Gttg. Biberratte] gr. *mýs*, Gen. *myós* Maus, lat. *cástor* Biber.

Myologíe [an: Lehre von den Muskeln] gr. *mýs*, Gen. *myós* Muskel, *lógos* Lehre.

Myomórpha [zool: U.Ordn. der *Rodéntia*, Mäuseartige] gr. *mýs*, Gen. *myós* Maus, *morphḗ* Gestalt.

Myophória [pal: Gttg. der *Lamellibranchiáta*] gr. *mýs*, Gen. *myós* Muskel, *phóros* Träger.

Myopíe [med: Kurzsichtigkeit] gr. *mýōps* kurzsichtig, eigtl. blinzelnd.

Myorrhéxis [an: Muskelzerreißung] gr. *mýs*, Gen. *myós* Muskel, *rhḗxis* Zerreißen.

Myosótis [bot: Vergißmeinnicht] gr. *mýs*, Gen. *myós* Maus, *ús*, Gen. *ōtós* Ohr (Blattform).

Myospásmus [med: Muskelkrampf] gr. *mýs*, Gen. *myós* Maus, übertr. Muskel, *spasmós* Krampf.

Myóxus [zool: Gttg. der *Rodéntia*, Siebenschläfer] gr. *myoxós* Haselmaus.

Myriophýllum [bot: Gttg. Tausendblatt] gr. *mýrioi* tausend, *phýllon* Blatt.

Myrmecophágidae [zool: Fam. der *Xenárthra*] gr. *mýrmēx*, Gen. *mýrmēkos* Ameise, *phageín* fressen.

Myrmekodomátien [bot: Ameisenwohnstätten] gr. *mýrmēx*, Gen. *mýrmēkos* Ameise, *dōmátion* Gemach.

Myrmekophýten [bot: Ameisenpflanzen] gr. *mýrmēx*, Gen. *mýrmēkos* Ameise, *phýton* Gewächs.

Myróxylon [bot: Gttg. Balsamholz] gr. *mýron* Balsam, *xýlon* Holz.

Mysticéti [zool: U.Ordn. der *Cetacéa*, Bartenwale] latin. aus gr. *mýstax* Bart, *kḗtos* Meerungeheuer, Wal.

Mýstik [phil: Lehre von den übernatürlichen Erscheinungen] gr. *mystikós* geheimnisvoll.

Mýtilus [pal, zool: Gttg. der *Lamellibranchiáta*, „Mießmuschel"] lat. *mýtilus* Name der Muschel.

Myxíne [zool: Gttg. der *Cyclostómata*, Schleimaal] gr. *myxínos* schleimiger Fisch.

Myxomycétes [bot: Schleimpilze] latin. aus gr. *mýxa* Schleim, *mýkēs*, Gen. *mykḗtos* Pilz.

Myzélium [bot: Pilzgewebe] latin. von gr. *mýkēs* Pilz.

N

Nádir [geog: Gegenpunkt des Zenits] arab. *názir* gegenüberliegend.

Naévus [an: Muttermal] lat. aus *natīvus* angeboren.

Náïs [zool: Gttg. der *Oligochaéta*] gr. *Naís* Quellennymphe (zarte Würmer des Wassers).

Nakrít [min: Var. des Kaolins mit Perlmutterglanz] gr. *nakrós* glänzend. franz. *nacre* Perlmutter.

Nanísmus [biol: Zwergwuchs] von lat. *nánus* Zwerg.

Nanosomíe [an: Zwergwuchs] gr. *nánus* Zwerg, *sōma* Körper.

nán us, -a, -um [bot, zool] lat. zwerghaft.

Náphtha [geol: Steinöl] gr. *náphtha* Bergöl, von pers. *náfada* ausschwitzen.

Narkolepsíe [psych: plötzliche Schlafsucht] gr. *nárkē* Erstarren, *lḗpsis* Anfall.

Narkóse [med: Betäubung] gr. *nárkōsis* Betäubung.

nasál [an: zur Nase gehörig] lat. *nasális*, von lat. *násus* Nase.

nasicórnis [zool: mit Nasenhorn versehen] lat. *násus* Nase, *córnu* Horn.

Nasselléria [zool: U.Ordn. der *Radioláriа*] lat. *nassélla* kleine Fischreuße (Gestalt der Schale).

Nastúrtium [bot: Gttg. Brennkresse] von lat. *násus* Nase, *torquére* quälen (Niesreiz hervorrufend).

Násua [zool: Gttg. der *Carnívora*, Nasenbär] lat. *násus* Nase.

nátans [bot] lat. schwimmend.

Nátes [an: Gesäß] lat. *nátes* Gesäß.

Nática [pal, zool: Gttg. der *Gastrópoda*] von lat. *natáre* schwimmen.

Nátrium [chem: Element *Na*] arab. *nátrum* Soda.

nátrix [zool] lat. Schwimmerin.

Naucrátes [zool: Gttg. der *Teleóstei*, Lotsenfisch] gr. *naukratḗs* Schiffsbeherrscher, von gr. *naûs* Schiff, *krateín* herrschen (ständiger Schiffsbegleiter).

Naúplius [zool: Larvenform der niederen Krebse] gr. *naupleíos* Schiffsfahrer.

Nauséa [med: Übelkeit] latin. von gr. *nausía* Seekrankheit, von gr. *naûs* Schiff.

Nautiloidéa [pal: U.Ordn. der *Mollúsca*] lat. *naútilus* kleiner Fischer, gr. *eídos* Aussehen.

Navícula [bot: Gttg. der Diatomeen] lat. kleines Schiff (Schale kahnförmig).

Naviculáre [an Kahnbein] lat. *naviculáris* zum Schiffchen gehörig, kahnartig (Form des Knochens).

necessári us, -a, -um [bot] lat. notwendig.

Necróphorus [zool: Gttg. der *Coleóptera*, Totengräber] gr. *nekrós* Toter, *phóros* Träger.

Nectariníidae [zool: Fam. der *Áves*, Honigsauger] von gr. *néktar* Göttertrank, übertr. Blütenhonig.

Neencéphalon [an: Großhirn] gr. *neós* neu, *enképhalon* Gehirn (weil erst bei Vögeln und Säugern entwickelt).

negléct us, -a, -um [bot] lat. verachtet.

Nekrobiόse [biol: Absterben] gr. *nekrós* tot, *bíos* Leben.

Nekropsíe, Nekroskopíe [med: Leichenbesichtigung] gr. *nekrós* Leichnam, *ópsis* Sehen; *skopeín* beschauen.

Nekróse [med: örtlicher Gewebstod] gr. *nékrōsis* Absterben, Adj.: nekrotisch.

Nekrotomíe [med: Leicheneröffnung] gr. *nekrós* Leiche, *tomḗ* Schneiden.

Nékton [biol: die schwimmende Organismenwelt] gr. *nektón* das Schwimmende.

Nemathelmínthes [zool: Kl. der *Vérmes*, Rundwürmer] gr. *nḗma* Faden, *hélmins*, Gen. *hélminthos* Wurm.

Nematódes [zool: Ordn. der *Nemathelmínthes*, Fadenwürmer] gr. *nḗma*, Gen. *nḗmatos* Faden.

Nemertíni [zool: Ordn. der *Plathelmínthes*, Schnurwürmer] gr. *Nemértēs* Sagengestalt.

nemorál is, -e; nemoréns is, -e; nemorós us, -a, um [bot] lat. im Wald (lat. *némus*, Gen. *némoris*) wachsend.

Neogäa [geog: tiergeogr. Region (Amerika umfassend)] gr. *néos* neu, *gaía* Erde, „Neue Welt“.

Neogén [geol: = Jungtertiär] gr. *neós* neu, *génesis* Entstehung.

Neognáthae [zool: U.Kl. der *Áves*] gr. *neós* neu, *gnathós* Kiefer.

Neokóm [geol: Abt. der Kreideformation] lat. *Neocómium* = Neufchâtel = Neuenburg im Schweizer Jura.

Neolíthikum [geol: jüngere Steinzeit] latin. aus gr. *neós* neu, *líthos* Stein.

Neotenie [med, biol: jugendlicher Zustand bei Erwachsenen] gr. *neós* neu, jung, *teínein* erstrecken.

Neóttia [bot: Gttg. Nestwurz] gr. *neottiá* Nest.

Neozóikum [geol: Formationsgruppe, Tertiär und Diluvium umfassend] latin. aus gr. *neós* neu, *zōon* Lebewesen.

Nephelín [min: $NaAlSiO_4$, Abt. der Feldspäte] gr. *nephélē* Wolke (Kristalle werden bei der Zersetzung wolkig trübe).

Nephrídien [zool: Harnorgane der *Annélides*] gr. *nephrídion* kleine Niere.

Nephrít [min: Var. des Strahlsteins] gr. *nephrítēs* die Niere (gr. *néphros*) betreffend (früher als Amulett gegen Nierenkrankheiten getragen).

Nephrítis [med: Nierenentzündung] gr. *nephrítis*, von gr. *néphros* Niere.

Nephrópsidae [zool: Fam. der *Crustacéa*] gr. *nephrós* Niere, *ōps* Auge (Exkretionsorgane (Antennendrüsen) unterhalb der Augen mündend).

Nephrostóm [zool: Nierentrichter] gr. *nephrós* Niere, *stóma* Mündung.

Neptunísmus [geol: irrige Anschauung alter Geologen, nach der sämtliche Gesteine aus Wasserabsatz entstanden seien] von lat. *Neptúnus* Gott des Meeres.

Nerinéa [pal: Gttg. der *Gastrópoda*] gr. *Nerínē* eine Meernymphe.

Nérvus [an: Nerv] lat. von gr. *neúron* Sehne, übertr. Leitungsfaser.

Nestóridae [zool: Fam. der *Áves*, Nestorpapageien] gr. *Néstōr*, sagenhafter König von hohem Alter (bei Homer) (wegen des hohen Alters dieser Papageien).

Nétta [zool: Gttg. der *Áves*, Kolbenente] gr. *nétta* Ente.

Neuralgíe [med: Nervenschmerz] gr. *neúron* Nerv, *álgos* Schmerz.

Neurasthenie [med: reizbare Schwäche des Nervensystems] gr. *neúron* Nerv, *asthéneia* Schwäche.

Neurilémm [an: elastische Membran der markhaltigen Nervenfaser] gr. *neúron* Nerv, *lémma* Hülle, Scheide.

Neurobránchia [zool: U.Ordn. der *Prosobránchia*, Netzkiemer] gr. *neúron* Netz, *bránchia* Kieme.

Neuroglía [an: Nervenkitt] gr. *neúron* Nerv, *glyós* Leim.

Neurologíe [zool: Lehre von den Nerven] gr. *neúron* Nerv, *lógos* Lehre.

Neuroméren [an: Segmente des (embryonalen) Nervensystems] gr. *neúron* Nerv, *méros* Teil.

Neuropathologíe [med: Lehre von den Krankheiten des Nervensystems] gr. *neúron* Nerv, *páthos* Leiden, *lógos* Lehre.

Neuróptera [zool: Ordn. der *Insécta*, Netzflügler] gr. *neúron* Netz, *ptéron* Flügel.

Neurópteris [pal: Gttg. der paläozoischen Farne] gr. *neúron* Nerv, *ptéris* Fieder (Fiederchen mit deutlichen Blattnerven).

Nidatión [biol: Einbettung des Eies in die Gebärmutter] von lat. *nídus* Nest.

nídus [bot] lat. Nest.

Niéve peniténte [geol: sog. „Büßerschnee"] span. = Büßender Schnee (Form des erodierten Schnees einer Prozession ähnlich).

Nífe [geol: der Nickeleisenkern der Erde] *Ni* = Nickel, *fe* = lat. *férrum* = Eisen.

níg er, -ra, -rum [bot, zool] lat. schwarz.

nigréscens, nígricans [bot] lat. schwarz werdend.

nigricóll is, -e [zool: schwarzhalsig] lat. von *níger* schwarz, *cóllum* Hals.

nigrifróns [zool: schwarzstirnig] lat. *níger* schwarz, *frons* Stirn.

Nímbus [geog: Regenwolke] lat. *nímbus* Regen.

nítens; nítid us, -a, um [bot] lat. glänzend.

Nitidúlidae [zool: Fam. der *Coleóptera*, Glanzkäfer] lat. *nitídulus* klein und glänzend.

nivál [geol: durch Schnee erzeugt] lat. *nivális* schneeig.

nivál is, -e [bot, zool] lat. im Schnee (lat. *nix*, Gen. *nívis*) lebend, schneeweiß.

nivé us, -a, -um [bot, zool] lat. schneeweiß.

Nivellement [geog: Art der Höhenmessung] franz. *niveler* mit der Wasserwage abmessen.

nóbil is, -e [bot, zool, pal] lat. berühmt, edel.

noctiflór us, -a, -um [bot: bei Nacht blühend] lat. *nox*, Gen. *nóctis* Nacht, *florére* blühen.

Noctilúca [zool: Gttg. der *Flagelláta*] lat. *noctilúca* Nachtleuchte (ruft Meerleuchten hervor).

nóctu us, -a, -um [zool] lat. nächtlich.

nodós us, -a, -um [pal, bot] lat. mit Knoten (lat. *nódus*) versehen.

Nódulus [an: Knötchen] lat. verkl. von *nódus* Knoten.

Nódus [an: Knoten] lat. *nódus*, Gen. *nódi* Knoten.

Noktambulíe [psych: Schlafwandeln] lat. *nox*, Gen. *nóctis* Nacht, *ambuláre* umhergehen.

nóli (me) tángere [bot] lat. *nóli* wolle nicht, *me* mich, *tángere* berühren (Rührmichnichtan).

Nomenklatúr [phil: wissenschaftliche Namengebung] lat. *nomencláre* Namen geben.

Non Ruminántia [zool: U.Ordn. der *Artiodáctyla*] lat. *non* nicht, *rúminans*, Gen. *ruminántis* Wiederkäuer.

normál [phil: regelrecht, dem Durchschnitt entsprechend] lat. *normális*, von lat. *nórma* Richtschnur.

Nosologíe [med: Lehre von den Krankheiten] gr. *nósos* Krankheit, *lógos* Lehre.

Nosognosíe [med: Krankheitserkennung] gr. *nósos* Krankheit, *gnōsis* Erkenntnis.

Nosographíe [med: Krankheitsbeschreibung] gr. *nósos* Krankheit, *gráphein* beschreiben.

Nostalgíe [psych: Heimweh] gr. *nóstos* Heimat, *álgos* Schmerz.

Notalgíe [med: Rückenschmerz] gr. *nōtos* Rücken, *álgos* Schmerz.

Nothosaúrus [pal: Gttg. der *Saúria*] gr. *nóthos* Bastard, unecht, *saúros* Echse.

Notogäa [geog: tiergeogr. Region] gr. *nótos* Süden, *gaía* Erde, Land.

Notonéctidae [zool: Fam. der *Rhynchóta*, Rückenschwimmer] gr. *nōtos* Rücken, *néchesthai* schwimmen.

Nótum [zool: Rückenstück der Insekten-Brustringe] lat. *nótum* Rücken.

nóv us, -a, -um [bot] lat. neu.

Nucífraga [zool: Gttg. der *Áves*, Nußhäher] lat. *nux*, Gen. *núcis* Nuß, *frángere* zerbrechen.

Núcleus [an: Zellkern] lat. *núcleus* Kern.

Nucléolus [an: Kernkörperchen] lat. verkl. von *núcleus* Kern.

Núcula [pal, zool: Gttg. der *Lamellibranchiáta*] lat. *núcula* kleiner Kern, von lat. *núcleus* Kern (Form der Schale.

Nuculíferae [bot: Nußträger] lat. *núculus* kleine Nuß, *férre* tragen.

Nudibránchia [zool: U.Ordn. der *Opisthobránchia*, Nacktkiemer] lat. *núdus* nackt, *bránchia* Kieme.

núd us, -a, -um [bot, zool, pal] lat. nackt.

Núgget [geol: Goldklumpen] engl. *núgget* großer Klumpen.

Nullípara [med: Frau, die noch nicht geboren hat] lat. *núllus* kein, *párere* gebären.

Nummulítes [pal: Gttg. der *Foraminífera*] lat. *númmulus* kleine Münze (Schalenform).

nútans [bot] lat. schwankend, nickend.

Nutatión [astr: Schwankung der Erdachse, bot: kreisende Bewegung] lat. *nutáre* schwanken.

Nutriéntia (remédia) [pharm: die Ernährung fördernde Mittel] von lat. *nutríre* ernähren.

Nux [bot, pharm: Nuß] lat. *nux*, Gen. *núcis* Nuß.

Nuzéllus [bot: Eikern] lat. *nucéllus* kleiner Kern.

Nyctéa [zool: Gttg. der *Áves*, Schneeeule] gr. *nýx*, Gen. *nyctós* Nacht.

Nyctidrómus [zool: Gttg. der *Áves*, Nachtschwalbe] gr. *nýx*, Gen. *nyktós* Nacht, *drómos* Lauf.

nyctiflór us, -a, -um [bot: bei Nacht blühend] latin. aus gr. *nýx*, Gen. *nyktós* Nacht, lat. *floráre* blühen.

Nyktophobíe [psych: Angst in der Nacht] gr. *nyktós* bei Nacht, *phóbos* Furcht.

Nymphomaníe [psych: krankhaft gesteigerter Geschlechtstrieb der Frau] gr. *nýmphē* Braut, *manía* Wahn, Sucht.

Nystágmus [psych: Zittern des Augapfels] gr. *nystagmós* Blinzeln.

O

Obduktión [med: Leichenöffnung] spätlat. *obdúcere* öffnen (eigentlich: entgegenführen).

Obélia [zool: Gttg. der *Hydrozóa*] gr. *obelías* runder Kuchen (kreisrunde Meduse).

Obésitas [med: Fettsucht] von lat. *obédere* wegfressen.

oblíqu us, -a, -um [an, zool, pal] lat. schief, schräge.

Obliteratión [an: Schrumpfung, Verödung] von lat. *obliteráre* etwas auslöschen.

oblongát us, -a, -um [an] lat. verlängert.

oblóng us, -a, -um [an] lat. länglich.

oblongifólius, -a, -um [bot: mit länglichen Blättern] lat. *oblóngus* länglich, *fólium* Blatt.

Obnubilátio [med: Ohnmacht] lat. von *núbes* Wolke.

Óbolus [pal: Gttg. der *Brachiópoda*] gr. *obolós* attische Münze (wegen der flachen, rundlichen Schale).

obscúr us, -a, -um [bot, pal] lat. dunkel, versteckt.

obsequént [geog] lat. *óbsequens* nachfolgend.

Obsessión [psych: Zwangsvorstellung] von lat. *obséssus* besessen.

Obsidián [min: glasiges Eruptivgestein] lat. *Obsidiánus* Name des Römers, der das Gestein als erster aus Äthiopien nach Rom einführte.

Obstrúctio [med: Stuhlverstopfung] lat. *obstrúere* entgegenbauen, verstopfen.

obtús us, -a, -um [bot] lat. stumpf.

Ócciput [an: Hinterhaupt] lat. von *ob* gegenüber, *cáput* Schädel.

Occlúsio [med: Verschließung] von lat. *occlúsus* verschlossen.

Occlusóres [pal, zool: Schalenschließmuskeln der *Brachiópoda*] von lat. *occlúdere* verschließen.

Ocellár = [pal, zool: das Auge betreffend] lat. *océllus* das kleine Auge.

Ocelláta [zool: U.Ordn. der *Leptomedúsae*] lat. *ocellát us, -a, -um* mit Augenfleck (lat. *océllus* kleines Auge) versehen.

Octándria [bot: Klasse mit acht Staubgefäßen] gr. *oktṓ* 8, *anḗr*, Gen. *andrós* Mann (übertr. männliches Geschlechtswerkzeug).

octáv us, -a, -um [an, phys] lat. achte.

Octocorállia [zool, pal: Ordn. der *Anthozóa*] gr. *oktṓ* 8, *korállion* Koralle (Septen in der Achtzahl angeordnet).

Octópoda [pal: Ordn. der *Dibranchiáta*] gr. *oktṓ* acht, *pús*, Gen. *podós* Fuß (mit acht Armen).

Oculomotórius [an: Gehirnnerv] lat. *óculus* Auge, *mótor* Beweger.

Odinágoga (*remédia*) [pharm: Wehen befördernde Mittel] latin. aus gr. *ōdís*, *ōdínos* Geburtsschmerz, *agōgós* herbeiführend.

Odontalgíe [med: Zahnschmerz] gr. *odús*, Gen. *odóntos* Zahn, *álgos* Schmerz.

Odontoblásten [an: Bildungszellen des Zahnbeins] gr. *odús*, Gen. *odóntos* Zahn, *blastós* Keim.

odontocárp us -a, -um [bot: mit zahnförmigen Früchten] latin. aus gr. *odús*, Gen. *odóntos* Zahn, *karpós* Frucht.

Odontocéti [zool: U.Ordn. der *Cetacéa*. Zahnwale] latin. aus gr. *odús*, Gen. *odóntos* Zahn, *kḗtos* Wal.

Odontolíth [an: Zahnstein] gr. *odús*, Gen. *odóntos* Zahn, *líthos* Stein.

Odontologíe [med: Zahnheilkunde] gr. *odús*, Gen. *odóntos* Zahn, *lógos* Lehre.

Odontópteris [pal: Gttg. der *Filicacéae*] gr. *odús*, Gen. *odóntos* Zahn, *ptéris* Wedel (nach der zahnförmigen Gestalt der Fiederchen).

Odontórnithes [pal: Abt. der Vögel] gr. *odús*, Gen. *odóntos* Zahn, *órnis*, Gen. *órnithos* Vogel.

odorát us, -a, -um [bot, zool] lat. duftend.

Oedéma [med: Ansammlung von Flüssigkeit in den Gewebsspalten] lat. aus gr. *oídēma* Geschwulst.

Oedogónium [bot: Gttg. der Algen] gr. *oídēma* Geschwulst, *gónos* Geschlecht (Geschlechtsorgane in Anschwellungen).

Oesóphagus [an: Speiseröhre] gr. *oisophágos* Speiseröhre, von *oisō* ich werde tragen, *phageín* essen.

Oéstridae [zool: Fam. der *Díptera*, Dasselfliegen] latin. aus gr. *oístros* Bremse.

officinál is, -e [bot, pharm] lat. in der Apotheke (lat. *officína*) erhältlich.

Ogdoëder [min: Achtelflächner] gr. *ógdoos* achte, *hédra* Sitz, Fläche.

Ogíven [geol: gebogene, erhabene dunkle Bänder auf der Gletscheroberfläche] franz. *ogive* Spitzbogen.

Okklusión [phys: Absorption von Gasen durch feste Körper] lat. *occlúsio* Abschließen.

Okkultísmus [psych: Lehre von den Geheimwissenschaften] lat. *occúltus* verborgen.

Ökologíe [biol: Lehre vom Verhältnis der Tiere und Pflanzen zueinander] gr. *oíkos* Haus, *lógos* Lehre.

Oktaéder [min: Achtflächner] gr. *oktṓ* acht, *hédra* Fläche.

Oktáve [phys: der achte Ton der Tonleiter] lat. *octáv us, -a, -um* achte.

Okulár [phys: Augenlinse eines optischen Instruments] lat. *oculáris* zum Auge (lat. *óculus*) gehörig.

Ökuméne [geog: der von Menschen bewohnte Erdraum] gr. *oikuménē* die bewohnte Erde.

Ókzident [geog: Westen, Abendland] lat. *óccidens* (*sol*) untergehend (Sonne).

Old red (sandstone) [geol: engl. Fazies des Devons] engl. *old* alt, *red* rot, *sandstone* Sandstein (im Gegensatz zum jüngeren Buntsandstein).

Olécranon [an: Ellbogenfortsatz] gr. *ōlékranon* Ellbogenkopf.

Olénus [pal: Gttg. der *Trilobítae*] gr. *Ṓlenos* Eigenname.

Óleum [pharm: Öl] lat.

Olfactórium [pharm: Riechmittel] lat. von *óleum* Öl, *fácere* machen, bereiten.

Oligämíe [med: Blutarmut] latin. aus gr. *olígos* wenig, *haíma* Blut.

Oligochaéta [zool: Ordn. der *Chaetópoda*] gr. *olígos* wenig, *chaítē* Borste (Borstenwürmer mit wenig Borsten).

Oligoklás [min: Var. des Plagioklas] gr. *olígos* wenig, *klásis* Zerbrechen (weil weniger gut spaltbar als Albit).

Oligotrichíe [med: geringe Behaarung] gr. *olígos* wenig, *thríx*, Gen. *trichós* Haar.

Oligozän [geol: Formationsabt. des Tertiärs] gr. *olígos* wenig, *kainós* neu.

Ómagra [med: Schultergicht] gr. *ṓmos* Schulter, *ágra* Falle.

Omarthrítis [med: Schultergelenksentzündung] gr. *ṓmos* Schulter, *árthron* Glied, Gelenk.

Ómasus [zool: Blättermagen des Wiederkäuers] lat. *ómasum* Rindereingeweide.

Oméntum [an: Netz] lat.

Ommatídum [zool: Einzelauge des Fazettenauges] gr. *ommatídion* kleines Auge.

Omnivóren [zool: Allesfresser] lat. *ómnis* alles, *voráre* fressen.

Omphalocéle [med: Nabelbruch] gr. *omphalós* Nabel, *kḗlē* Bruch.

Onaníe [psych: Selbstbefleckung] nach *Onan* (I. Buch Mosis 38, 9).

Oncosphaéra [zool: Entwicklungsstadium der Bandwürmer] gr. *ónkos* Haken, *sphaíra* Kugel (Gestalt).

Oneirodyníe [psych: nächtliche Unruhe] gr. *óneiros* Traum, *odýnē* Schmerz, Unruhe.

Oníscus [zool: Gttg. der *Isópoda*, Assel] gr. *óniskos*, eigentlich kleiner Esel.

Onkologíe [med: Lehre von den Geschwulsten] gr. *ónkos* Geschwulst, *lógos* Lehre.

Onobrýchis [bot: Gttg: Esparsette] gr. *ónos* Esel, *brýkein* verschlingen (Futter).

Onomatologíe [phil: Namenkunde] gr. *ónoma*, Gen. *onómatos* Name, *lógos* Kunde.

Ontogeníe [biol: Keimesgeschichte] gr. *ṓn*, Gen. *óntos* Einzelwesen, *génesis* Entstehung.

Onychorrhéxis [med: Brüchigkeit der Nägel] gr. *ónyx*, Gen. *ónychos* Nagel, *rhḗxis* Zerbrechen.

Ónyx [min: Var. des Quarzes] gr. *ónyx* Nagel (wegen der durchscheinenden Färbung).

Oogamíe [biol: Vermehrung durch befruchtete Eier] gr. *ṓon* Ei, *gámos* Ehe.

Oogenése [an: Eibildung] gr. *óon* Ei, *génesis* Entstehung.

Oogónium [bot: Mutterzelle des Eies] gr. *óon* Ei, *gónos* Erzeugung.

Ooíden [min: die eiförmigen Körnchen des Ooliths] gr. *óon* Ei, *eídos* Gestalt.

Ookinét [zool: Entwicklungsstadium des Malariaparasiten] gr. *óon* Ei, *kineín* bewegen (weil freibeweglich).

Oolíth [min: Rogenstein] gr. *óon* Ei, *líthos* Stein.

Oomycétes [bot: Ordn. der Pilze] gr. *óon* Ei, *mýkēs*, Gen. *mykḗtos*, Pilz.

Oóphoron [an: Eierstock] lat. *óon* Ei, *phóros* Träger.

opác us, -a, -um [bot] lat. dunkel, undurchsichtig.

opák [min: selbst in dünnen Lagen undurchsichtig] lat. *opácus* dunkel, dicht.

Opál [min: SiO_2 + aqua] von Sanskrit *úpala* Stein.

Operatión [med: chirurgischer Eingriff] lat. *operári* arbeiten, von lat. *ópus*, Gen. *óperis* Arbeit.

operculát us, -a, -um [bot: gedeckelt] lat. mit Deckel (lat. *opérculum*) versehen.

Opérkulum [zool: 1. Kiemendeckel der Fische, 2. Deckel der Lungenschnecken] gr. *opérculum* Deckel.

Ophídia [zool, pal: Ordn. der *Reptília*, Schlangen] gr. *óphis*, Gen. *ophídos* Schlange.

Ophioglóssum [bot: Gttg. Natternfarn] gr. *óphis* Natter, *glṓssa* Zunge (Form des fruktifizierenden Sprosses).

Ophiuroidéa [pal, zool: Kl. der *Echinodérmata*, Schlangensterne] gr. *óphis* Schlange, *urá* Schwanz, *eídos* Aussehen.

Ophthalmologíe [med: Augenheilkunde] gr. *ophthalmós* Auge, *lógos* Lehre.

Ophthalmoskóp [med: Augenspiegel] gr. *ophthalmós* Auge, *skopeín* betrachten.

Opisthobránchia [zool, pal: Ordn. der *Gastrópoda*] gr. *ópisthos* hintere, *bránchia* Kieme (Kiemen hinter dem Herzen gelegen).

Opisthocomifórmes [zool: Ordn. der *Áves*, Schopfhühner] gr. *opisthókomos* am Hinterkopf behaart, lat. *-fórmis* -förmig.

Opisthognathíe [an: zurücktretender Unterkiefer] gr. *ópisthos* hintere, *gnáthos* Kiefer.

opisthozṓl [zool: hinten ausgehöhlte Wirbelform] gr. *ópisthos* hintere, *koilós* hohl.

opponíert [bot: gegenständig] von lat. *oppónere* entgegenstellen.

oppositifoli us, -a, -um [bot: mit gegenständigen Blättern] lat. *oppósitus* gegenüber gestellt, *fólium* Blatt.

Oppositión [astr: Stellung zweier Gestirne, bei der ihre Lage von 180° abweichend ist] von lat. *oppósitus* entgegengesetzt.

Óptik [phys: Lehre vom Licht] gr. *optikós* zum Sehen gehörig.

Óptimum [biol: günstigster Lebenszustand] lat. *óptim us, -a, -um* beste.

ópul us, -a, -um [bot: reich blühend] lat. reich.

orál [an: mundwärts] von lat. *os*, Gen. *óris* Mund.

orbiculár is, -e [bot, pal] lat. kugelrund, kreisförmig.

Órbita [an: Augenhöhle] von lat. *órbis* Kreis.

Orbulína [pal: Gttg. der *Foraminífera*] Verkl. von lat. *órbis* Kreis (kreisrunde Schale).

Orcheotomíe [med: = Kastration] gr. *órchis* Hoden, *tomḗ* Schnitt.

Órchis [bot: Knabenkraut, an: Hoden] gr. *órchis* Hoden (Wurzelform).

Ordináte [math: senkrechte Koordinate] lat. *ordinát us, -a, -um* geordnet.

Organísmus [phil, biol: Lebewesen, ein Gefüge wechselwirkender Teile] franz. *organísme* gegliedertes Ganze, von gr. *órganon* Werkzeug.

organogén [min, geol: aus Lebewesen entstanden] gr. *órganon* Werkzeug, übertr. Organismus, *génesis* Entstehung.

Organozóen [zool: Parasiten der Organe] gr. *órganon* Werkzeug, übertr. Organ, *zṓon* Lebewesen.

Orgásmus [psych: Moment höchster sexueller Empfindung der Frau] gr.

orgázein von Feuchtigkeit strotzen (im Hinblick auf die Drüsensekretion).

Orgiásmus [psych: Verzückung] gr. *orgiasmós* Bacchusfeier.

Orient [geog: Osten, Morgenland] lat. *óriens* entstehend, übertr. aufgehend (Sonne).

Orifícium [an] lat. Mündung.

Oríganum [bot: Gttg. Dost] latin. aus gr. *óros* Berg, *gános* Zierde, Schmuck.

ornát us, -a, -um [pal, zool] lat. geschmückt.

Órnis [zool: Vogelwelt einer Gegend] gr. *órnis* Vogel.

ornithogám [bot: durch Vögel bestäubt] gr. *órnis*, Gen. *órnithos* Vogel, *gámos* Ehe.

Ornithologíe [zool: Vogelkunde] gr. *órnis*, Gen. *órnithos* Vogel, *lógos* Kunde.

ornithophíl [bot: durch Vögel bestäubt] gr. *órnis*, Gen. *órnithos* Vogel, *phileín* lieben.

Ornithorhýnchus [zool: Gttg. der *Monotrémata*, Schnabeltier] gr. *órnis*, Gen. *órnithos* Vogel, *rhýnchos* Schnabel.

Orogenése [geol: Gebirgsbildung] gr. *óros* Gebirge, *génesis* Entstehung.

Orographíe [geog: beschreibende Lehre der Landschaftsformen] gr. *óros* Berg, *gráphein* beschreiben.

orónti us, -a, -um [bot] lat. auf dem Berge (gr. *óros*) lebend.

orthacánth us, -a, -um [bot: geradstachelig] latin. aus gr. *orthós* gerade, *ákantha* Stachel.

Orthóceras [pal: Gttg. der *Nautiloidéa* mit gerader Schale] gr. *orthós* gerade, *kéras* Horn.

Orthodróme [geog: die kürzeste Verbindung zweier Punkte der Erdoberfläche] gr. *orthós* gerade, *drómos* Lauf.

Orthogénesis zool: Entwicklung nach einer Richtung] gr. *orthós* richtig, *génesis* Entwicklung.

Orthogneis [min: Eruptivgneiß] gr. *orthós* richtig, echt.

Orthoklás [min: Feldspat $KAl_2Si_6O_{16}$] gr. *orthós* rechter Winkel, *klásis* Spaltung (rechtwinkelig spaltend).

Orthoneuríe [zool: ungekreuztes Nervensystem (der Schnecken)] gr. *orthós* gerade, *neúron* Nerv.

Orthopädíe [med: Behandlung von Verkrümmungen] gr. *orthós* gerade, richtig, *paideía* Erziehung.

Orthóptera [zool: Ordn. der *Insécta*, Geradflügler] gr. *orthós* gerade, *ptéron* Flügel.

orthoskópisch [phys: ohne Verzeichnung] gr. *orthós* richtig, *skopeín* sehen.

Orthostíche [bot: Geradzeile] gr. *orthós* gerade, *stíchos* Reihe, Zeile.

Orycterópus [zool: Gttg. der *Edentáta*, Erdferkel] gr. *oryktós* gegraben, *pús* Fuß.

Oryktognosíe [min: früher üblicher Name für Mineralogie] gr. *oryktós* gegraben, *gnósis* Kenntnis.

Os, Gen. ***óris*** [an] lat. Mund.

Os, Gen. ***óssis*** [an] lat. Knochen.

Oscillária [bot: Gttg. der Blaualgen] lat. *oscíllum* Schaukel (schaukelnde Bewegungsform).

Óskulum [zool: Mundöffnung der Schwämme] lat. *ósculum* kleiner Mund.

Ósmium [chem: Element] gr. *osmé* Geruch (stechender Geruch des Osmiumtetroxyds).

Osmóse [phys: gegenseitiger Austausch von Flüssigkeiten durch eine poröse Wand hindurch] gr. *osmós* Stoß.

Osseín [an: Knochensubstanz] lat. *ósse us, -a, -um* knöchern.

Ossifikatión [an: Verknöcherung] lat. *os* Gen. *óssis* Knochen, *fácere* machen.

Osteoblásten [an: Knochenbildner] gr. *ósteon* Knochen, *blástos* Keim.

osteogén [an: vom Knochen ausgehend] lat. *ósteon* Knochen, *génesis* Entstehung.

Osteoichthýes [zool: U.-Kl. der *Písces*, Knochenfische] gr. *ósteon* Knochen, *ichthýs* Fisch.

Osteokránium [an: der knöcherne Schädel] gr. *ósteon* Knochen, lat. *cránium* Schädel.

Osteolépis [pal: Gttg. der *Ganoidéi*] gr. *ósteon* Knochen, *lepís* Schuppe.

Osteologíe [an: Knochenlehre] gr. *ósteon* Knochen, *lógos* Lehre.

Osteomalazíe [med: Knochenerweichung] von gr. *ósteon* Knochen, *malakós* weich.

Óstium [an] lat. *óstium* Mündung.

Ostrácoda [zool, pal: Ordn. der

Crustacéa, Muschelkrebse] gr. *óstrakon* Schale.

Ostréa [pal, zool: Gttg. der *Lamellibranchiáta*, Auster] lat. *ostréa* Auster.

Oszillatión [geog: Schwanken des Meeresspiegels um eine Mittellage] lat. *oscillátio* das Schwanken.

Oszillográph [phys: Instrument zur Aufzeichnung veränderlicher elektr. Ströme] lat. *oscilláre* schwingen, gr. *gráphein* schreiten.

Otalgíe [med: Ohrenschmerz] gr. *ús*, Gen. *ōtós* Ohr, *álgos* Schmerz.

Otária [zool: Gttg. der *Pinnipédia*, Ohrenrobbe] gr. *ús*, Gen. *ōtós* Ohr.

Otiatríe [med: Ohrenheilkunde] gr. *ús*, Gen. *ōtós* Ohr, *iatreía* Heilkunst.

ótic us, -a, -um [an: zum Ohr gehörig] latin. von gr. *ús*, Gen. *ōtós* Ohr.

Otolíthen [zool: Hörsteine] gr. *ús*, Gen. *ōtós* Ohr, *líthos* Stein.

Otologíe [med: Ohrenheilkunde] gr. *ús*, Gen. *ōtós* Ohr, *lógos* Kunde.

Otorrhoë [med: Ohrenfluß] gr. *ús*, Gen. *ōtós* Ohr, *rhoë* Fließen.

Otoskóp [med: Ohrenspiegel] gr. *ús*, Gen. *ōtós* Ohr, *skopeín* betrachten.

ovál is, -e [pal, zool, bot] lat. eiförmig.

Ovárium [bot: Eibehälter, zool, an: Eierstock] lat. *ovárium* Eierstock, von lat. *óvum* Ei.

ovát us, -a, -um [bot, zool] lat. eiförmig.

Óvidae [zool: Fam. der *Ruminántia*, Schafe] lat. *óvis* Schaf.

ovifórm is, -e [pal, zool, bot] lat. eiförmig, von lat. *óvum* Ei, *-fórmis* -förmig.

ovipár [zool: eierlegend] lat. *óvum*, Gen. *óvi* Ei, *párere* gebären.

ovovivipár [zool: befruchtete Eier ablegend (Vögel)] lat. *óvum* Ei, *vívum* lebendig, *párere* gebären.

Ovópteris [pal: Gttg. der *Filicacéae*] lat. *óvum* Ei, *ptéris* Wedel (Farnfiederchen eiförmig).

Óvulum [an, bot: Eichen, weibliche Keimzelle] lat. verkl. von *óvum* Ei.

Óxalis [bot: Sauerklee] von gr. *oxýs* sauer (schmeckend).

oxyacánth us, -a, -um [bot: mit scharfen Dornen versehen] latin. aus gr. *oxýs* scharf, *ákantha* Dorn.

Oxygénium [chem: Sauerstoff] gr. *óxys* sauer, *génesis* Entstehen (früher fälschlich als Säurebildner angesehen).

Oxynotíceras [pal: Gttg. der *Ammonoidéa*] gr. *oxýs* scharf, *nṓtos* Rücken, *kéras* Horn (Schale durch scharfen Kiel ausgezeichnet).

oxyót is, -e [zool: spitzohrig] latin. aus gr. *oxýs* scharf, *ús*, Gen. *ōtós* Ohr.

Oxyúrus [zool: Gttg. der *Nematódes*, Pfriemenschwanz] gr. *oxýs* scharf, spitz, *urá* Schwanz (spitzes Körperende).

Ozaéna [med: Stinknase] gr. *ózaina* riechender Polyp, von gr. *ózein* riechen.

Ozeanographíe [geog: physische Meereskunde] gr. *Okéanos* Gott des Meeres, Weltmeer. *gráphein* beschreiben.

Ozéllen [bot, zool: Augenflecken] lat. *océllus* kleines Auge.

Ozokerít [min: Erdwachs] gr. *ózein* riechen, *kerós* Wachs.

Ozón [chem: O_3] gr. *ózein* riechen.

P

Päderastíe [psych: Knabenliebe] gr. *país*, Gen. *paidós* Knabe, *erastḗs* Liebhaber.

Pädiatríe [med: Kinderheilkunde] gr. *país*, Gen. *paidós* Kind, *iatreía* Heilkunde].

Pädogenése [zool: Fortpflanzung im Larvenstadium] gr. *país*, Gen. *paidós* Kind, *génesis* Entwicklung.

Pagúrus [zool: Gttg. der *Decápoda*, Taschenkrebs] latin. aus gr. *páguros* ein Meerkrebs.

Paläencéphalon [zool: Urhirn] gr. *palaiós* alt, *enképhalon* Gehirn.

Palaeópteris [pal: Gttg. der *Filicacéae*] gr. *palaiós* alt, *ptéris* Wedel.

Palaeognáthae [zool: U.Kl. der *Áves*] gr. *palaiós* alt, *gnáthos* Kiefer.

Palaeothérium [pal: Gttg. der *Perissodáctyla*] gr. *palaiós* alt, *thḗrion* Tier, Säugetier.

Paläoaktologíe [geol: Zweig der Paläogeographie, der die Küstenlinien behandelt] gr. *palaiós* alt, *aktḗ* Küste, *lógos* Lehre, Kunde.

Paläogén [geol: Alttertiär] gr. *palaiós* alt, *génesis* Entstehung.

Paläogeographíe [geol: Geographie der Vorzeit] gr. *palaiós* alt, *gḗ* Erde, *gráphein* beschreiben.

Paläolíthikum [geol: ältere Steinzeit] latin. aus gr. *palaiós* alt, *líthos* Stein.

Paläontologíe [phil: Versteinerungskunde] gr. *palaiós* alt, *ṓn*, Gen. *óntos* Wesen, *lógos* Lehre (Lehre von den alten Lebewesen).

Paläophýtologie [pal: pflanzliche Versteinerungskunde] gr. *palaiós* alt, *phýton* Pflanze, *lógos* Lehre, Kunde.

Paläozóikum [geol: Formationsgruppe = Altertum der Erdgeschichte] latin. aus gr. *palaiós* alt, *zṓon* Lebewesen.

Paläozóologie [pal: tierische Paläontologie] gr. *palaiós* alt, *zṓon* Tier, *lógos* Lehre, Kunde.

palatín us, -a, -um [an: zum Gaumen gehörig] von lat. *palátum* Gaumen.

Palátum [an: Gaumen] lat. *palátum* Gaumen.

Páleae [bot: Blütenspelzen] lat. *pálea* Spreu.

Paléchinus [pal: Gttg. der *Echinoidéa*, altertümlicher Seeigel] gr. *palaiós* alt, *echínos* Igel.

Palinúridae [zool: Fam. der *Macrúra*, Panzerkrebse] gr. *Palinúros* sagenhafter Steuermann des Äneas (bei Virgil).

Palládium [chem: Element] nach dem kurz zuvor entdeckten Planetoiden *Pallas*.

palléscens [bot] lat. blaß werdend.

pállid us, -a, -um [bot, zool, med] lat. bleich.

Pállium [an: Hirnmantel, zool: Mantel der *Mollúsca*] lat. *pállium* Mantel.

Palmária [pal: Armplatten der *Crinoidéa*] von lat. *pálma* Hand.

Palpatión [med: Betastung zwecks Untersuchung] von lat. *palpáre* betasten.

Pálpebra [an: Augenlid] lat., von *pálpare* tasten.

Paludína [pal, zool: Gttg. der *Gastrópoda*, Sumpfschnecke] von lat. *pálus*, Gen. *palúdis* Sumpf.

paludós us, -a, -um; palúst er, -ris, -re [bot] lat. im Sumpf (lat. *pálus*) lebend.

Panarítium [med: Nagelgliedentzündung] verderbt aus lat. *parónychium*, von gr. *parōnychía*, von gr. *pará* neben, *ónyx* Nagel.

Pandemíe [med: über ganze Länder ausgebreitete Epidemie] gr. *pán* alles, *dḗmos* Volk.

Pánicum [bot: Hirse] lat. *pánis* Brot.

paniculát us, -a, um [bot] lat. mit einer Rispe (lat. *panícula*) versehen.

Pánkreas [an: Bauchspeicheldrüse] gr. *pán* alles, ganz, *kréas* Fleisch (weil scheinbar ganz aus Parenchym bestehend).

Pannículus adipósus [an: Fettpolster] lat. verkl. von *pánnus* Tuch; *ádeps*, Gen. *ádipis* Fett.

pannós us, -a, -um [bot] lat. gelappt, von lat. *pánnus* Lappen.

Panplegíe [med: Vollähmung] gr. *pán* ganz, *plēgḗ* Schlag.

Panpsychísmus [phil: Allbeseelung] gr. *pán* alles, *psýchē* Seele.

Panspermíe [phil, astr, biol: Annahme, daß im Weltall Lebenskeime vorhanden seien] gr. *pán* alles, *spérma* Same.

Pantópoda [zool: Ordn. der *Arachnoidéa*] gr. *pán*, Gen. *pantós* alles, *pús*, Fuß (große Gliedmaßen bei kleinem Körper).

Papiliónidae [zool: Fam. der *Lepidóptera*, Tagfalter] lat. *papílio* Schmetterling.

Papílla [an: Warze, warzenförmiger Vorsprung] lat. *papílla* Brustwarze.

Pápula [med: Knötchen, krankhafte Emporhebung der Haut] lat. *papílla* Bläschen.

Paradídymis [an: Nebenhoden] gr. *pará* bei, *dídymoi* Geschwister, übertr. Hoden.

paradóx [phil: widersinnig] gr. *parádoxos* unerwartet, von gr. *pará* entgegen, *dóxa* Meinung.

Paradoxídes [pal: Gttg. der *Trilobítae*] von gr. *parádoxos* seltsam, Sonderling.

Paraffíne [chem: feste gesättigte Kohlenwasserstoffe] lat. *párum affínis* wenig verwandt (wenig Neigung, mit anderen Stoffen in Reaktion zu treten.

Parageusíe [psych: absonderliche Geschmacksempfindung] gr. *pará* neben, *geúsis* Geschmack.

Paraglóssae [zool: Nebenzunge gewisser Insekten] gr. *pará* neben, *glõssa* Zunge.

Paragneis [min: Sedimentgneis] gr. *pará* neben (im Hinblick auf den Orthogneis).

Parakláse [geol: Verwerfung] gr. *pará* neben, durch, *klásis* Zerbrechen.

Paralalíe [psych: Sprachverwirrung] lat. *pará* daneben, *laleín* reden.

Paralexíe [psych: Wortverwechslung beim Lesen] gr. *pará* daneben, *léxis* Lesen.

parálisch [geol: am Meer gelegen bzw. entstanden] gr. *pará* bei, *háls*, Gen. *halós* Salz, Meer.

Paralláxe [phys, astr: scheinbare Verschiebung] gr. *parállaxis* Abweichung.

parallél [math] gr. *parállelos* nebeneinander laufend.

paralométrisch [geog: Küstenmessung betreffend] gr. *paralía* Küste, *métron* Maß.

Paralýse [med: fortschreitende Lähmung] gr. *parálysis* Auflösung.

Paramaécium [zool: Gttg. der *Ciliáta*] latin. von gr. *paramḗkēs* länglich.

Paramnesíe [psych: Gedächtnistäuschung] gr. *pará* neben, *mnḗstis* Erinnerung.

Paramorphóse [min: Auftreten eines Minerals in zwei Modifikationen] gr. *pará* neben, *morphḗ* Gestalt.

Paranoía [med: Verrücktheit] gr. *paránoia*, von gr. *pará* neben, vorbei, *nús* Vernunft.

Paraphrasíe [psych: Versprechen] gr. *pará* vorbei, *phrásis* das Sprechen.

Paraphýse [bot: Füllfaden] gr. *pará* neben, *phýsis* Wuchs.

Paraplegíe [med: doppelseitige Lähmung] gr. *pará* gegenüber, *plēgḗ* Schlag.

Parapsychologíe [phil: Wissenschaft der jenseits des normalen Bewußtseins liegenden Dinge] gr. *pará* gegenüber, *psychḗ* Seele, *lógos* Kunde.

Parapódien [zool: Stummelfüße] gr. *pará* bei, neben, *pódion* kleiner Fuß.

Parasíten [biol: Schmarotzer] gr. *parásitos* Tischgenosse, von gr. *pará* bei, *sítos* Speise.

Parastíche [bot: Schrägzeile] gr. *pára* neben, *stíchos* Zeile.

Parästhesíe [psych: abnorme Empfindung] gr. *pará* neben, *aísthēsis* Empfindung.

Paregórica (remédia) [pharm: beruhigende Mittel] gr. *parēgoreín* zureden, beschwichtigen.

Parenchým [an: Zellgewebe zwischen den Organen, bot: Gewebe mit etwa quadratischen Zellen] gr. *parénchyma* Füllsel, von gr. *pará* langs, *énchyma* das Ausgegossene.

Parése [psych: Erschlaffung, halbe Lähmung] gr. *párēsis* Ermattung.

parietál is, -e [an: 1. zur Wand, 2. zum Scheitelbein gehörig, ***Parietále*** an: Scheitelbein] von lat. *páries*, Gen. *paríetis* Wand.

parietín us, -a, -um [bot] lat. an der Mauer (lat. *páries*, Gen. *pariétis*) wachsend.

Paronýchia [med: Nagelbettentzündung] gr. *parōnýchia* (Galen), von gr. *pará* neben, *ónyx*, Gen. *ónychos* Nagel.

Paroóphoron [an: Nebeneierstock] gr. *pará* neben, *ōon* Ei, *phóros* Träger

Parorchidíe [an: Verlagerung des Hodens] gr. *pará* neben, *órchis* Hoden.

Parorexíe [psych: sonderbare Geschmacksrichtung (bei Schwangeren)] gr. *pará* vorbei, *órexis* Verlangen.

Parosmíe [psych: Geruchstäuschung] gr. *pará* vorbei, *osmḗ* Geruch.

Parótis [an: Ohrspeicheldrüse] gr.

parōtís Ohrdrüse, von gr. *pará* bei, *ús*, Gen. *ōtós* Ohr (Lage der Drüse).

Parovárium [an: Nebeneierstock] gr. *pará* bei, lat. *ovárium* Eierstock.

Paroxýsmus [med: starke Steigerung einer Krankheit] gr. *paroxysmós* Anfall, von gr. *paroxýnein* verschärfen (gr. *oxýs* scharf).

Pars, Gen. ***pártis*** [an: Teil] lat.

Parthenogenése [biol: jungfräuliche Zeugung] gr. *párthenos* Jungfrau, *génesis* Zeugung.

Partiáldruck [phys: Teildruck] lat. *partiális* zum Teil gehörig, von lat. *pars*, Gen. *pártis* Teil.

Pártus [biol: Geburt] lat., von lat. *párere* gebären.

parviflór us, -a, -um [bot: kleinblütig] lat. *párvus* klein, *florére* blühen.

Passát [geog: Windart] span. *passáta* Überfahrt (weil für Überfahrt Europa-Amerika mit Segelschiff günstig).

Passerifórmes [zool: Ordn. der *Áves*, Sperlingsvögel] lat. *pásser*, Gen. *pásseris* Sperling, *-fórmis*, -förmig.

Pásta [pharm: Paste, Salbe mit austrocknender Wirkung] lat.

Pastílli [pharm: Plätzchen, Tabletten] lat. *pastíllus*, Mz. *pastílli* Kügelchen von Mehl, Arzneistoffen oder wohlriechenden Substanzen, „Pastillen".

Patágium [zool: Flughaut der Fledermäuse] latin. aus gr. *patageíon* breite Borte.

Patélla [an: Kniescheibe, pal, zool: Gttg. der *Gastrópoda*] lat. *patélla* Schale, Napf.

Pathogenése [med: Entstehung und Wesen einer Krankheit] gr. *páthos* Leiden, *génesis* Entstehung.

Pathologíe [med: Krankheitskunde] gr. *páthos* Leiden, *lógos* Kunde.

Pathophobíe [psych: Furcht vor Krankheit] gr. *páthos* Leiden, *phóbos* Furcht.

pátul us, -a, -um [bot] lat. weit aufstehend.

pauciflór us, -a, -um [bot: arm blühend] lat. *paúci* wenige, *flóres* Blüten.

paucifóli us, -a, um [bot: mit wenigen Blättern versehen] lat. *paúci* wenige, *fólium* Blatt.

Pecópteris [pal: Gttg. der *Filicacéae*] gr. *pékō* kämme, *ptéris* Wedel (kammförmige Wedel).

Pécten [an: Kamm, zool: kammartiger Fortsatz im Vogelauge, pal, zool: Gttg. der *Lamellibranchiáta*] lat. *pécten* Kamm.

Pectinibránchia [pal, zool: = *Ctenobranchína*] lat. *pécten*, Gen. *péctinis* Kamm, *bránchia* Kieme.

pectorál is, -e [an] lat. zur Brust (lat: *péctus*, Gen. *péctoris*) gehörig.

Pectúnculus [pal: Gttg. der *Lamellibranchiáta*] lat. *pécten* Kamm, *úncul us* kleiner Haken.

Péctus [an: Brust] lat. *péctus*, Gen. *pécto is* Brust.

Pediástrum [bot: Gttg. der Grünalgen] latin. aus gr. *pédion* Fäche, *astḗr* Stern (sternförmige Gestalt).

Pediculáris [bot: Läusekraut] lat. *pedículus* Laus.

Pedículus [zool: Gttg. der *Áptera*, Laus] lat. Verkl. von *pédis* Laus.

pedifórm is, -e [bot: fußförmig] lat. *pes*, Gen. *pédis* Fuß, *-fórmis* -förmig.

Pedipálpa [zool: Ordn. der *Arachnoidéa*, Geißelskorpione] lat. *pes*, *pédis* Fuß, *palpáre* streicheln, klopfen (geißelförmige Vorderbeine).

Pedizellárien [zool: zangenförmige Greiforgane auf der Haut der Stachelhäuter] lat. *pedicéllus* kleiner Fuß.

Pegmatíte [min: Quarz-Feldspatgesteine] gr. *pḗgma* das Gefrorne, Erstarrte.

pelágisch [geog, geol: die hohe See betreffend] gr. *pélagos* hohe See.

Pelagothúridae [zool: Fam. der *Holothurioidéa*] gr. *pélagos* hohe Meer, *holothúria* Seewalze.

Pelargónium [bot: Storchschnabel] latin. aus gr. *pelargós* Storch.

Pelecýpoda [pal, zool: = *Lamellibranchiáta*] gr. *pelekýs* Beil, *pús*, Gen. *podós* Fuß (Beilfüßler).

Pelíte [min: Tongesteine] gr. *pēlós* Schlamm (aus Schlamm entstanden).

Pelléntia (*remédia*) [pharm: abtreibende Mittel] lat. *péllens*, Gen. *pelléntis* treibend, *remédium* Mittel.

Pellícula [zool: Hautschicht der *Ciliáta*] lat. *pellícula* kleine Haut, von lat. *péllis* Haut.

pellúcid us, -a, -um [an: durchsichtig] lat. aus *per* durch, *lúcid us, -a, -um* leuchtend.

Pelmatozóa [pal, zool: U.Stamm der *Echinodérmata*] gr. *pélma* Stiel, *zṓon* Tier (Stachelhäuter mit Stiel).

Pelobátes [zool: Gttg. der *Anúra*, Unke] gr. *pélos* Schlamm, *bátēs* von gr. *baínein* gehen.

Pelomýxa [zool: Gttg. der *Amoebína*] gr. *pelós* Schlamm, *mýxa* Schleim (im Schlamm lebende Amöbe).

peltát us, -a, -um [bot: mit schildförmigen Blättern versehen] von lat. *pélta*, gr. *péltē* Schild.

Peltóceras [pal: Gttg. der *Ammonoidéa*] gr. *péltē* kleines Schild, *kéras* Horn.

Pélvis [an: Becken] lat.

pendulós us, -a, -um; péndul us, -a, -um [bot] lat. hängend, von lat. *péndere* hängen.

Penetratión [med, min: Durchdringung] von lat. *penetráre* durchdringen.

Penicíllium [bot: Pinselschimmel] lat. *penicíllium* Pinsel (Form der Konidienträger).

Pénis [an: männliches Glied] lat. *pénis* Rute.

pennatifóli us, -a, -um [bot: mit geflügelten Blättern] lat. *pennátus* mit Flügeln (lat. *pénna*) versehen, *fólium* Blatt.

Pennátula [zool: Gttg. der *Octocorálla*, Federkoralle] lat. *pennátula* kleine Feder.

pennát us, -a, um [bot, zool] lat. geflügelt.

Pentacrínus [pal: Gttg. der *Crinoidéa*] gr. *pénta* 5, *krínos* Lilie (fünfeckige Stielglieder).

Pentacýclicae [bot: U.Abt. der Verwachsenkronblättrigen] latin. aus gr. *pénte* 5, *kýklos* Kreis.

pentadáctyl -us, -a, um [zool] latin. fünfzehig, von gr. *pénte* fünf, *dáktylos* Finger, Zehe.

Pentagóndodekaéder [min: von zwölf Fünfecken begrenzte Kristallform] gr. *pentágonos* fünfeckig, *dṓdeka* zwölf, *hédra* Fläche.

Pentagýnia [bot: Ordn. nach Linné] gr. *pénte* fünf, *gynḗ* Weib, übertr. weibliches Geschlechtsorgan (fünf Stempel).

Pentámerus [pal: Gttg. der *Brachiópoda*] gr. *pénte* fünf, *méros* Teil (Schale erscheint fünfteilig).

Pentándria [bot: Ordn. nach Linné] gr. *pénte* fünf, *anḗr*, Gen. *andrós* Mann, übertr. männliches Geschlechtsorgan (fünf Staubgefäße).

Pentósen [chem: Zucker, welche aus fünfwertigem Alkohol abgeleitet sind] gr. *pénte* fünf.

Pepsín [biol, chem: Ferment der Magenschleimhaut] von gr. *péptein* kochen.

Peraméles [zool: Gttg. der *Marsupiália*, Beuteldachs] gr. *péra* Beutel, lat. *méles* Dachs.

perámpl us, -a, -um [pal] lat. sehr prächtig.

Perazidität [biol: gesteigerter Säuregehalt des Magensaftes] von lat. *perácidus* sehr sauer.

perarmát us, -a, um [pal] lat. stark bewaffnet (d. h. mit zahlreichen Knoten, Rippen usw. versehen).

Pérdix [zool: Gttg. der *Áves*, Feldhuhn] lat.

peregrín us, -a, -um [bot, pal, zool] lat. fremd, ausländisch.

perénn is, -e [bot: das ganze Jahr ausdauernd] lat. dauernd (von lat. *per ánnum* durch das Jahr hindurch).

Perenóspora [bot: Kartoffelpilz] gr. *perónē* Spitze, *sporá* Saat (Sporenbehälter an den Enden der Hyphen).

Perforáta [zool: U.Ordn. der *Foraminífera*] lat. *perforát us, -a, -um* durchbohrt (Schale mit zahlreichen winzigen Poren zum Durchtritt der Pseudopodien).

Perforatión [med: Durchbrechung] von lat. *perforáre* durchbrechen, von lat. *per* durch, *forámen* Loch.

Periánth [bot: Blütenhülle] gr. *perí* um herum, *ánthos* Blüte.

Periblém [bot: Hüllgewebe] von gr. *peribállein* herumwerfen.

Peribranchiálraum [zool: Kiemenhöhle (des *Amphióxus*)] latin. aus gr. *perí* um-herum, *bránchia* Kieme.

Pericárdium [an: Herzbeutel] latin. von gr. *perí* herum, *kardía* Herz.

Perichätium [bot: Hüllgewebe der Moosblüte] latin. aus gr. *perí* herum, *chaítē* Borste.

Perichóndrium [an: Knorpelhaut] latin. aus gr. *perí* um-herum, *chóndros* Knorpel.

Peridérm [bot, zool: feste Außenschicht] gr. *perí* herum, *dérma* Haut.

Perídie [bot: Fruchtkörperhülle mancher Pilze] gr. *perí* um-herum.

Perigäum [astr: Erdnähe eines Planeten] gr. *perí* um-herum, *gaía* Erde.

Perigón [bot: einfache Blütenhülle] gr. *perí* herum, *gónos* Geschlecht (Stempel und Staubgefäße).

perigýn [bot: Fruchtknoten mittelständig] gr. *perí* herum, *gynḗ* Weib, übertr. weibliches Geschlechtsorgan.

Perihél [astr: Sonnennähe eines Planeten] gr. *perí* um-herum, *hḗlios* Sonne.

Perikárd [an: Herzbeutel] gr. *perí* um-herum, *kardía* Herz.

Perikárp [bot: Fruchtschale] gr. *perí* um-herum, *kárpos* Frucht.

Periklás [min: *MgO*] gr. *perí* ringsherum, *klásis* Zerbrechen (starke Spaltbarkeit).

Periklín [min: = Albit] gr. *periklínein* sich ringsherum neigen (weil Kristalle nur schiefe Winkel aufweisen).

periklinál [geol: allseitig geneigt] gr. *periklinḗs* sich ringsum neigend.

Periméter [psych: Instrument zur Messung des Gesichtsfeldes] gr. *perí* um-herum, *métron* Maß.

Perimorphóse [min: Umhüllungsmetamorphose] gr. *perí* um-herum, *morphḗ* Gestalt.

Perin(a)éum [an: Damm, Mittelfleisch] lat., von gr. *perinéein* rings aufschichten.

Perióde [geol: längerer Zeitraum der Erdgeschichte] gr. *períodos* Umlauf.

Periodontítis [med: Zahnwurzelhautentzündung] gr. *perí* um-herum, *odús*, Gen. *odóntos* Zahn.

Periöken [geog: Umwohner] gr. *perí* herum, *oikeín* wohnen.

Periophthálmus [zool: Gttg. der *Teleóstei*, Schlammspringer] gr. *perí* herum, *ophthalmós* Auge (Augen weit hervortretend, deshalb ringsum blickend).

periorál [zool, an: um den Mund herum] latin. aus gr. *perí* um-herum, lat. *os*, Gen. *óris* Mund.

Perióst [zool, an: Knochenhaut] gr. *perí* um-herum, *ósteon* Knochen.

Peripheríe [math: Kreisumfang] gr. *peripherḗs* sich herumdrehend.

Periplanéta [zool: Gttg. der *Orthóptera*, Schabe] latin. von gr. *perí* ringsum, *planḗtēs* herumschweifend.

Peripyléa [zool: U.Ordn. der *Radiolária*] gr. *perí* ringsum, *pýlē* Tor (Schale allseitig durchlocht).

Periprókt [zool: Afterfeld (der Seeigel)] gr. *perí* um herum, *prōktós* After.

Periskóp [phys: Sehrohr, Objektiv] gr. *periskopeín* umherspähen.

Perispérm [bot: äußeres Nährgewebe des Samens] gr. *perí* herum, *spérma* Same.

Perisphínctes [pal: Gttg. der *Ammonoidéa*] gr. *perí* herum, *sphíngein* umschnüren (Schale mit Einschnürungen).

Perissodáctyla [pal, zool: U.Ordn. der *Mammália*, Unpaarhufer] gr. *perissós* ungleich, *dáktylos* Finger, Zehe.

Peristáltik [an: Kontraktionsbewegungen des Magens und Darms] gr. *perí* rings herum, *staltikós* zusammenziehend.

Peristóm [zool: Mundfeld] gr. *perí* ringsherum, *stóma* Mund.

Perithézium [bot: Sporenbehälter mancher Pilze] latin. aus gr. *perí* herum, *thḗka* Behältnis, Hülle.

Periton(a)éum [an: Bauchfell] lat. von gr. *peritónaion*, von gr. *periteínein* umspannen.

Peritrícha [zool: Ordn. der *Ciliáta* mit Wimperkranz] gr. *perí* ringsum, *thríx*, Gen. *trichós* Haar.

Perizýkel [bot: Zellschicht um das Wurzelgefäßbündel] gr. *perí* herum, *kýklos* Kreis.

Pachydíscus [pal: Gttg. der *Ammonoidéa*] gr. *pachýs* dick, *dískos* Scheibe.

Pachyméninx [an: harte Hirnhaut] gr. *pachýs* dick, *mḗninx* Haut (= *Dura mater*).

Perkussión [med: Beklopfen des Körpers] von lat. *percútere* erschüttern.

permanént [phys] lat. *permánens* andauernd, bleibend.

permeábel [geol: durchlässig] gr. *permeábilis* durchdringbar.

Pérna [pal, zool: Gttg. der *Lammellibranchiáta*] lat. *pérna* Hinterkeule (Schale keulenförmig).

perniciós us, -a, -um [an, med] lat. verderblich.

Pérnio [med: Frostbeule] lat., von gr. *pérna* Ferse (hauptsächlicher Sitz der Frostbeule).

Peromedúsae [zool: Gttg. der *Scyphozóa*, Taschenquallen] gr. *péra* Sack, lat. *medúsa* Meduse.

peron(a)é us, -a, -um [an: zum Wadenbein gehörig] lat., von gr. *perónē* Spange, übertr. Wadenbein.

persistént [biol: dauerhaft] lat. *persístens* ausharrend.

Personátae [bot: Ordn. Maskenblütige] lat. *personát us, -a, -um* mit Maske (lat. *persóna*) versehen.

Pertússis [med: Keuchhusten] lat. *per* überaus (verstärkende Vorsilbe), *tússis* Husten.

Perversión [psych: krankhafte Abweichung] lat. *pervérsus* verkehrt.

Pervigílium [med: Schlaflosigkeit] lat. *per* durch, *vigília* Nachtwachen.

Perzeptión [psych: Wahrnehmung] lat. *percéptio* Begreifen.

Pes [an: Fuß] lat. *pes*, Gen. *pédis* Fuß.

petaloíd [bot: (kron)blattähnlich] gr. *pétalon* Kronblatt, *eídos* Aussehen.

Petasítes [bot: Pestwurz] von gr. *pétasos* Hut (Blattform).

Petíolus [bot: Blattstiel] lat. *petíolus* kleiner Fuß.

petraé us, -a, -um [bot] latin. auf Stein (gr. *pétros*) wachsend.

Petrefákt [pal: Versteinerung] gr. *pétros* Stein, lat. *fáctus* gemacht.

Petrogenése [geol: Entstehungsgeschichte der Gesteine] gr. *pétros* Stein, *génesis* Entstehung.

Petrographíe [geol: Gesteinskunde] gr. *pétros* Stein, *gráphein* beschreiben.

Petróleum [min: flüssige Kohlenwasserstoffe, Steinöl] gr. *pétros* Stein, lat. *óleum* Öl.

Petromýzon [zool: Gttg. der *Cyclostómata*, Neunauge] gr. *pétros* Stein, *myzán* saugen.

Petrósum [an: Felsenbein] lat. *petrós us, -a, -um* felsenartig, von gr. *pétros* Fels.

Phacélia [bot: Büschelkraut] latin. aus gr. *phákelos* Büschel.

Phacochoérus [zool: Gttg. der Warzenschweine] latin. aus gr. *phakós* Linse, Warze, *choíros* Schwein.

Phácops [pal: Gttg. der *Trilobítae*] gr. *phakḗ* Linse, *ṓps* Auge (Fazettenauge).

Phaeodária [zool: U.Ordn. der *Radiolária*] gr. *phaiós* dunkel (wegen der Pigmentkörner in der Zentralkapsel).

Phaeophycéae [bot: Braunalgen] latin. aus gr. *phaios* braun, *phýkos* Alge, Tang.

Phagozýten [zool: Freßzellen (z. B. Leukozyten)] gr. *phageín* fressen, *kýtos* Höhle, Zelle.

Phalángen [an: Finger- bzw. Zehenglieder] gr. *phálanx*, Gen. *phálangos*, Reihe, Glied.

Phálaris [bot: Gttg. Glanzgras] gr. *phalarós* glänzend.

Phállus [bot: Gttg. Stinkmorchel, an: männliches Glied] gr. *phallós* männliches Glied.

Phanerogámae [bot: Blütenpflanzen] gr. *phanerós* sichtbar, *gameín* heiraten, übertr. blühen.

Phaneroglóssa [zool: U.Ordn. der *Anúra*] gr. *phanerós* deutlich sichtbar, *glṓssa* Zunge.

phanerokristallín [min: mit deutlicher kristalliner Struktur] gr. *phanerós* deutlich, *krýstallos* Eis, übertr. Kristall.

phaneromér [min: mit deutlich erkennbaren Gemengteilen] gr. *phanerós* sichtbar, *méros* Teil.

Phänologíe [geog: Erscheinungslehre (z. B. Eintritt der Schneeschmelze)] gr. *phaínesthai* erscheinen, *lógos* Lehre.

Phäophýll [bot: Farbstoff der Braunalgen] gr. *phaiós* braun, *phýllon* Blatt.

Pharmakognosíe [pharm: Drogen- u. Arzneikunde] gr. *phármakon* Heilmittel, *gnṓsis* Kenntnis.

Pharmakologíe [med: Arzneimittellehre] gr. *phármakon* Heilmittel, *lógos* Lehre.

Phárynx [an: Schlund] gr. *phárynx*, Gen. *pháryngos* Schlund.

Phascogále [zool: Gttg. des *Marsupiália*, Beutelmarder] gr. *pháskolon* Beutel, *galḗ* Marder.

Pháse [phys: Bewegungszustand, min: Zustand, Erscheinung] gr. *phásis* Zustand.

Phaséolus [bot: Gttg. Bohne] gr. *phaseolós* Kahn (Form der Hülse).

Phasiánus [zool: Gttg. der *Áres*, Fasan] gr. *phasianós*, nach dem ins Schwarze Meer mündenden Fluß Phasis (Heimat).

Phasmoidéa [zool: U.Ordn. der *Orthóptera*, Gespenstheuschrecken] gr. *phásma* Gespenst, *eídos* Aussehen.

Phegópteris [bot: Gttg. Buchenfarn] gr. *phēgós* Buche, *ptéris* Wedel.

Phellogén [bot: korkerzeugende Schicht] gr. *phellós* Kork, *génesis* Entstehung.

Phenakít [min: $BeSiO_4$] gr. *phḗnax*, Gen. *phḗnakos* Betrüger (weil dem Quarz sehr ähnlich).

Phimóse [med: Verengerung der Vorhaut, so daß deren Zurückschiebung unmöglich ist] gr. *phímōsis* Verschließung, von gr. *phimós* Maulkorb.

phlegmátisch [psych: behäbiges Temperament] gr. *phlḗgma* Schleim.

Phlegmóne [med: Zellgewebsentzündung] gr. *phlegmonḗ*, von gr. *phlégein* brennen.

Phloém [bot: Siebteil] latin. aus gr. *phloiós* Rinde.

Phlogopít [min: Var. des Glimmers] gr. *phlogōpós* glänzend.

Phlógōsis [med: Entzündung] gr. *phlógōsis* Entzündung.

Phlómis [bot: Wollkraut] gr. *phlómis* Wolle.

Phóbien [psych: Angstzustände] gr. *phóbos* Furcht.

Phobísmus [bot: Schreckbewegung] gr. *phobeín* erschrecken.

Phóca [zool: Gttg. der *Pinnipédia*, Seehund] lat. *phóca* Seehund.

Phocaéna [zool: Gttg. der *Delphínidae*] latin. aus gr. *phókaina* Tümmler.

Phoenicopterifórmes [zool: Ordn. der *Neognáthae*, Flamingos] gr. *phoínikos* rot, *ptéron* Flügel, lat. *-fórmis* -förmig.

Phólas [zool: Gttg. der *Lamellibranchiáta*, Bohrmuschel] gr. *phōlás* Muschelart, eigtl: in Höhlen hausend.

Phonétik [psych: Stimm-, Lautlehre] von gr. *phōnḗ* Stimme.

Phonográph [phys: Instrument zur Aufzeichnung und Wiedergabe des Schalls] gr. *phōnḗ* Stimme, *gráphein* aufzeichnen.

Phonolíth [min: Klingstein] gr. *phōnḗ* Stimme, Klang, *líthos* Stein.

Phonométer [psych, phys: Sprachmeßapparat] gr. *phōnḗ* Stimme, *métron* Maß.

Phósphor [chem: Element P] gr. *phṓs* Licht, *phóros* Träger.

photogén [bot, zool: lichterzeugend] gr. *phṓs*, Gen. *phōtós* Licht, *génesis* Erzeugung.

Photogrammetríe [geog: Bildmeßkunst] gr. *phṓs*, Gen. *phōtós* Licht, *grámma* Geschriebene, *métrein* messen.

Photométer [phys: Instrument zur Messung der Lichtstärke] gr. *phṓs*, Gen. *phōtós*, Licht, *métron* Maß.

Photophobíe [biol, psych: Lichtscheu] gr. *phṓs*, Gen. *phōtós* Licht, *phóbos* Furcht.

Photosphäre [astr: Sonnenoberfläche] gr. *phṓs*, Gen. *phōtós* Licht, *sphaíra* Kugel.

Phototáxis [biol: Einstellung frei beweglicher Tiere und Pflanzen auf das Licht] gr. *phṓs*, Gen. *phōtós* Licht, *táxis* Aufstellung.

Phototropísmus [bot: Wachstumsbewegungen auf Grund von Lichteinflüssen] gr. *phṓs*, Gen. *phōtós* Licht, *trópos* Wendung.

Phragmítes [bot: Gttg. Schilfrohr] latin. aus gr. *phragmós* Zaun (Verwendung).

Phragmokón [pal: der kegelförmige, in das Rostrum eingesetzte Teil der Schale der *Belemnoidéa*] gr. *phragmós* Einschließen, *kṓnos* Kegel.

Phrenologíe [psych: Lehre, nach der Geistesanlagen aus der Schädelform abgeleitet werden] gr. *phrḗn* Zwerchfell (nach antiker Anschauung Sitz der Seele), *lógos* Lehre, Kunde.

Phrónima [zool: Gttg. der *Amphí-*

poda] gr. *phrónimos* klug, verständig (wohl wegen des großen Kopfes).

Phryganéa [zool: Gttg. der *Neuróptera*, Köcherfliege] gr. *phrýganon* Reisigbündel (Larvengehäuse ist häufig aus Stengelstücken zusammengesetzt).

Phthírius [zool: Gttg. der *Rhynchóta*, Filzlaus] latin. aus gr. *phtheír*, Gen. *phtheirós* Laus.

Phthísis [med: Schwindsucht] gr., von gr. *phthínein* dahinschwinden.

Phycódes [pal: algenähnliche problematische Versteinerung] gr. *phýkos* Alge, *eídos* Aussehen.

Phycomycétes [bot: Algenpilze] latin. aus gr. *phýkos* Alge, Tang, *mýkēs* Pilz.

Phykoerythrín [bot: roter Farbstoff der Rotalgen] gr. *phýkos* Tang, *erythrós* rot.

Phykophäín [bot: brauner Farbstoff der Braunalgen] gr. *phýkos* Tang, *phaiós* braun.

Phykozyán [bot: blauer Farbstoff der Blaualgen] gr. *phýkos* Tang, *kyáneos* stahlblau.

Phyllít [min: kontaktmetamorph umgewandeltes Tongestein mit blätteriger Struktur] von gr. *phýllon* Blatt.

Phýllium [zool: Gttg. der *Orthóptera*, Blattheuschrecke] latin. von gr. *phýllon* Blatt.

Phyllóceras [pal: Gttg. der *Ammonoidéa*] gr. *phýllon* Blatt, *kéras* Horn (blattförmig zerschlitzte Lobenlinie).

Phyllódie [bot: in Laubblatt umgewandeltes Blütenblatt] gr. *phýllon* Blatt, *eídos* (Stamm *-id*) Aussehen.

Phylogenése, Phylogeníe [biol: Stammesgeschichte] gr. *phýlē* Stamm, *génesis* Entwicklung.

Phylloíd [bot: blattartiger Thallus] gr. *phýllon* Blatt, *eídos* Aussehen.

Phyllokládium [bot: Flachsproß] gr. *phýllon* Blatt, *kladós* Zweig.

Phyllópoda [zool: U.Ordn. der *Branchiópoda*] gr. *phýllon* Blatt, *pús*, Gen. *podós* Fuß.

Phyllosóma [zool: Larve vom Hummer] gr. *phýllon* Blatt, *sōma* Körper (Larve sehr zart und dünn).

Phylloxéra [zool: Gttg. der *Insécta*, Blattlaus] gr. *phýllon* Blatt, *xerós* trocken, welk.

Phýma [med: feste Geschwulst] gr. *phýma* Geschwulst, eigentl. das Gewachsene, von gr. *phýein* wachsen lassen.

Phýsalis [zool: Gttg. der *Siphonóphora*, Röhrenqualle] gr. *physalís* Blase (im Hinblick auf die Schwimmblase).

Physéter [zool: Gttg. der *Cetacéa*, Pottwal] gr. *physētḗr* Blasrohr (bläst Luft aus).

Physík [phil] gr. *physikós* die Natur betreffend.

Physiognómik [psych: Charakterdeutung aus dem Gesichtsschnitt] gr. *phýsis* Natur, *gnṓmē* Erkenntnis.

Physiologíe [biol: Lehre von den Funktionen der Lebewesen und ihrer Organe] gr. *phýsis* Natur, *lógos* Kunde.

Physkoníe [med: Fettleibigkeit] von gr. *phýskōn* Dickbauch.

physocárp us, -a, um [bot: blasenfrüchtig] latin. aus gr. *phýsa* Blase, *karpós* Frucht.

Physophoréae [zool: U.Ordn. der *Siphonóphora*] gr. *phýsa* Blase, *phoreín* tragen (besitzen Schwimmblasen).

Phyteúma [bot: Teufelskralle] von gr. *phyteúein* zeugen (in Massen auftretend).

phytogén [geol: aus Pflanzen entstanden] gr. *phýton* Gewächs, *génesis* Entstehung.

Phytologíe [bot: Pflanzenkunde] gr. *phytón* Pflanze, *lógos* Lehre.

Phytóphthora [bot: Kartoffelpilz] gr. *phytón* Gewächs, *phthorá* Vernichtung.

Pía máter [an: Gefäßhaut des Gehirns] lat. *pía* die heilige, *máter* Mutter (im Gegensatz zur *Dura mater*).

Píca [zool: Gttg. der *Áves*, Elster] lat.

Pícea [bot: Gttg. Fichte] lat. *pícea*, Fichte, von lat. *pix*, Gen. *pícis* Harz.

píct us, -a, um [bot, zool, pal] lat. gezeichnet, mit Flecken versehen.

Pícus [zool: Gttg. der *Áves*, Specht] lat.

Pïëzométer [phys: Druckmesser] gr. *piézein* drücken, *métron* Maß.

Pigmént [an: Farbstoff, bes. der Haut] lat. *pigméntum* Farbstoff, von lat. *píngere* färben.

Píli [zool: Grannenhaare] lat. *píli* die Haare.

Pilídium [zool: Larve der *Nemertíni*] latin. aus gr. *pilídion* kleiner Filzhut (Form).

Pilóbolus [bot: Gttg. der Pilze] lat. *píla* Ball, gr. *bállein* werfen (schleudert seine Sporen dem Lichte zu).

pilós us, -a, um [bot, zool] lat. mit Haaren versehen, behaart.

Pílula [pharm: kleine Kugel, Pille] lat. verkl. von *píla* Ball.

Pílus [an] lat. *pílus* Haar.

Pinacóceras [pal: Gttg. der *Ammonoidéa*] latin. aus gr. *pínax*, Gen. *pínakos* Teller, *kéras* Horn (Schale flach tellerförmig).

Pinakoíd [min: Endfläche] gr. *pínax*, Gen. *pínakos* Tafel, *eídos* Gestalt.

pineál is, -e [an] lat. zirbelförmig, von lat. *pínea* Tannenzapfen, Zirbel.

Pinguícula [bot: Fettkraut] lat. Verkl. von *pínguis* Fett, „kleine Fette".

Pínna [pal, zool: Gttg. der *Lamellibranchiáta*, zool: Flosse] lat. *pínna* Flosse.

Pinnipédia [zool: Ordn. der *Mammália*, Flossenfüßler] lat. *pínna* Flosse, *pes*, Gen. *pédis* Fuß.

Pínnulae [pal, zool: federförmige Anhänge der *Crinoidéa*] lat. *pínnula* Federchen.

Pinnulária [bot: Gttg. der Diatomeen] lat. *pínnula* kleine Feder.

Pínus [bot: Kiefer] lat. *pínus* Föhre, Kiefer.

Píper [bot: Gttg. Pfeffer] lat.

Pipétte [chem: dünn ausgezogene Glasröhre] franz. Verkl. von *pipe* Röhre.

pirifórm is, -e [bot] lat. birnförmig.

Pírula [bot: Wintergrün] verkl. von lat. *pírus* Birnbaum (Blattform).

Pírus [bot: Birnbaum] lat.

Písces [pal, zool: Kl. der *Vertebráta*, Fische] lat. *píscis* Fisch.

Piscícola [zool: Gttg. der Fischegel] lat. *píscis* Fisch, *cólere* bewohnen.

piscifórm is, -e [zool] lat. fischförmig.

Pisifórme [an: Erbsenbein] lat. *písum*, Gen. *písi* Erbse, *-form is, -e* -förmig.

Pisolíth [min: Erbsenstein] lat. *písum* Erbse, gr. *líthos* Stein.

Pistíll [bot: Stempel] lat. *pistíllum* Reibekeule (Form).

Písum [bot: Gttg. Erbse] lat.

Pithecánthropus [zool: „Affenmensch" von Java] gr. *píthekos* Affe, *ánthrōpos* Mensch.

Pityríasis [med: Kleienflechte] gr. *pityríasis*, von gr. *pítyron* Kleie (wegen der Abschilferung).

Pix [pharm: Pech] lat.

Placénta [biol: Mutterkuchen, bot: Samenleiste] lat. *placénta* Kuchen, von gr. *pláx* Platte.

Placodérmi [pal: Ordn. der *Písces*, Panzerfische] gr. *pláx*, Gen. *plakós* Platte, *dérma* Haut.

Placóphora [zool: Ordn. der *Amphineúra*, Käferschnecken] gr. *pláx*, Gen. *plakós* Platte (Schalenstücke), *phoreín* tragen.

Plagioklás [min: Kalknatron-Feldspat] gr. *plágios* schief, *klásis* Bruch (Spaltungswinkel 86°).

Plagióstomi [pal, zool: Ordn. der *Písces*, Haie] gr. *plágios* schief, *stóma* Maul.

plagiotróp [bot: schrägstehend] gr. *plágios* schräg, *trópos* Richtung.

Plakoídschuppen [zool: Schuppen, bei denen sich auf einer Knochenplatte ein Dentinzahn erhebt] gr. *pláx*, Gen. *plakós* Platte, *eídos* Aussehen.

plan [phys] lat. *plánus* eben, flach.

Planária [zool: Gttg. der *Turbellárii*] lat. *plánus* flach, eben.

planát us, -a, -um [pal] lat. ebenflächig.

Planéten [astr: Wandelsterne] gr. *planḗs*, Gen. *planḗtos* herumirrend.

planifóli us, -a, -um [bot: flachblätterig] lat. *plánus* flach, *fólium* Blatt.

Planiméter [phys: Instrument zur Flächenmessung] lat. *plánum* Fläche, *métron* Maß.

Plánkton [biol: Schwebewelt des Wassers] gr. *planktós* irrend (Lebewesen, die ohne eigene Bewegungsmöglichkeit vom Spiel der Wellen weitergetrieben werden).

Planogaméten [bot: freibewegliche Geschlechtszellen] gr. *plános* herumirrend, *gamétēs* Gatte.

Planórbis [pal, zool: Gttg. der *Gastrópoda*] lat. *plánus* flach, *órbis* Kreis.

Plánta [an: Fußsohle] lat.

Plantágo [bot: Wegerich] von lat. *plánta* Fußsohle (Blattform).

plantigrád [zool: auf den Sohlen gehend] lat. *plánta* Fußsohle, *grádi* schreiten.

Plánula [zool: Larve der *Coelenteráta*] lat. verkl. von *plán us, -a, -um* „kleine, flache".

Plánum [an: Feld, Bezirk] lat., von lat. *plánus* eben.

Plásma [biol: = Protoplasma] gr. *plásma* das Geformte.

Plasmodésmen [bot: Plasmafäden] gr. *plásma* Gebilde, *desmós* Faden.

Plasmolýse [bot: Ablösung des Plasmas von der Zellwand] gr. *plásma* Gebilde, *lýsis* Lösung.

Plástron [zool: Brust-Bauchschild der Schildkröten] franz. *plastron* Brustharnisch.

Plateau [geog: Hochland, Tafelland] franz. *plateau* Tischaufsatzplatte.

Plathelmínthes [zool: Kl. der *Vérmes*, Plattwürmer] gr. *platýs* platt, *helmíns*, Gen. *helmínthos* Wurm.

Plátin [chem: Element *Pt*] von span. *pláta* Silber.

platycéphal us, -a, -um [zool: breitköpfig] latin. aus gr. *platýs* breit, *kephalḗ* Kopf.

Platycrínus [Gttg. der *Crinoidéa*] latin. aus gr. *platýs* breit, *krínos* Lilie.

platyphýll us, -a, -um [bot: breitblätterig] latin. aus gr. *platýs* breit, *phýllon* Blatt.

platyrhín us, -a, -um [zool: breitnasig] latin. aus gr. *platýs* breit, *rhís*, Gen. *rhinós* Nase.

Plectognáthi [zool: U.Ordn. der *Teleóstei*] gr. *plektós* zusammengefügt, *gnáthos* Kiefer.

Pleiochásium [bot: trugdoldiger Blütenstand] latin. aus gr. *pleíon* mehr, *chaínein* klaffen, sich teilen.

Pleistozän [geol: Formationsabteil.] gr. *pleíston* am meisten, *kainós* neu.

pleistoseístisch [geol: bei Erdbeben am meisten erschüttert] gr. *pleíston* am meisten, *seistós* erschüttert.

Pleochroísmus [min: Mehrfarbigkeit eines Minerals] latin. aus gr. *pléon* mehr, *chrṓs* Farbe.

Pleonást [min: Var. des Spinells], gr. *pleonázein* Überfluß haben (Kristalle sehr flächenreich).

Pleróm [bot: Füllgewebe] gr. *plḗrōma* Fülle, Ausfüllung.

Plesiosaúrus [pal: Gttg. der *Sauropterýgia*] gr. *plḗsios* nahestehend, *saúros* Echse.

Pléthora [an: Überfülle (z. B. von Blut)] von gr. *plḗthos* Fülle.

Pleúra [an: Brustfell] gr. *pleurá* Seite.

pleurodónt [zool: Gebißform, bei der die Zähne seitlich im Kiefer stehen] gr. *pleurá* Seite, *odús* Gen. *odóntos* Zahn.

pleurokárp [bot: Früchte seitlich bildend] gr. *pleúra* Seite, *kárpos* Frucht.

Pleuromýa [pal: Gttg. der *Lamellibranchiáta*] gr. *pleúra* Seite, *mýa* Muschel (Schale mit langer Hinterseite).

Pleuronéctes [zool: Gttg. der *Teleóstei*. Scholle] von gr. *pleurá* Seite, *néchesthai* schwimmen.

Pleurótoma [pal: Gttg. der *Gastrópoda*] gr. *pleurá* Seite, *tomá* Schnitt (Außenlippe der Schale mit Schlitz).

Pléxus [an: Geflecht aus Blutgefäßen oder Nerven] lat. von *pléctere* flechten.

Plíca [an: Falte] lat.

plicát us, -a, -um [bot, zool, pal] lat. gefaltet.

Pliozän [geol: Formationsabt. des Tertiärs] latin. aus gr. *pleíon* mehr, *kainós* neu.

Plocéidae [zool: Fam. der *Áves*, Webervögel] gr. *plokeús* Weber.

plumári us, -a, -um [bot] lat. zerschlitzt wie eine Feder (lat. *plúma*).

Plúteus [zool: Larve der Seeigel und Seegurken] lat. *plúteus* (Schirmdach (Form).

plutónisch [geol: = eruptiv] lat. *Plúto* Gott der Unterwelt.

Pluviálzeit [geol: Regenzeit, der Eiszeit entsprechend] von lat. *plúvius* Regen.

pneumatogén [min: aus Gasen gebildet] gr. *pneúma*, Gen. *pneúmatos* Hauch, *génesis* Entstehung.

Pneumatóden [bot: Spaltöffnungen] gr. *pneúma*, Gen. *pneúmatos* Luft, *hodós* Weg.

pneumatolýtisch [min: durch Einwirkung von Gasen entstanden] gr.

pneúma, Gen. *pneúmatos* Hauch, *lytós* gelöst.

Pneumatophór [zool: Luftkammer der Siphonophoren, bot: Atemwurzel] gr. *pneúma*, Gen. *pneúmatos* Luft, *phóros* Träger.

Pneumographíe [med: Aufzeichnung der Atembewegungen] gr. *pneúma* Hauch, Atem, *gráphein* schreiben.

Pneumoníe [med: Lungenentzündung] gr. von *pneúmōn* Lunge.

Pneumorrhagíe [med: Blutsturz aus der Lunge] gr. *pneúmōn* Lunge, *rhēgnýnai* (Stamm: *rhag-*) brechen.

Póa [bot: Gttg. Rispengras] gr. *póa* Gras.

Pódagra [med: Gicht der Zehen] gr. *podágra* Fußfalle, von gr. *pús*, Gen. *podós* Fuß, *ágra* Falle.

Podárium [zool: Fuß der Mollusken] latin. aus gr. *pús*, Gen. *podós* Fuß.

Pódiceps [zool: Gttg. Steißfuß] lat. *pódex*, Gen. *pódicis* Steiß, *pes* Fuß (Füße bis an die Ferse in der Körperhaut versteckt).

podocárp us, -a, -um [bot: mit gestielter Frucht versehen] latin. aus gr. *pús*, Gen. *podós* Fuß, *kárpos* Frucht.

Podophthálmi [zool: Abt. der *Malacóstraca* (*Crustacéa*)] gr. *pús*, Gen. *podós* Fuß, *ophthalmós* Auge (Augen gestielt).

poëtic us, -a, -um [bot] lat. vom Dichter (lat. *poéta*) besungen.

poikilothérm [zool: wechselwarm] gr. *poikílos* verschieden, *thermós* warm.

polár [min: einseitig ausgebildet] gr. *pólos* Achse.

Polarisatión [phys: Vereinigung aller Lichtschwingungen in einer Ebene] von gr. *pólos* Achse.

polít us, -a, -um [bot] lat. glänzend, glatt.

Políosis [biol: Ergrauen] gr. *políōsis* Graumachen.

Póllex [an: Daumen] lat.

Pollutión [biol: unfreiwilliger Samenerguß] lat. *polluére* verunreinigen.

Polónium [chem: radioaktives Element] lat. *Polónia* Polen (Heimat der Entdeckerin Curie).

Polyadélphia [bot: Kl. nach Linné] gr. *polýs* viel, *adelphós* Bruder (Staubgefäße zu Bündeln verwachsen).

Polyándria [bot: Kl. nach Linné] gr. *polýs* viel, *anḗr*, Gen. *andrós* Mann (Blüten mit zahlreichen Staubgefäßen).

Polyandríe [psych: Vielmännerei] gr. *polýs* viel, *anḗr*, Gen. *andrós* Mann.

polyánth us, -a, -um [bot: vielblütig] latin. aus gr. *polýs*, viel, *ánthos* Blüte.

Polycélis [zool: Gttg. der *Turbellária*] gr. *polýs* viel, *kēlís* Fleck (zahlreiche Augenflecke).

Polychaéta [zool: U.Ordn. der *Chaetópoda*] gr. *polýs* viel, *chaíta* Borste.

Polycholíe [med: abnorm starke Gallenabsonderung] gr. *polýs* viel, *cholḗ* Galle.

Polychroísmus [min: = Dichroismus] gr. *polýs* viel, *chrṓs* Farbe.

Polycláda [zool: Abt. der *Turbellárii*] gr. *polýs* viel, *kladós* Zweig (Darm stark verzweigt).

Polycnémum [bot: Gttg. Knorpelkraut] gr. *polýs* viel, *knḗmē* Knie, Glied.

Polydaktylíe [med: Auftreten überzähliger Finger oder Zehen] gr. *polýs* viel, *dáktylos* Finger, Zehe.

Polýgala [bot: Gttg. Kreuzblume] gr. *polýs* viel, *gála* Milch (angeblich Milchabsonderung der Kühe erhöhend).

Polygámia [bot: Kl. nach Linné] gr. *polýs* viel, *gámos* Ehe (♂, ♀ und zwitterige Blüten an einer Pflanze).

polygén [geol: vielfachen Ursprungs] gr. *polý* viel, *génesis* Entstehung.

polygonál [math: vieleckig] gr. *polý* viel, *gonía* Winkel.

Polýgonum [bot: Gttg. Knöterich] gr. *polýs* viel, *góny* Knie, Knoten.

Polygyníe [psych: Vielweiberei] gr. *polýs* viel, *gynḗ* Weib.

Polyhalít [min: $K_2SO_4 . MgSO_4 . 2 CaSO_4 . 2 H_2O$] gr. *polý* viel, *háls*, Gen. *halós* Salz (weil aus mehreren Sulfaten bestehend).

Polymastíe [biol: überzählige Brustwarzenbildung] gr. *polýs* viel, *mastós* Brustwarze.

polymér [bot, zool: vielteilig] gr. *polýs* viel, *méros* Teil.

Polymorphíe [min: verschiedene Kristallform eines Minerals; biol:

Vielgestaltigkeit] gr. *polý* viel, *morphḗ* Gestalt.

polynukleär [an, zool: mit vielen Kernen] von gr. *polýs* viel, lat. *núcleus* Kern.

Polýp [zool: Einzeltier der ungeschlechtlichen Coelenteraten-Generation] gr. *polýpus* vielfüßig (im Hinblick auf die Tentakeln).

Polypétalae [bot: Freikronblättrige] gr. *polýs* viel, *pétalon* Kronblatt.

polypház [biol: vielerlei fressend] gr. *polýs* viel, *phagein* fressen.

polyphylétisch [biol: vielstämmig, von verschiedenem Ursprunge] gr. *polýs* viel, *phylḗ* Stamm.

Polyphýlla [zool: Gttg. der *Coleóptera*, Walker] gr. *polýs* viel, *phýllon* Blatt (Fühler aus zahlreichen Lamellen bestehend).

polyphýll us, -a, -um [bot: vielblätterig] latin. aus gr. *polýs* viel, *phýllon* Blatt.

polyphyodónt [zool: mit dauerndem Zahnwechsel] gr. *polýs* viel, *phýein* wachsen, *odús*, Gen. *odóntos* Zahn.

Polypioníe [an: Fettsucht] latin. aus gr. *polýs* viel, *píōn* fett.

Polypórus [bot: Feuerschwamm] latin. aus gr. *polýs* viel, *póros* Öffnung.

polyrhíz us, -a, -um [bot: mit vielen Wurzeln] gr. *polýs* viel, *rhíza* Wurzel.

Polyspermíe [biol: Eindringen mehrerer Samenzellen in das Ei bei der Befruchtung] gr. *polýs* viel, *spérma* Same.

polyspérm us, -a, -um [bot: vielsamig] latin. aus gr. *polýs* viel, *spérma* Same.

Polýstomum [zool: Gttg. der *Trematódes*] latin. aus gr. *polýs* viel, *stóma* Mund, übertr. Saugnapf.

Polystomélla [zool: Gttg. der *Foraminífera*] lat. verkl. von gr. *polýs* viel, *stóma* Mund (mit zahlreichen kleinen Öffnungen in der Schale).

polysynthétisch [min: vielfach zusammengesetzt, wiederholt] gr. *polý* viel, *sýnthesis* Zusammensetzung.

Polythalámia [zool: Abt. der *Foraminífera*] gr. *polýs* viel, *thálamos* Kammer (Schale aus zahlreichen Kammern bestehend).

Polythelíe [an: Auftreten überzähliger Brustdrüsen] gr. *polýs* viel, *thēlḗ* Warze.

Polýtrichum [bot: Haarmoos] latin. aus gr. *polýs* viel, *thríx*, Gen. *trichós* Haar.

Polyxén [Var. des Platins mit vielen Begleitelementen] gr. *polý* viel, *xénos* fremd.

Pons, Gen. *póntis* [an: Brücke] lat.

poplité us, -a, -um [an] lat. zur Kniekehle (lat. *póples*, Gen. *póplitis*) gehörig.

Pópulus [bot: Pappel] lat.

Porcéllio [zool: Gttg. der *Isópoda*, Assel] von lat. *porcélla* Ferkelchen.

porcín us, -a, -um [zool] lat. schweineartig, von lat. *pórcus* Schwein.

Poríferi [zool: = Schwämme] lat. *pórus* Öffnung, *férre* tragen.

porizíd [bot: mit Löchern aufspringend] gr. *póros* Öffnung, lat. Stamm *cid-* schneiden.

Pórphyr [min: rötliches Eruptivgestein] gr. *porphýreos* purpurfarben.

Porrígo [med: Grind] lat. *porrígo* Schorf, Grind.

Pórta [an: Pforte] lat. *pórta* Pforte, Tür.

Pórtio [an: Teil] lat. *pórtio*, Gen. *portiónis* Teil.

Portoláne [geog: mittelalterliche Segelhandbücher] ital. *portoláno* Steuermann.

Pórus [an: Öffnung] latin. von gr. *póros* Öffnung.

Posidonomýa [pal: Gttg. der *Lamellibranchiáta*] gr. *Poseidṓn* Meergott, *mýa* Muschel.

Posologíe [med: Lehre von den Arzneimittelgaben] gr. *póson* wieviel?, *lógos* Kunde.

Postabdómen [zool: letzter Abschnitt des Hinterleibs] lat. *post* nach, *abdómen* Hinterleib.

postnatál [med: nach der Geburt auftretend] lat. *post* nach, *nátus* geboren.

Post pártum [med: nach der Geburt] lat. *post* nach, *pártus* Geburt.

Potamóbius [zool: Gttg. der *Decápoda*, Flußkrebs] latin. aus gr. *potamós* Fluß, *bíos* Leben.

Potamogéton [bot: Gttg. Laichkraut]

latin. aus gr. *potamós* Fluß, *geítōn* Nachbar.

Potátor [med: Trinker] lat. *potátor* Trinker, von lat. *potáre* reichlich trinken, zechen.

Potentílla [bot: Gttg. Fingerkraut] lat. *pótens* mächtig (heilkräftig).

Poténz [phil: Möglichkeit, math: Produkt aus gleichen Faktoren, med: Fähigkeit (bes. sexuelle F.)] lat. *poténtia* Vermögen, von lat. *pósse* können.

Poteriocrínus [pal: Gttg. der *Crinoidéa*] gr. *potērion* Becher, *krínos* Lilie (Kelch becherförmig).

Potérium [bot: Gttg. Becherblume] lat. *potérium* Becher.

Pótio [pharm: flüssige Arznei] lat. *pótio* Trank, Arzneitrank.

Pótus [pharm: Trank] lat. *pótus* Trank, Getränk.

praeált us, -a, -um [bot] lat. sehr hoch.

praécox [bot: früh blühend; an, med: unreif, vorzeitig] lat. *praécox* vorzeitig, von *prae* vor, *cóquere* kochen.

praelóng us, -a, -um [bot] lat. sehr lang.

praemórs us, -a, -um [bot] lat. vorn abgebissen.

Praemoláris [an: Backzahn, vor den Molaren gelegen] lat. *prae* vor, *moláre* mahlen.

prämortál [biol: vor dem Tode] lat. *prae* vor, *mors*, Gen. *mórtis* Tod.

pränatál [biol: vor der Geburt] von lat. *prae* vor, *nátus* geboren.

Praepútium [an: Vorhaut] lat. *prae* vor, *pútum* = *pénis*, Rute.

Praescríptio [pharm: Angabe der Bestandteile auf dem Rezept] lat. Vorschrift, von lat. *praesríbere* vorschreiben.

präglaziál [geol: voreiszeitlich] lat. *prae* vor, *glácies* Eis.

Prasém [min: grüne Var. des Quarzes] von gr. *prásios* lauchgrün.

praténs is, -e [bot, zool] lat. auf der Wiese (lat. *prátum*) wachsend, lebend.

Pratíncola [zool: Gttg. der *Áves*, Wiesenschmätzer] lat. *prátum* Wiese, *íncola* Bewohner.

Präzessión [astr: Vorwärtsbewegung des Himmels] von lat. *praecédere* vorangehen.

Präzipitát [chem, pharm: Niederschlag] von lat. *praecipitáre* ausfällen.

Prenánthes [bot: Gttg. Nickwurz] gr. *prenḗs* vornüber geneigt, *ánthos* Blume.

Presbyopíe [med: Fernsichtigkeit des Alters] gr. *présbys* Greis, *ópsis* Sehen.

primär [med: zuerst auftretend] von lat. *primárius* erste.

Primátes [zool: Ordn. der *Mammália*, Herrentiere] von lat. *prím us, -a, -um* erste, oberste.

primigéni us, -a, -um [zool, pal] lat. erstgeboren, von lat. *prímus* erste, gr. *génesis* Entstehung.

Primípara [biol: Erstgebärende] lat. *prímus* erste, *párere* gebären.

primitív [phil, psych] lat. *primitívus* der erste.

Primordialkránium [zool: Vorstufe des Schädels] lat. *primórdium* Uranfang, *cránium* Schädel.

Prímula [bot: Gttg. Primel] lat. verkl. von *prímus* erste.

Príncipes [bot: = Palmen] lat. *príncipes* die Fürsten (im Hinblick auf den hohen Wuchs).

Prinzíp [phil: Grundsatz] lat. *princípium* Anfang.

prísc us -a, -um [pal] lat. alt.

Prísma [math, min] gr. *prísma* abgesägtes Stück.

Prístis [zool: Gttg. der *Plagiióstomi*, Sägefisch] latin. aus gr. *pristós* gesägt.

Problém [phil: wissenschaftliche Aufgabe] gr. *próblēma* Vorwurf, von gr. *probállein* vorwerfen.

Proboscídea [zool, pal: Ordn. der *Mammália*, Rüsseltiere] latin. von gr. *proboskís* Rüssel.

Procellária [zool: Gttg. der *Áves*, Sturmvogel] lat. *procélla* Sturm.

procér us, -a, -um [bot] lat. schlank.

Procéssus [an: Vorsprung, Fortsatz] lat. Vorsprung.

procúmbens [bot] lat. niederliegend.

Prodróme [med: Vorläufer einer Krankheit] gr. *pródromos* Vorläufer.

Proechídna [zool: Gttg. der *Monotrémata*, Ameisenigel] lat. *pro* für, vor, gr. *échinos* Igel oder *echídna* Natter (Zungenform).

Proenképhalon [an: Vorderhirn] gr. *pro* vor, *enképhalon* Gehirn (von gr. *en-* im, *kephalḗ* Kopf.

Proétus [pal: Gttg. der *Trilobítae*] lat. *Proétus*, nach römischer Sage ein in Stein verwandelter König.

profúnd us, -a, -um [an] lat. tief.

Proglóttis [zool: Glied der Bandwürmer] gr. *proglōttís* Zungenspitze, von gr. *pro* vor, *glṓtta* Zunge (Gestalt des Bandwurmgliedes).

Prognathíe [an: vorstehende Kiefer] gr. *pro* vor, *gnáthos* Kiefer.

Prognóse [med: ärztliche Vorhersage] gr. *pro* vor, *gnṓsis* Kenntnis.

progressív [phil, biol, psych, med: vorschreitend] lat. *progréssus* vorgeschritten.

Proktocéle [med: Mastdarmbruch] gr. *prōktós* After, Mastdarm, *kḗlḗ* Bruch.

Prolápsus [med: Vorfall (z. B. der Scheide)] lat. von *prolábi* vorgleiten.

prolífer us, -a, -um [bot, zool: Sprosse tragend] lat. *próles* Sproß, *férre* tragen.

Prominéntia [an: Vorsprung] lat. von *prominére* hervorragen.

Promiskuität [psych: Gemeinschaftsehe] lat. *promíscuus* gemischt.

Pronéphros [zool: embryonale Vorniere] gr. *pro* vor, *néphros* Niere.

Propädeútik [phil: Vorschule, Vorkenntnis zu einer Wissenschaft] von gr. *propaideúein* vorher unterrichten.

Propagatórium [biol, an: Fortpflanzungsapparat] von lat. *propagáre* fortpflanzen.

Propéller [phys: Luftschraube] lat. *propéllere* vorwärtstreiben.

Propháse [biol: Stadium der Kernteilung] gr. *pro* vor, *phásis* Erscheinung.

Propódium [zool: vorderstes Stück des Fußes der Mollusken] latin. aus gr. *pro* vor, *pódion* kleiner Fuß.

Próphyláxe [med: Verhütung von Krankheiten] von gr. *prophyláttein* verhüten.

Proportión [math, psych: Verhältnis zwischen zwei Größen] lat. *propórtio* Ebenmaß.

própri us, -a, -um [an] lat. eigene, allein zugehörig.

Prosencéphalon [an: Vorderhirn] gr. *pro* vor, *enképhalon* Gehirn.

Prosenchým [bot: Fasergewebe] gr. *prós* heran, *énchyma* das Gegossene.

Prosímiae [zool: Ord. der *Mammália*, Halbaffen] gr. *pro* für, anstelle, *símia* Affe.

Prosobránchia [pal, zool: Ordn. der *Gastrópoda*] gr. *prósō* vorwärts, *bránchia* Kieme (Kiemen vor dem Herzen liegend).

prosogýr [pal, zool: nach vorn gekrümmt (Wirbel der Muschelschale)] gr. *prósō* vorwärts, *gyrós* krumm.

Prosopoplegíe [med: Gesichtslähmung] gr. *prósōpon* Gesicht, *plēgḗ* Schlag.

Próstata [an: Vorsteherdrüse] gr. *prostátēs* Vorsteher (Drüse am Austritt der Harnröhre aus der Harnblase gelegen).

Próstoma [an, zool: Urmund (der *Gástrula*)] gr. *pro-* vor-, *stóma* Mund.

Protandríe, Proterandríe [biol: frühere Reife der männlichen Geschlechtswerkzeuge] gr. *prṓtos* erste, *próteros* frühere, *anḗr*, Gen. *andrós* Mann.

Protanopsíe [med: Rotblindheit] gr. *prṓtos* erste (in der Einteilung der Farbenblindheit), *an-* ohne, *ópsis* Sehen.

Protégulum [pal, zool: erste Schalenanlage der *Brachiópoda*] gr. *pro* vorher, *tégulum* Ziegel, übertr. Schale.

Proteïne [chem: Eiweißstoffe] gr. *prṓtos* erste (wegen ihrer Wichtigkeit für das Leben).

Proterogyníe [biol: frühere Reife der weiblichen Geschlechtsorgane] gr. *próteros* früher, *gynḗ* Weib.

Proterosaúrus [pal: Gttg. der *Rhynchocephália*] gr. *próteros* frühere, *saúros* Echse.

Prothése [med: künstliches Glied] gr. *próthesis* Aufstellen, Vorsetzen.

Próteus [zool: Gttg. der *Urodéla*, Olm] gr. *Próteus* Meergott mit wechselnder Gestalt (Olm wird unter dem Einfluß des Sonnenlichtes dunkel).

Prothállium [bot: Vorkeim der Farne] latin. aus gr. *pro* vor, *thallós* Sprößling.

Prothórax [zool: vorderer Brustring der Insekten] gr. *pro* vor, *thṓrax* Brustpanzer.

Protísten [biol: einzellige Organismen] gr. *prótistos* allererste.

Protokónch [pal: Embryonalkammer der *Ammonoidéa*] gr. *prṓtos* erste, lat. *cóncha* Schale.

Protonéma [bot: Vorkeim der Moose] gr. *prṓtos* erste, *nḗma* Faden.

Protonephrídien [zool: Exkretionsorgane der Würmer] gr. *prṓtos* erste, *nephrídion* kleine Niere.

Protophýten [bot: Urgewächse] gr. *prṓtos* erste, *phýton* Gewächs.

Protoplásma [an: Plasma, Zelleneiweiß] gr. *prṓtos* erste, *plásma* Gebilde.

Protópterus [zool: Gttg. der *Dípnoi*] gr. *prṓtos* erste, *ptéron* Flosse.

Protoxylém [bot: Anfang des Holzteils] gr. *prṓtos* erste, *xýlos* Holz.

Protozóa [zool: Kl. der *Evertebráta*, Urtiere] gr. *prṓtos* erste, *zṓon* Tier.

Protozöl [zool: ursprüngliche Leibeshöhle] latin. aus gr. *prṓtos* erste, *koilós* hohl.

Protuberántia [an: Vorsprung] von lat. *pro* vor, *túber* Höcker.

proximál [an, zool: der Körperachse nahe] lat. *próximus* nächste.

prozöl [zool: am vorderen Ende hohl] gr. *pro* vor, *koilós* hohl.

Prúnus [bot: Gttg. Pflaume] lat.

Prurítus [med: chronisches Hautjucken] von lat. *pruríre* jucken.

Psammíte [geol: = Sandsteine] von gr. *psammítēs* sandig.

Psephíte [geol: Konglomerate] von gr. *psēphís* Kiesel.

Pseudarthróse [med: falsches Gelenk] gr. *pseudḗs* trügerisch, *árthron* Gelenk.

Pseudomorphóse [min: chem. Umwandlung unter Beibehaltung der Kristallform] gr. *pseudós* Lüge, Trug, *morphḗ* Gestalt.

Pseudopódien [zool: Scheinfüßchen] gr. *pseudós* trügerisch, *pódion* kleiner Fuß.

Psílidae [zool: Fam. der *Díptera*, Nacktfliegen] gr. *psilós* nackt.

Psilóceras [pal: Gttg. der *Ammonoidéa*] gr. *psilós* nackt, glatt, *kéras* Horn (Schale glatt).

Psilomelán [min: = schwarzer Glaskopf] gr. *psilós* nackt, glatt, *mélas* schwarz (glatte schwarze Oberfläche).

Psittacifórmes [zool: Ordnung der *Aves*, Papageien] gr. *psíttakos* Papagei, lat. *-fórmis* -förmig.

Psóas [an: Lendenmuskel] gr. *psóa* Lendengegend.

Psoríasis [med: Schuppenflechte] gr. *psōríasis* das Krätzigsein, von gr. *psṓra* Krätze.

Psýche [psych: Seele] gr. *psychḗ* Seele.

Psychiatríe [med: Irrenheilkunde] gr. *psychḗ* Seele, Geist, *iatreía* Heilkunst.

Psychologíe [phil: Lehre von den seelischen Vorgängen] gr. *psychḗ* Seele, *lógos* Lehre.

psychopáthisch [psych: geistig abnorm] gr. *psychḗ* Seele, *páthos* Leiden.

Psychroästhesíe [psych: Kälteempfindung] gr. *psychrós* kalt, *aísthēsis* Empfindung.

Psychrométer [geog, phys: Feuchtigkeitsmesser] gr. *psychrós* feucht, *métrein* messen.

Psýllidae [zool: Fam. der *Rhynchóta*, Springläuse] von gr. *psýllē* Floh.

Ptármica (*remédia*) [pharm: Nießmittel] latin. von gr. *ptarmós* Niesen.

Pteránodon [pal: Gttg. der *Pterosaúria*] gr. *ptéron* Flügel (übertr. Vogel) *an-* ohne, *odús*, Gen. *odóntos* Zahn.

Pteridophýta [bot, pal: Farngewächse] gr. *ptéris*, Gen. *ptéridos* Wedel, übertr. Farn, *phýton* Gewächs.

Pteridospermēae [pal: paläozoische Samenpflanzen mit farnähnlichen Blättern] latin. aus gr. *ptéris*, Gen. *ptéridos* Wedel, *spérma* Samen.

Pterodáctylus [pal: Gttg. der *Pterosaúria*] gr. *ptéron* Flügel, *dáktylos* Finger.

Pterópoda [pal, zool: Ordn. der *Gastrópoda*, Flossenfüßler] gr. *ptéron* Flosse, *pús*, Gen. *podós* Fuß.

Pterosaúria [pal: Ordn. der *Reptília*, Flugechsen] gr. *ptéron* Flügel, *saúros* Echse.

Pterygoidéa [an: Flügelbeine] gr. *ptéryx*, Gen. *ptérygos* Flügel, *eídos* (Stamm *-id*) Aussehen.

pterygoidé us, -a, -um [an: flügelförmig] gr. *ptéryx*, Gen. *ptérygos* Flügel, *eídos* Aussehen, Gestalt.

Pterygóta [zool: U.Kl. der *Insécta*;

geflügelte Formen] gr. *ptéryx*, Gen. *ptérygos* Flügel.

Ptomaïne [biol, chem: Leichenalkaloide] gr. *ptṓma* gefallene Tierleiche.

Ptyalín [biol, chem: Speichelenzym] gr. *ptýein* speicheln.

Ptychítes [pal: Gttg. der *Ammonoidéa*] latin. aus gr. *ptychḗ* Falte (Schale mit sichelförmigen Falten).

Pubertät [psych: Reifezeit] lat. *pubértas* Geschlechtsreife.

Púbes [an: Scham(haare)] lat. *púbes* Schamgegend.

Pudénda [an: Schamteile] lat. *pudénd us, -a, -um* vor dem man Scham haben muß oder soll, von lat. *pudére* sich schämen.

pudíc us, -a, -um [bot] lat. schamhaft.

Puérpera [med: Wöchnerin] lat. *púer* Knabe, Kind, *párere* gebären.

Puerpérium [med: Wochenbett] lat. *puerpérium* Kindbett, von *púer* Kind, *párere* gebären.

púgnax [zool] lat. kriegerisch, kampfliebend.

púlch er, -ra, -rum [pal, zool, bot] lat. schön.

púll us, -a, -um [bot] lat. schwärzlich.

Púlmo, Mehrz. ***Pulmónes*** [an: Lunge] lat. *púlmo*, Gen. *pulmónis* Lunge, Adj. *pulmonál is, -e.*

Pulmonária [bot: Lungenkraut] lat. *púlmo*, Gen. *pulmónis* Lunge.

Pulmonáta [pal, zool: Ordn. der *Gastrópoda*, Lungenschnecken] lat. *púlmo*, Gen. *pulmónis* Lunge.

punctát us, -a, -um [bot, zool, pal] lat. mit Punkten versehen, getüpfelt.

Púlpa [an: weiche Masse, pharm: eingedicktes Pflanzenmus] lat. *púlpa* Fleisch ohne Knochen.

Puls [an: Stoß der Blutwelle in den Adern] lat. *púlsus* Schlag.

Pulsatílla [bot: Gttg. Küchenschelle] verkl. von lat. *pulsáre* bewegen, übertr. läuten.

Pulvíllen [zool: Haftlappen an Insektenfüßen] lat. *pulvíllus* kleines Kissen.

Púlvis [pharm] lat. Staub, Pulver.

púmil is, -e; pumíli us, -a, -um [bot, pal] lat. zwerghaft klein.

Pupílle [an: Sehloch des Auges] lat. verkl. von *púpa* Mädchen (Spiegelbild im Auge).

Purgántia (*remédia*) [pharm: abführende Mittel] lat. *púrgans*, Gen. *purgántis* reinigend.

purulént us, -a, -um [med] lat. eiterig.

Pus [med] lat. Eiter, von gr. *pýon* Eiter.

pusíll us, -a, -um [bot, pal, zool] lat. winzig klein.

Pústula [med: Eiterbläschen] lat. *pústula* Bläschen.

Putórius [zool: Gttg. der *Carnivóra*, Iltis] von lat. *pútor* Gestank (Stinkdrüsen).

pygerýthr us, -a, -um [zool: mit rotem Steiß] latin. aus gr. *pygḗ* Steiß, *erythrós* rot.

Pygídium [pal: Schwanzschild der *Trilobítae*] latin. aus gr. *pygḗ* Hinterbacke.

pygmaé us, -a, -um [bot, zool] lat. zwerghaft klein, von gr. *pygmaîos* eigtl. eine Faust groß.

Pýgope [pal: Gttg. der *Brachiópoda*] gr. *pygḗ* Hinterbacke, *ṓps* Gesicht.

Pygostýl [zool: Endabschnitt der Vogel-Wirbelsäule] gr. *pygḗ* Steiß, *stýlos* Säule.

Pyknokardíe [med: Beschleunigung der Herztätigkeit] gr. *pyknós* häufig, *kardía* Herz.

Pyknométer [phys: Dichtemesser] gr. *pyknós* dicht, *métron* Maß.

Pylórus [an: Pförtner des Magens] gr. *pylōrós* Pförtner, von gr. *pýlē* Tor, *horán* sehen.

pyogén [med: Eiter erregend] gr. *pýon* Eiter, *génesis* Bildung.

Pyorrhoéa [med: eiterige Entzündung] latin. aus gr. *pýon* Eiter, *rhoḗ* Fließen.

Pyrexíe [med: Fieberzustand] gr. *pýr*, Gen. *pyrós* Feuer, übertr. Fieber, *échein* haben.

Pyrheliométer [phys: Instrument zur Messung der Sonnenstrahlung] gr. *pýr* Feuer, *hḗlios* Sonne, *métron* Maß.

Pyrít [min: Schwefelkies, FeS_2] gr. *pyrítēs* Feuerstein, von gr. *pýr*, Gen. *pyrós* Feuer.

pyrogén [med: Fieber erzeugend, min: im Schmelzfluß entstanden] gr. *pýr*, Gen. *pyrós* Feuer, übertr. Fieber, *génesis* Bildung.

Pyrolusít [min: = Braunstein] gr. *pýr*, Gen. *pyrós* Feuer, *lúein* waschen (weil er eisenhaltige Gläser im Feuer entfärbt).

Pyrométer [phys: Thermometer für hohe Temperaturen] gr. *pýr*, Gen. *pyrós* Feuer, *métron* Maß.

Pyróp [min: feuerroter Granat] gr. *pyrōpós* von feurigem Aussehen.

pyrophór [phys, chem: Stoff, der sich an der Luft von selbst entzündet] gr. *pýr*, Gen. *pyrós* Feuer, *phóros* Träger.

Pýrosis [med: Sodbrennen] gr. *pýrōsis* Brennen.

Pyrosphäre [geol: das feurigflüssige Erdinnere] gr. *pýr*, Gen. *pyrós* Feuer, *sphaíra* Kugel.

Pyroxén [min: Abt. Silikate] gr. *pýr*, Gen. *pyrós* Feuer, *xénos* fremd (früher als nicht eruptive Bestandteile der Eruptivgesteine angesehen).

Pyrrhocóridae [zool: Fam. der *Rhynchóta*, Feuerwanzen] gr. *pýr*, Gen. *pyrós* Feuer, *kóris* Wanze.

pyrrhonót us, -a, -um [zool: rotrückig] gr. *pýr*, Gen. *pyrós* Feuer, *nṓtos* Rücken.

Pythonomórpha [pal: Unterordn. der *Saúria*] gr. *pýthōn* Schlange, *morphḗ* Gestalt.

Q

Quadránt [astr: Instrument zur Bestimmung der Höhe eines Gestirns] lat. *quádrans* Viertel (Viertelkreis).

quadrát us, -a, -um [an, pal] lat. viereckig.

qúadriceps [an: vierköpfig] lat., von lat. *quádri-* 4, *cáput* Kopf.

quadrifóli us, -a, -um [bot: vierblätterig] von lat. *quádri-* 4, *fólium* Blatt.

quadrigéminus [an: vierfach] lat. *quádri-* vier-, *géminus* ganz gleich.

Quadrumánen [zool: = Vierhänder] lat. *quadrumánus* Vierhänder.

Quadrupéden [zool: = Vierfüßler] lat. *quadrúpes*, Gen. *quadrupédis* vierfüßig, Vierfüßler.

qualitatív [phil, phys, chem] lat. *quálitas* Beschaffenheit.

quantitatív [phil, chem, phys] lat. *quántus* wie groß?

Quarantäne [med: Schutzmaßregel gegen Einschleppung von Krankheiten] franz., von ital. *quaránta* 40 (Verdächtige mußten 40 Tage im Hafen bleiben).

Quart [phys: vierte Ton der Tonleiter] lat. *quártus* vierte.

Quartär [geol: Formationsgruppe, Diluvium und Alluvium umfassend] lat. *quártus* vierte (Abschnitt der Erdgeschichte).

Quércus [bot: Gttg. Eiche] lat.

quinquefóli us, -a, -um [bot: fünfblättrig] von lat. *quínque* 5, *fólium* Blatt.

Quínte [phys: fünfte Ton der Tonleiter] lat. *quíntus* fünfte.

quínt us, -a, -um [an] lat. fünfte.

R

racemós us, -a, -um [bot: mit traubenförmigen Blütenständen] von lat. *racémus* Traube.

radiál, radiär [an: strahlig] lat. *radiális* strahlenförmig.

radiát us, -a, -um [pal] lat. mit Strahlen versehen.

radicát us, -a, -um [bot: mit langen Wurzeln versehen] von lat. *rádix*, Gen. *rádicis* Wurzel.

Radícula [bot: Würzelchen] lat. *radícula* kleine Wurzel.

Radiolária [pal, zool: Ordn. der *Protozóa*, Strahlentierchen] lat. *radíolus* kleiner Strahl.

Radiologíe [med: Lehre von den

medizinisch wirksamen Strahlen] lat. *rádius* Strahl, *lógos* Lehre.

Radiométer [phys: Strahlungsmesser] lat. *rádius* Strahl, *métron* Maß.

Radioskopíe [med: Untersuchung mit Röntgenstrahlen] lat. *rádius* Strahl, *skopeín* betrachten.

radiós us, -a, -um [pal] lat. strahlenreich.

Rádium [chem: Element] lat. *rádius* Strahl (im Hinblick auf die Strahlung).

Rádius [an: Speichenbein] lat. *rádius* Strahl, Speiche.

Radiusvéktor [math, phys: Leitstrahl] lat. *rádius* Strahl, *véctor* Fahrer, von *véhi* fahren.

Rádix [an, pharm: Wurzel] lat. *rádix*, Gen. *rádicis* Wurzel.

Rádula [zool: Reibeplatte der Schnecken] lat. *rádula* Schabeisen, von lat. *rádere* abkratzen.

rádul us, -a, -um [bot] lat. kratzend.

ramiflór us, -a, um [bot: zweigblütig] lat. *rámus* Zweig, *flos*, Gen. *flóris* Blüte.

ramós us, -a, -um [bot, zool, pal] lat. verzweigt.

Rámus, Mehrz. ***Râmi*** [an] lat. Zweig.

Rána [zool: Gttg. der *Anúra*, Frosch] lat. *rána* Frosch.

Rángifer [zool: Gttg. der *Cérvidae*, Ren] lat. *rángus*, Gen. *rángi* Zweig, *férre* tragen (verzweigtes Geweih).

Raptatóres [zool: = Raubvögel] lat. *raptátor* Räuber.

Rasóres [zool: = Scharrvögel] von lat. *rádere* schaben, scharren.

Ratítae [pal, zool: Ordn. der *Áves*] lat. *rátis* Floß (Brustbein flach, ohne Kiel).

Raucédo, Raúcitas [med] lat. Heiserkeit, von lat. *raúcus* heiser.

Reaktión [phys, chem, psych] lat. *reáctio* Gegenwirkung.

reál [phil: in der Sache, wirklich bestehend] lat. *reális* auf die Sache (lat. *res*) bezüglich.

Realgár [min: Rauschrot, *AsS*. As_2S_2] arab. *Rah jal gar* Grubenschmand.

Receptáculum [zool: Behälter] lat. von *receptáre* aufnehmen.

Recéssus [an: Ausbuchtung, Vertiefung] lat., von lat. *recédere* zurückweichen.

recidív us, -a, -um [med] lat. rückfällig, von lat. *re-* zurück, *cádere* fallen.

Réctum [an: Mastdarm] lat. *réct us, -a, -um* gerade; zu ergänzen *intestínum* Darm (der Enddarm verläuft gerade gestreckt).

réct us, -a, -um [an, bot, pal, zool] lat. gerade, richtig.

Recúrrens [an: zurücklaufend, wiederkehrend, med: Rückfallfieber] lat. *recúrrens* zurücklaufend, von lat. *re-* zurück-, *cúrrere* laufen.

Recurviróstra [zool: Gttg. der *Áves*, Säbler] lat. *re-* zurück, *cúrvus* gekrümmt, *róstrum* Schnabel.

redivív us, -a, -um [bot] lat. wieder auflebend.

Reduktión [chem: Entziehung von Sauerstoff) lat. *redúctio* das Zurückführen, von lat. *re* zurück, *dúcere* führen.

reélles Bild [phys: wirkliches Bild] lat. *res* Sache, Ding.

Refléktor [phys: Spiegelfernrohr] lat. *refléctere* zurückbeugen (das Licht zurückwerfen).

Refléx [psych: ungewollte Bewegung auf einen Reiz hin] lat. *refléctere* zurückbeugen.

Reflexión [phys: Zurückwerfung] lat. *refléxus* zurückgebogen.

Refraktión [phys: Brechung] lat. *refráctio*, von lat. *refrángere* zerbrechen.

Refrigerántia (*remédia*) [pharm: abkühlende, durststillende Mittel] von lat. *re-* zurück-, *frígus* Kälte.

Regelatión [geol: Zusammengefrieren zweier Eisstücke] lat. *re-* zurück, *geláre* gefrieren.

Regeneratión [an, med, bot, zool: Wiederherstellung, Ersatz] lat. *regeneráre* wieder erzeugen.

Régio [an: Gegend, Bezirk des Körpers] lat. *régio*, Gen. *regiónis* Gegend. Region.

regressív [psych: rückbildend, biol: rückwärtsschreitend] lat. *regréssus* Rückschritt.

Reguláres [pal, zool: Ordn. der *Echinoidéa*] lat. *reguláris* regelmäßig (fünfstrahlig symmetrisch).

Rekonvaleszénz [med: Wiedergenesung] von lat. *re-* zurück wieder, *convaléscere* stark werden.

Rektaszensión [astr: gerades Aufsteigen] lat. *récta ascénsio* gerades Aufsteigen.

Reláps [med: Rückfall] lat. *re-* zurück-, *lápsus* Fall.

Relatión [psych: Beziehung] franz.

relatív [phil: beziehungsweise, bedingt] lat. *relatívus*, von lat. *relátus* zurückgetragen.

Relaxátio [med: Erschlaffung] von lat. *relaxáre* erschlaffen, von lat. *láxus* locker.

Reliéf [geog: körperliche Nachbildung eines Stückes Erdoberfläche] ital. *riliévo* Erhebung.

Remanénz [phys: zurückbleibender Magnetismus] lat. *remanére* zurückbleiben.

Remédium [pharm, med: Heilmittel] lat. *remédium* Arzneimittel.

Rémiges [zool: Schwungfeder der Vögel] von lat. *remigáre* rudern.

Ren [an: Niere] lat. Adjektiv: *renál is*, *-e* lat. zur Niere gehörig.

répens [bot] lat. kriechend.

Repetátur [pharm: Angabe auf dem Rezept zur Wiederholung einer Verordnung] lat. es möge wiederholt werden, von lat. *repétere* wiederholen.

Reposítio [med: Wiedereinrichtung (z. B. eines Bruches)] von lat. *repósitus* zurückgelegt.

réptans [bot] lat. kriechend.

Reptília [zool, pal: Kl. der *Vertebráta*, Kriechtiere] von lat. *reptáre* kriechen.

Reséda [bot: Gttg.] lat. *resedáre* beschwichtigen (früher als Beschwörungsmittel gebraucht).

Resektión [med: Ausschneidung] lat. *reséctio*, von lat. *resecáre* abschneiden.

Resíduum [med, chem, phys] lat. Überbleibsel, von lat. *re-* zurück, *sedére* sitzen.

Resína [pharm: Harz] lat. *resína* Harz.

Resisténz [med: Widerstand] von lat. *resístere* Widerstand leisten.

Resonánz [phys: Mitschwingen] lat. *resonáre* wiedertönen, zurückklingen.

Resorptión [med: Aufsaugung] von lat. *resorbére* aufsaugen.

Respiratión [biol: Atmung] lat. *respiráre* atmen.

Restitútio [med: Wiederherstellung] von lat. *restitúere* wieder aufrichten.

resupinát us, -a, -um [bot] lat. zurückgebogen.

Réte [an: Netz] lat.

reticulár is, -e; reticulát us, -a, um; retifórm is, -e [pal, zool, bot] lat. netzförmig, von lat. *réte* Netz.

Retíkulum [zool: Netzmagen der Wiederkäuer] lat. *retículum* kleines Netz.

Rétina [an, zool: Netzhaut des Auges] spätlat., von lat. *réte* Netz.

Retórte [chem: krummhalsiges Kochglas] lat. *retórtus* zurückgedreht.

Retraktión [an: Zurückziehung, Verkürzung] lat. *retráctio*, von lat. *retráhere* zurückziehen.

Retráktor [an: Rückziehmuskel] lat. der Zurückzieher, von lat. *retráhere* zurückziehen.

Retroflexión [med: Knickung nach rückwärts] von lat. *rétro* zurück, *fléxus* gebeugt.

retrofléx us, -a, -um [bot] lat. zurückgebogen, von lat. *rétro* rückwärts, *fléxus* gebogen.

retrográd [zool: rückläufig] lat. *rétro* zurück, *grádi* schreiten.

Retroversión [med: Rückwärtsbeugung] von lat. *rétro* rückwärts, *vérsus* gewendet.

Revelatión [geol: teilweise Abdeckung einer Schicht] lat. *reveláre* enthüllen.

reversíbel [chem: Vorgang, den man rückgängig machen kann] von lat. *revértere* umdrehen.

revolút us, a, -um [bot] lat. zurückgerollt, umgerollt.

rezént [pal, biol: heute lebend] lat. *récens*, Gen. *recéntis* frisch, jung.

Rezeptákel [bot: Fruchtboden] lat. *receptáculum* Behälter.

rezessív [biol: zurücktretend] lat. *recédere* zurückweichen.

Rezidív [med: Rückfall] von lat. *recídere* zurückfallen.

Rezipiént [phys: Abschlußglocke der Luftpumpe] lat. *recípiens* aufnehmend.

reziprók [math, phys, wechselseitig] lat. *recíprocus* wechselseitig.

Rhábdia [an: die Fibrillen einer Muskelfaser] gr. *rhábdos* Stab.

Rhabdocoéla [zool: U.Ordn. der *Turbellária*] latin. aus gr. *rhábdos* Stab, *koílon* Höhle (Darm stabförmig).

Rhabdolíthen [geol: stabförmige mikroskopische Kalkgebilde] gr. *rhábdos* Stab, *líthos* Stein.

Rhabdonéma [zool: Gttg. der *Nematódes*] gr. *rhabdós* Stab, *nḗma* Faden (stabförmiger Fadenwurm).

Rhachítis [med: „Englische Krankheit"] gr. *rhachítis nósos* die zum Rückgrat gehörige Krankheit, von *rháchis* Rückgrat.

Rhacophyllítes [pal: Gttg. der *Ammonoidéa*] gr. *rhákos* Fetzen, *phýllon* Blatt (Lobenlinie lappenförmig zerschlitzt).

Rhagáden [med: Hautschrunden] gr. *rhagás*, Gen. *rhagádos* Schrunde, Riß.

Rhámnus [bot: Kreuzdorn] lat., von gr. *rhámnos* Dornstrauch.

Rhamphodóntia [pal: U.Ordn. der *Pterosaúria*] gr. *rhámphos* Schnabel, *odús*, Gen. *odóntos* Zahn) bezahnte Kiefer).

Rhamphorhýnchus [pal: Gttg. der *Pterosaúria*] gr. *rhámphos* Schnabel, *rhýnchos* Schnauze, Rüssel (wegen der schnabelförmigen Kieferspitzen).

Rhaphánus [bot: Gttg. Rettich] gr. *rha* sofort, *phanḗs* sichtbar (schnell keimend).

Rháphe [bot: Samennaht] gr. *rhaphḗ* Naht.

Rhaphíden (bot: nadelförmige Kristalle] gr. *rhaphís*, Gen. *rhaphídos* Nadel.

Rheifórmes [Ordn. der *Áves*, Strauße] gr. *Rhéa* eine Göttin, lat. *-fórmis* -förmig.

Rheostát [phys: Widerstandskasten] gr. *rhéō* fließe, *statós* stehend.

Rheotáxis [bot: Einstellung auf die Fließbewegung] gr. *rhéō* fließe, *táxis* Aufstellung.

Rheumatísmus [med] latin. von gr. *rheumatismós*, gr. *rheumatízein* einen Fluß haben (die Krankheitserscheinungen fließen scheinbar im Körper herum, sie wechseln ständig ihren Ort).

rhexigén [bot: durch Zerreißen entstanden] gr. *rhḗxis* Zerreißung, *génesis* Entstehung.

Rhéxis [med: Zerreißung] gr. *rhḗxis* zerreißen.

Rhinánthus [bot: Klappertopf] gr. *rhís*, Gen. *rhinós* Nase, *ánthos* Blüte (Blütenform).

Rhinóceros [zool: Gttg. der *Perissodáctyla*, Nashorn] gr. *rhís*, Gen. *rhinós* Nase, *kéras* Horn.

Rhinologíe [med: Nasenheilkunde] gr. *rhís*, Gen. *rhinós* Nase, *lógos* Lehre.

Rhinolóphus [zool: Gttg. der *Chiróptera*, Hufeisennase] gr. *rhís*, Gen. *rhinós* Nase, *lóphos* Kamm.

Rhinorrhagíe [med: starkes Nasenbluten] gr. *rhís*, Gen. *rhinós* Nase, *rhēgnýnai* bersten.

Rhipidoglóssa [zool, pal: U.Ordn. der *Gastrópoda*] gr. *rhipís* Gen. *rhipídos* Fächer, *glṓssa* Zunge (Reibeplatte aus fächerförmig verteilten Plattenreihen bestehend).

Rhizikóm [bot: Wurzel] gr. *rhíza* Wurzel.

Rhizocephálidae [zool: Fam. der *Cirripédia*] latin. aus gr. *rhíza* Wurzel, *kephalḗ* Kopf (im Hinblick auf die wurzelförmig verästelten Saugfäden).

Rhizoíden [bot: wurzelähnliche Gebilde] gr. *rhíza* Wurzel, *eídos* (Stamm *-id*) Aussehen.

Rhizóm [bot, pharm: Wurzelstock] von gr. *rhíza* Wurzel.

Rhizóphora [bot: Gttg. Mangrove] gr. *rhíza* Wurzel, *phóros* Träger (Wurzeln z. T. überirdisch).

Rhizópoda [zool, pal: Kl. der *Protozóa*, Wurzelfüßler] gr. *rhíza* Wurzel, *pús*, Gen. *podós* Fuß (im Hinblick auf die Pseudopodien).

Rhizostoméae [zool: U.Ordn. der *Scyphozóa*] gr. *rhíza* Wurzel, *stóma* Mund (Mund in zahlreiche wurzelähnliche Saugröhren umgewandelt.)

Rhodochrosít [min: = Manganspat] gr. *rhódon* Rose, *chrṓs* Farbe.

Rhodocrínus [pal: Gttg. der *Crinoidéa*] gr. *rhódon* Rose, *krínos* Lilie.

Rhododéndron [bot: Gttg. Alpenrose] gr. *rhódon* Rose, *déndron* Baum.

Rhodophycéae [bot: Rottange] latin. aus gr. *rhódon* Rose, *phýkos* Tang.

Rhodophýll [bot: roter Farbstoff der Rotalgen] gr. *rhódon* Rose, *phýllon* Blatt.

Rhombencéphalon [an: Rautenhirn] gr. *rhómbos* Raute, *enképhalon* Gehirn, von gr. *en* im, *kephalḗ* Kopf.

Rhómbus [zool: Gttg. der *Teleóstei* Butt, math.] lat. *rhómbus*, von gr. *rhómbos* 1. Kreisel, 2. Steinbutt.

Rhophética (*remédia*) [pharm: Flüssigkeit aufsaugende Mittel] gr. *rhophētikós* schlürfend.

Rhyakolíth [min: Sanidin] gr. *rhýax*, Gen. *rhýakos* Lava, *líthos* Stein (weil in den Auswürflingen des Vesuvs vorkommend).

Rhynchóta [zool: Ordn. der *Insécta*, Schnabelkerfe] gr. *rhýnchos* Schnabel.

Rhynchobdélla [zool: Gttg. der *Hirudinéa*, Rüsselegel] gr. *rhýnchos* Rüssel, *bdélla* Blutegel.

Rhynchocephália [pal: Ordn. der *Reptília*] latin. aus gr. *rhynchós* Schnauze, *kephalḗ* Kopf.

Rhynchonélla [pal: Gttg. der *Brachiópoda*] latin. aus gr. *rhynchós*: Schnäbelchen.

Rhýthmus [psych: geregelte Gliederung] gr. *rhythmós* Takt.

Rías [geog: ins Meer untergetauchte Flußtäler] span. *ría* Flußmündung.

rígid us, -a, -um [bot] lat. steif, starr.

Rígor [med: Starre] lat. Starre, von gr. *rhígos* Frost.

Ríma [an] lat. Spalte.

rimós us, -a, -um [bot] lat. mit Rissen (lat. *ríma*) versehen, rissig.

ripári us, -a, -um [bot, zool] lat. am Ufer (lat. *rípa*) lebend.

rivál is, -e [bot] lat. am Bach (lat. *rívus*) lebend.

róbur [bot] lat. Kraft.

robúst us, -a, -um [bot, pal] lat. kräftig, stark.

Rodéntia [zool: Ordn. der *Mammália*, Nagetiere] lat. *ródens*, Gen. *rodéntis* nagend.

Roséola [med: kleine rote Hautflecken] lat. *roséola* kleine Rose.

Rosétte [min: Schlifform von Edelsteinen, Raute] franz. *rosette* kleine Rose.

róse us, -a, -um [bot, zool] lat. rot wie eine Rose (lat. *rósa*).

Rostéllum [bot: Schnäbelchen] lat. *rostéllum* kleiner Schnabel.

rostrát us, -a, -um [bot, zool] lat. mit Schnabel (lat. *róstrum*) versehen.

Róstrum [pal: stachelförmiger Teil der Belemnitenschale] lat. *róstrum* Stachel.

Rotália [pal: der *Foraminífera*] lat. *róta* Rad (kreiselförmige Schale).

Rotatión [phys: Drehung] lat. *rotáre* rollen, von lat. *róta* Rad.

Rotatória [zool: Kl. der *Vérmes*, Rädertiere] lat. *rotáre* rollen, von lat. *róta* Rad (Wimperorgan).

Rótula [an: Kniescheibe (= *Patélla*), pharm: Plätzchen] lat. kleine Scheibe, von *róta* Rad.

rotunditóli us, -a, -um [bot: rundblätterig] lat. *rotúndus* rund, *fólium* Blatt.

rotúnd us, -a, -um [bot] lat. rund.

Rp [pharm: = Recipe, Anweisung auf Rezepten] lat. *récipe!* nimm!

rúbens [bot] lat. rötlich.

Rubéola [med: Röteln] lat. *rubéol us, -a, -um* klein und rot.

rúb er, -ra, -rum [bot, med] lat. rot.

rubéscens [bot] lat. rot werdend.

rubiginós us, -a, um [bot, med] lat. rostbraun, von lat. *rubígo* Rost.

Rubín [geol: roter Edelstein, Var. des Korunds] lat. *rúber* rot.

Rúbus [bot: Brombeere] lat., von lat. *rúber* rot.

Ructátio, Rúctus [med: Aufstoßen] von lat. *ructáre* rülpsen.

Rudimént [biol: Überrest] lat. *rudiméntum* erster Versuch.

rúd is, -e [bot] lat. rauh.

Rudístae [pal: Fam. der *Lamellibranchiáta*] lat. *rúdus* rauh (dicke rauhe Schale).

rufescens [zool] lat. rot werdend, rötlich.

rúf us, -a, -um [bot, zool] lat. rothaarig, fuchsrot.

Rúga [an] lat. Falte.

rugós us, -a, -um [bot, pal] lat. mit Falten (lat. *rúga*) versehen, runzelig.

Rúmen [zool: Pansen der Wiederkäuer] lat. *rumináre* wiederkäuen.

Ruminántia [zool: U. Ordn. der *Mammália*, Wiederkäuer] lat. *rumináre* wiederkäuen.

rupéstr is, -e [bot, zool] lat. auf Felsen lebend.

Ruptúra [med: Zerreißung] von lat. *rúmpere* zerbrechen.

rústic us, -a, um [bot, zool] lat. bäuerisch, auf dem Lande lebend.

Ruthénium [chem: Element] neulat. *Ruthénia* Rußland (weil in russischem Platinerz entdeckt).

Ruticílla [zool: Gttg. der *Áves*, Rotschwänzchen] lat. *rútilus* rötlich, *cíllere* wippen.

Rutíl [min: TiO_2] lat. *rútilus* rötlich, gelbrot.

S

Saccharomýces [bot: Hefepilz] latin. aus gr. *sákcharon* Zucker, *mýkēs* Pilz.

Sáccharum [pharm: Zucker] lat.

Saccocóma [pal: Gttg. der *Crinoidéa*] gr. *sákkos* Sack, lat. *cóma* Haar (haarförmige Arme).

Sácculus [an: Gehörsack, Teil des inneren Ohres] lat. kleiner Sack.

Sacharíméter [chem: Zuckermesser] gr. *sákcharon* Zucker, *métron* Maß.

Sácrum [an: *os sácrum* Kreuzbein] lat. *sac er, -ra, -rum* heilig (wegen seiner Kreuzform).

saetacé us, -a, -um [bot] lat. mit Borsten (lat. *saéta*) besetzt, borstig.

saetíger us, -a, -um [bot: borstentragend] von lat. *saéta* Borste, *gérere* führen, tragen.

saetós us, -a, -um [bot] lat. mit Borsten (lat. *saéta*) versehen.

Sagítta [zool: Gttg. der *Chaetognátha*] lat. *sagítta* Pfeil (Gestalt des Wurms).

sagittát us, -a, -um [bot: mit pfeilförmigen Blättern versehen] von lat. *sagítta* Pfeil.

sagittifóli us, -a, -um [bot: pfeilblätterig] von lat. *sagítta* Pfeil, *fólium* Blatt.

säkulár [geol: in langen Zeiträumen sich vollziehend] lat. *saeculáris* hundertjährig.

Sal [min] Zusammenfassung von *Si* (Silizium) und *Al* (Aluminium).

Sal [pharm: Salz] lat. *sal*, Gen. *sális* Salz.

Salicórnia [bot: Gttg. Glasschmelz] lat. *sal*, Gen. *sális* Salz, *córnu* Horn (auf Salzboden wachsend; Sproßenden hornförmig gebogen).

salín us, -a, -um [bot, zool] lat. salzig (in salzigen Gewässern lebend, auf Salzboden vorkommend).

Salíva [an: Speichel] lat. Adjektiv: *salivál is, -e*.

Sálix [bot: Gttg. Weide] lat. *sálix* Weide.

Sálmo [zool: Gttg. der *Teleóstei*, Salm] lat.

Salpeter [chem: $NaNO_3$, KNO_3, $Ca(NO_3)_2$] lat. *sal* Salz, gr. *pétra* Stein.

Sálpinx [an: 1. Muttertrompete, 2. Eustachische Röhre] gr. *sálpinx* Trompete.

Sálse [geol: Schlammvulkan] lat. *sálsus* salzig.

Saltatória [zool: Ordn. der *Inseécta*, Springschnecken] lat. *saltátor* Springer.

Sálvia [bot: Gttg. Salbei] lat. *sálvus* gesund, heilkräftig.

Sambúcus [bot: Gttg. Holunder] lat.

sanguinál is, -e; sanguíne us, -a, -um [bot] lat. rot wie Blut (lat. *sánguis*).

sanguínisch [psych: lebhaftes Temperament] lat. *sánguis*, Gen. *sánguinis* Blut.

Sanguisórba [bot: Gttg. Wiesenknopf] lat. *sánguis* Blut *sórbere* auffangen (weil blutstillend).

Sanidín [min: Var. des Orthoklas, Eisspat] gr. *sanís*, Gen. *sanídos* Tafel (Kristalle tafelförmig).

Sáphir [min: Var. des Korunds] gr. *sáppheiros*, hebr. *sapír* ein Edelstein.

Sapíndus [bot: Gttg. Seifenbaum] lat. *sápo*, Gen. *sapónis* Seife.

Saponária [bot: Gttg. Seifenkraut] von lat. *sápo*, Gen. *sapónis* Seife.

saprogén [bot, zool, med: fäulniserregend] gr. *saprós* faul, *génesis* Erzeugung.

Saprolégnia [bot: Gttg. Wasserschimmel] gr. *saprós* faul, *légnon* Saum (die Alge bildet um faulende Tierleichen mit ihren Fäden einen weißen Saum).

Sapropél [geol: Faulschlamm] gr. *saprós* faul, *pelós* Morast, Schlamm.

Saprophýten [bot: Fäulnispflanzen] gr. *saprós* faul, *phýton* Gewächs.

Sarcolémma [an: Umhüllung der Muskelfaser] gr. *sárx*, Gen. *sarkós* Fleisch, *lémma* Schale, Scheide.

Sarcophágidae [zool: Fam. der *Díptera*, Fleischfliege] gr. *sárx*, Gen. *sarkós* Fleisch, *phageín* fressen.

Sarcóptes [zool: Gttg. der *Acarína*, Krätzmilbe] latin. aus gr. *sárx*, Gen. *sarkós* Fleisch, *optán* dörren.

Sarcorhámphus [zool: Gttg. der *Áves*, Kondor] gr. *sárx*, Gen. *sarkós* Fleisch, *rhámphos* Schnabel (im Hinblick auf die fleischigen Auswüchse am Schnabel).

Sárder [min: Var. des Chalzedons] gr. *sardṓ* ein Edelstein.

Sarkóma [med: bösartige Geschwulst] gr. *sárkōma* fleischiges Gewächs, von gr. *sárx* Fleisch.

Sarkoplásma [zool, an: Zellkörper der Muskelzelle] gr. *sárx*, Gen. *sarkós* Fleisch, *plásma* Gebilde (übertr. = Protoplasma).

Sarothámnus [bot: Gttg. Besenginster] gr. *sáros* Besen, *thámnos* Strauch.

Sartórius [an: Schneidermuskel] von lat. *sártor* Schneider.

Satellít [astr: Mond eines Planeten] gr. *satéllēs* bewaffneter Begleiter.

satív us, -a, -um [bot] lat. gesät, angebaut.

Saurópoda [pal: U.Ordn. der *Dinosaúria*] gr. *saúros* Echse, *pús*, Gen. *podós* Fuß (weil Sohlengänger).

Sauropterýgia [pal: Ordn. der *Reptília*] gr. *saúros* Echse, *ptéryx*, Gen. *ptérygos* Flosse.

Saurúrae [pal: Ordn. der *Áves*] gr. *saúros* Echse, *urá* Schwanz (im Hinblick auf den Eidechsenschwanz).

saxátil is, -e [zool, bot] lat. auf Felsen lebend, von lat. *sáxum* Felsen.

Saxícola [zool: Gttg. der *Áves*, Steinschmätzer] lat. *sáxum*, Gen. *sáxi* Felsen, *cólere* bewohnen.

Saxífraga [bot: Gttg. Steinbrech] lat. *sáxum* Felsen, *frángere* brechen.

saxónisch [geol: sächsisch] lat. *Saxónia* Sachsen.

scáb er, -ra, -rum [bot] lat. rauh, unsauber.

Scábies [med: Krätze] lat., von lat. *scábere* kratzen, schaben.

Scabiósa [bot: Gttg. Grindkraut] lat. *scábies* Krätze (Mittel dagegen).

Scalária [pal: Gttg. der *Gastrópoda*] lat. *scála* Treppe (Schalenform).

Scansóres [zool: Ordn. der *Áves*, Klettervögel] von lat. *scándere* klettern.

Scaphítes [pal: Gttg. der *Ammonoidéa*] gr. *skaphís* Kahn (letzter Umgang der Schale kahnartig aufgebogen).

Scaphópoda [zool: Kl. der *Mollúsca*] gr. *skáphos* Kahn, *pús*, Gen. *podós* Fuß.

Scápula [an: Schulterblatt] lat. von gr. *skáptein* schaufeln (Schaufelform).

Scarabaéus [zool: Gttg. der *Coleóptera*] gr. *skárabos* Käferart.

Scarlatína [med: „Scharlach"] mittellat. *scárlatum*.

Scátula [pharm: Arzneischachtel] lat. *scátula* Schachtel.

scelerát us, -a, -um [bot] lat. verbrecherisch (von lat. *scélus*, Gen. *scéleris* Verbrechen), übertr. giftig.

Schistostéga [bot: Leuchtmoos] gr. *schistós* gespalten, *stégē* Deckel.

Schizocarpéae [bot: Laubmoose mit in Längsrissen aufspringenden Früchten] latin. aus gr. *schízein* spalten, *kárpos* Frucht.

schizodónt [pal, zool: durch gespaltenen Schloßzahn ausgezeichnetes Schloß] gr. *schízein* spalten, *odús*, Gen. *odóntos* Zahn.

schizogén [bot: durch Spaltung entstanden] gr. *schízein* spalten, *génesis* Entstehung.

Schizogonie [zool: Fortpflanzung durch Zerfallsteilung] gr. *schízein* spalten, *goneía* Erzeugung.

Schizokárp [bot: Spaltfrucht] gr. *schízein* spalten, *kárpos* Frucht.

Schizomycétes [bot: Spaltpilze] latin. aus gr. *schízein* spalten, *mýkēs* Pilz.

Schizophycéae [bot: Spaltalgen] latin. aus gr. *schízein* spalten, *phýkos* Alge.

Schizophýta [bot: Spaltpflanzen] gr. *schízein* spalten, *phýton* Pflanze.

Schizópoda [zool: Ordn. der *Crustacéa*, Spaltfüßer] gr. *schízein* spalten, *pús*, Gen. *podós* Fuß.

Scílla [bot: Gttg. Meerzwiebel] lat. *scílla*, gr. *skílla* Meerzwiebel.

Scírpus [bot: Simse] lat. *scírpere* flechten (zu Flechtwerk verwendet).

Sciúrus [zool: Gttg. der *Rodéntia*, Eichhörnchen] gr. *skía* Schatten, *urá* Schwanz (der Schwanz kann den Körper beschatten).

Scleránthus [bot: Gttg. Knäuel] gr. *sklērós* hart, *ánthos* Blüte.

Sclerochlóa [bot: Gttg. Hartgras] gr. *sklērós* hart, *chlóē* Gras.

Sclerodérmata [zool: U.Ordn. der *Hexacorálla*] gr. *sklerós* hart, *dérma* Haut.

Scólopax [zool: Gttg. der *Áves*, Waldschnepfe] gr. *skolópax* Schnepfe, von gr. *skólops* Spitzpfahl (im Hinblick auf die Schnabelform).

Scómber [zool: Gttg. der *Acanthopterýgii*, Makrele) lat. *scómber*, gr. *skómbros* Makrele.

scopári us, -a, -um [bot] lat. zur Herstellung von Besen (lat. *scópa*) verwendet.

scórdi us, -a, -um [bot: nach Knoblauch riechend] latin. aus gr. *skórdon* Knoblauch.

Scrophulária [bot. Braunwurz] lat. *scróphulae* Drüsen (Arzneimittel).

Scrophulósis [med: Skrophelkrankheit] lat. *scrópha* Saumutter (durch die Auftreibung der seitlichen Gesichts- und Halsteile wird das Gesicht schweinskopfähnlich).

Scrótum [an: Hodensack] lat.

scutát us, -a, -um [bot] lat. schildförmig, von lat. *scútum* Schild.

Scutélla [pal: Gttg. der *Echinoidéa*] verkl. von lat. *scútum* Schild (schildförmige Schale).

Scyphomedúsae [zool: Kl. der *Cnidária*] gr. *skýphos* Becher, lat. *medúsa* Meduse (Körperform).

sebacé us, -a, -um [med: talgartig] lat. von *sébum* Talg.

Seborrhoéa [med: krankhafte Abstoßung von durchfetteten Epidermisstücken] lat. *sébum* Talg, *rhoḗ* Fließen.

Sébum [pharm: Talg] lat.

Secále [bot: Gttg. Roggen] lat. *secáre* schneiden.

Secéssus [med: Fortgehen (von Harn usw.)] lat. von *secédere* fortgehen.

Séctio [med: Schnitt, Operation] lat. das Schneiden, von lat. *secáre* schneiden.

Secundínae [biol: Nachgeburt] von lat. *secúndus* zweite.

Sedatíva (*remédia*) [pharm: beruhigende Mittel] von lat. *sedáre* sitzen machen, beruhigen.

Sediment [geol: Absatz aus Wasser und das dabei entstehende Gestein] lat. *sediméntum* Bodensatz.

Sédum [bot: Gttg. Mauerpfeffer] lat. *sedére* sitzen (Blätter dem Boden dicht aufsitzend).

Segmént [an: gleichartiger Körperabschnitt] lat. *segméntum* Abschnitt.

segregát us, -a, um [bot] lat. abgesondert.

seismisch [geol: zum Erdbeben gehörig] gr. *seismós* Beben.

Seismográmm [geol: Bebenkurve] gr. *seismós* Beben, *grámma* Schrift.

Seismográph [geol: registrierender Bebenmesser] gr. *seismós* Beben, *gráphein* schreiben.

Seismologíe [geol: Bebenkunde] gr. *seismós* Beben, *lógos* Lehre.

Seismométer [geol: Instrument zur Beobachtung von Erdbeben] gr. *seismós* Beben, *métron* Maß.

Sekrét [an: Drüsenausscheidung] lat. *secrétum* das Ausgeschiedene.

Sektión [med: Leichenerӧffnung] lat. *séctio* Schnitt.

Séktor [math: Kreisausschnitt] lat. *séctor* Schneider.

Sekúnde [phys: zweite Ton der Tonleiter, Zeiteinheit] lat. *secúnd us, -a, -um* zweite.

Selachoidéa [zool: Kl. der *Vertebráta*, Haie] latin. aus gr. *selách ē* Hai, *eídos* Aussehen.

Selektión [biol: Auslese] lat. *seléctio* Auswahl, von lat. *selígere* auswählen.

Selén [chem: Element] gr. *selḗnē* Mond.

selenodónt [zool: Gebißform der Wiederkäuer] gr. *selḗnē* Mond, *odús*, Gen. *odóntos* Zahn (Zähne mit sichelförmigen Schmelzleisten).

Sémen [pharm: Samen] lat. *sémen*, Gen. *séminis* Samen.

Semicanális [an: Halbkanal] lat. *sémi* halb, *canális* Kanal.

semicirculár is, -e [zool] lat. halbkreisförmig, von lat. *sémi* halb, *círculus* Kreis.

semilunár is, -e [halbmondförmig] lat. *sémi* halb, *lúna* Mond.

Semiologíe, Semiótik [med: Lehre von den Krankheitsanzeichen] gr. *semeĩon* Zeichen, *lógos* Lehre.

Semionótus [pal: Gttg. der *Lepidóstei*] latin. aus gr. *sēmeĩon* Zeichen, *nṓtos* Rücken.

semipermeábel [chem, phys: halbdurchlässig] lat. *sémi* halb, *permeábilis* durchschreitbar.

semistriát us, -a, -um [pal] lat. *sémi* halb, *striátus* mit Riefen versehen.

Semostómata [zool: U.Ordn. der *Scyphozóa*] gr. *sẽma* Zeichen, Fahne, *stóma* Mund (Mundrohr fahnenartig ausgezogen).

sempervírens [bot] lat. immergrünend, von lat. *sémper* immer, *vírens* grünend.

Sempervívum [bot: Gttg. Hauswurz] lat. *sémper* immer, *vív us, -a, -um* lebendig.

Seneszénz [biol: Altern] lat. *senéscere* Greis werden, von lat. *sénex* Greis.

seníl [biol: greisenhaft] lat. *seníl is* zum Greis gehörig.

sensíbel [psych: empfindlich] lat. *sensíbilis* empfindlich.

sensórisch [psych: auf die Sinne bezüglich] lat. *sénsus* Sinn.

Sepioidéa [pal: Gttg. der *Belemnoidéa*] lat. *sépia* Tintenfisch, *eídos* Aussehen.

Sépsis [med: infektiöser Prozeß] gr. *sẽpsis* Fäulnis.

sépticans; séptic us, -a, -um [bot] latin. Fäulnis (gr. *sẽpsis*) bewirkend, giftig.

Séptime [phys: siebente Ton der Tonleiter] lat. *séptima* die siebente.

septizíd [bot: an den Scheidewänden sich spaltend] lat. *séptum* Scheidewand, Stamm *cid-* schneiden.

Séptulum [an: kleine Scheidewand] lat. verkl. von *séptum* Scheidewand.

Séptum [an, zool, pal: Scheidewand] lat. *séptum* Scheidewand, von lat. *saepére* einzäunen.

Sequéster [med: abgestorbenes Stück eines Organs oder Knochens] von lat. *sequestráre* absondern, aufbewahren.

seriál [bot: in einer Reihe stehend] lat. *séries* Reihe.

Serizít [min: seidenartige Var. des Muskovits] gr. *serikón* Seide.

serós us, -a, -um [an: serös] von lat. *sérum* wässerige Flüssigkeit, Blutwasser.

serótin us, -a, -um [bot: spät blühend, spät reifend] von lat. *séro* spät, verspätet.

Serpentín [min: $3\,MgO\,.\,2\,SiO_2\,.\,2\,H_2O$] lat. *serpentínus* schlangenartig (im Hinblick auf die schlangenartige Zeichnung).

Sérpula [pal, zool: Gttg. der *Vé. mes*] lat. *sérpula* kleine Schlange.

serrátor [zool] lat. Säger, von lat. *sérra* Säge.

serrátul us, -a, -um [bot: gezähnt] lat. *serrátula* kleine Säge.

sessíl [biol] lat. *sessílis* (fest)sitzend.

sessiliflór us, -a, -um [bot: mit sitzenden Blüten] lat. *sessílis* sitzend, *flos*, Gen. *flóris* Blume.

sessilifóli us, -a, -um [bot: mit sitzenden Blättern] lat. *sessılis* sitzend, *fólium* Blatt.

Séxte [phys: sechste Ton der Tonleiter] lat. *séxta* die sechste.

sexuál [med: geschlechtlich] lat. *sexuál is, -e* auf das Geschlecht (lat. *séxus*) bezüglich.

sezerníeren [biol, med: absondern] von lat. *secérnere* sich scheiden.

sidérisch [geol: außerhalb der Erde, himmlisch] lat. *sídus*, Gen. *síderis* Himmelskörper.

Siderít [min: = Eisenspat] gr. *sídēros* Eisen.

Siderolíth [min: eisenreichster Steinmeteorit] gr. *sídēros* Eisen, *líthos* Stein.

Sigillária [pal: Gttg. der *Lycopodiacéae*] von lat. *sigíllum* Siegel (die Blattnarben bilden am Stamm siegelförmige Abdrucke).

sigmoíde us, -a, -um [an] latin. bogenförmig, gr. *sígma* Buchstabe Σ in alter Form: *C*.

Signatúr [pharm: Gebrauchsanweisung auf dem Rezept] lat. *signatúra* Bezeichnung.

silícula [bot] lat. kleine Schote.

Siliquósae [bot: Schotenfrüchtige] lat. *síliqua* Schote.

Silízium [chem: Element *Si*] lat. *sílex*, Gen. *sílicis* Kieselstein.

Sílphidae [zool: Fam. der *Coleóptera*, Aaskäfer] gr. *sílphē*.

Silúr [geol: Formation] lat. *Silúres* Einwohner des heutigen Wales (wo die Formation zuerst untersucht wurde).

silvátic us, -a, -um; silvéstr is, -e [bot, zool] lat. im Walde (lat. *sílva*) lebend.

silvícol us, -a, -um [zool: im Walde wohnend] lat. *sílva* Wald, *cólere* bewohnen.

Síma [min] zusammengesetzt aus *Si* (Silizium) und *Mg* (Magnesium).

Simóceras [pal: Gttg. der *Ammonoidéa*] gr. *simós* hohl, eingebogen, *kéras* Horn.

símplex [pal, zool] lat. einfach.

simplicifóli us, -a, -um [bot: einfach beblättert] lat. *símplex*, Gen. *simplícis* einfach, *fólium* Blatt.

Simulánt [med: Scheinkranker] lat. *símulans*, Gen. *simulántis* täuschend.

simultán [phil, psych] lat. *simultáneus* gleichzeitig, gemeinsam.

sínisch [geol: chinesisch] latin. *Sínia* China.

sinuát us, -a, -um [pal] lat. bogenartig eingekrümmt.

sinuós us, -a, -um [pal, an, med] lat. voller Krümmungen, faltenreich.

Sinupalliáta [pal, zool: Abt. der *Lamellibranchiáta*] lat. *sínus* Bogen, *pállium* Mantel (Manteleindruck verläuft in der Schale mit Einbuchtungen).

Sínus [an: Ausbuchtung, Vertiefung, math: Funktion] lat. *sínus* Bogen.

Sípho [pal: strangförmiger Bruchsack der *Cephalópoda*] gr. *síphōn* Röhre.

Siphonáles; Siphonéae [bot: Schlauchalgen] gr. *síphōn* Schlauch.

Siphonogámae [bot: Blütenpflanzen, die durch Pollenschlauch befruchtet werden] gr. *síphōn*, Röhre, Schlauch, *gameín* heiraten.

Siphonóphora [zool: Ordn. der *Hydrozóa*, Röhrenquallen] gr. *síphōn*, Gen. *síphonos* Röhre, *phóros* Träger.

Sirénia [zool: Ordn. der *Mammália*, Seekühe] latin. aus gr. *seirḗn* Fabelwesen.

Sísyphus [zool: Gttg. der *Coleóptera*] gr. *Sísyphus* sagenhafte Gestalt, die einen Stein ständig bergauf rollen muß (im Hinblick auf die Arbeit des Käfers mit der Brutpille).

Sítus [an: Lage von Organen] lat. *sítus* Lage.

Skála [phys: Tonleiter] ital. *scála* Leiter, Treppe.

Skalenoéder [min: Kristallform des Kalkspats] gr. *skalēnós* schief, *hédra* Fläche.

Skalpéll [zool, an: Messer mit fester Klinge] lat. *scalpéllum* Messer.

Skarifikatión [med: zahlreiche kleine Einschnitte machen] latin. von gr. *skariphásthai* mit dem Griffel (gr. *skáriphos*) ritzen.

Skatophagíe [med: Kotessen Geisteskranker] gr. *skṓr*, Gen. *skatós* Kot, *phageín* essen.

Skatophilíe [psych: perverse Vorliebe für Schmutziges] gr. *skṓr*, Gen. *skatós* Kot, *philía* Liebe.

Skelétt [an, zool: Gerippe] gr. *skeletón*, von *skéllein* austrocknen.

Sképsis [phil: Zweifelsstandpunkt] gr. *sképsis* Einwand.

Skióptikon [phys: gr. *skía* Schatten, *optikós* zum Sehen gehörig.

Skléra [an: Lederhaut des Auges] gr. *sklērós* hart.

Skleréíde [bot: Steinzellen] gr. *sklēros* hart, *eídos* (Stamm: *-id*) Gestalt.

Sklerenchým [bot: Hartgewebe] gr. *sklērós* hart, *énchyma* Eingegossene, übertr. Gewebe.

Sklerométer [min: Härtemesser] gr. *sklērós* hart, *métron* Maß.

Sklerósis [med: Verhärtung] von gr. *sklērún* hart machen.

Skoliósis [med: Rückgratsverkrümmung] gr. *skolíōsis* Krümmung.

Skotophobíe [psych: Angst vor dem Dunkeln] gr. *skótos* Finsternis, *phóbos* Furcht.

Skutéllum [bot: schildförmiges Keimblatt der Gräser] lat. *scutéllum* kleines Schild.

Smaltín [min: Speiskobalt] ital. *smálto*, vgl. Schmelz.

Smarágd [min: Var. des Berylls] gr. *smáragdos* grüner Edelstein.

sociál is, -e [pal] lat. gesellig, häufig auftretend.

Sol [phys, chem: gelöstes Kolloid] lat. *solútus* gelöst.

solár is, -e [an: sonnenähnlich] von lat. *sol*, Gen. *sólis* Sonne.

soldanéll us, -a, um [bot] lat. ziemlich hart, stark.

Sólea [zool: Gttg. der *Teleóstei*, Scholle] lat. *sólea* Sohle (sohlenförmige Gestalt).

Sólen [pal, zool: Gttg. der *Lamellibranchiáta*] gr. *sōlḗn* Röhre (Schale röhrenförmig).

Solenoíd [phys: enggewickelte Drahtspule] gr. *solḗn* Röhre, *eídos* (Stamm: *-id*) Aussehen.

Solfatáre [geol: Schwefelausdünstung] ital. *solfatára* Schwefelgrube.

sólid us, -a, -um [bot, an] lat. hart, fest, „solide".

Solifluktión [geol: Erdfließen] lat. *sol*, Gen. *sólis* Boden, *flúctio* Fließen.

Solifúga [zool: Ordn. der *Arachnoidéa*, Walzenspinnen] lat. *sol*, Gen. *sólis* Sonne, *fúgere* fliehen (nächtlich lebend).

solitär [zool, biol] lat. *solitárius* einsam, allein.

Solstítium [astr: Sonnenwende] lat. *sol* Sonne, *stáre* stehen (die Sonne bleibt an diesen Tagen im scheinbaren Sonnenlauf stehen).

Solútio [pharm: Lösung] lat., von *sólvere* lösen.

Solvéntia (*remédia*) [pharm: lösende Mittel] lat. *sólvens*, Gen. *solvéntis* lösend.

Somatéria [zool: Gttg. der *Áves*, Eiderente] gr. *sṓma*, Gen. *sṓmatos* Körper, *érion* Wolle, Flaum.

somátisch [biol: körperlich] gr. *sṓma*, Gen. *sṓmatos* Körper, Leib.

Somatologíe [phil, biol: Lehre vom Körper] gr. *sṓma*, Gen. *sṓmatos* Körper, *lógos* Lehre.

Somnambulísmus [psych: Schlafwandeln] lat. *sómnus* Schlaf, *ambuláre* spazieren gehen.

Somnífera (*remédia*) [pharm: Schlafmittel] lat. *sómnus* Schlaf, *férre* bringen.

Somniloquíe [psych: Sprechen im Schlaf] lat. *sómnus* Schlaf, *lóqui* sprechen.

Sónitus aúrium [psych: Ohrenklingen] lat. *sónitus* Geräusch, *aúrium* der Ohren, von lat. *aúris* Ohr.

Soporífica (*remédia*) [pharm: tiefen Schlaf erzeugende Mittel] lat. *sópor* tiefer Schlaf, *fácere* machen, bereiten.

Sórbus [bot: Gttg. Eberesche] lat. *sórbere* aufsaugen, zusammenziehen (Geschmack der Beeren).

Sórdes [med: Schmutz] lat. *sórdes* Schmutz.

Sórex [zool: Gttg. der *Insectivóra*, Spitzmaus] lat. *sórex*, Gen. *sóricis* Spitzmaus.

Sórus [bot: Sporangienhäufchen] gr. *sorós* Haufen.

Spadiciflórae [bot: Kolbenblütige] lat. *spádex*, Gen. *spádicis* Kolben, *floróre* blühen.

Spargánium [bot: Gttg. Igelkolben] gr. *spárganon* Band (Blattform).

sparsiflór us, -a, -um [bot: mit zerstreuten Blüten] lat. *spársus* zerstreut, *floróre* blühen.

Spasmophilíe [med: Neigung zu Krämpfen] gr. *spasmós* Krampf, *philía* Zuneigung.

Spásmus [med: Krampf] latin. von gr. *spasmós* Krampf.

Spatángus [pal: Gttg. der *Echinoidéa*] gr. *spátangos* Seeigelart.

Spátha [bot: Blütenscheide] lat. *spátha*, von gr. *spáthē* Schwert.

spathulifóli us, -a, -um [bot: mit schwertförmigen Blättern] lat. *spáthulus* kleines Schwert, *fólium* Blatt.

Spátium [an: Raum] lat. *spátium* Raum.

Spátula [zool: Gttg. der *Áves*, Löffelente] lat. *spátula* Löffel.

Spécies [pharm: Tee, Kräutergemisch, bot, zool: Art] lat. *spécies* Aussehen, Bild, Art.

speciós us, -a, -um [pal, bot, zool] lat. glänzend, schön.

spectábil is, -e [bot] lat. ansehnlich, von *spectáre* schauen.

Speculária [bot: Gttg. Frauenspiegel] lat. *spéculum* Spiegel.

Spektralanalýse [phys: Untersuchung des Spektrums] lat. *spéctrum* Bild, Abbild, gr. *análysis* Auflösung.

Spektroskóp [phys: Instrument zur Beobachtung des Spektrums] lat. *spéctrum* Abbild, gr. *skopeín* spähen, betrachten.

Spekularít [min. = Hämatit] lat. *spéculum* Spiegel (wegen seines Glanzes).

Spérgula [bot: Gttg. Spörgel] verkl. von lat. *spárgere* sich ausbreiten (Unkraut).

Spermatophóren [zool: Samenballen von Amphibien, Würmern, Cephalopoden] gr. *spérma*, Gen. *spérmatos* Same, *phóros* Träger.

Spermatophýten [bot: = Samenpflanzen] gr. *spérma*, Gen. *spérmatos* Same, *phýton* Gewächs.

Spermatozóen [biol: Samentierchen, -fäden] gr. *spérma*, Gen. *spérmatos* Same, *zôon* Tier.

Sperméstes [zool: Gttg. der *Áves*, Weberfink] gr. *spérma* Samen, *esthíein* ressen.

spezífisch [phil, chem, phys] lat. *spécies* Art (also etwa zum betr. Ding gehörig).

Sphaeréxochus [pal: Gttg. der *Trilobítae*] latin. aus gr. *sphaíra* Kugel, *éxochos* hervorragend (kugelige, hervortretende Glabella).

sphaéric us, -a, -um [bot, phys] lat. kugelförmig, von gr. *sphaíra* Kugel.

sphaerocárp us, -a, -um [bot: kugelfrüchtig] latin. von gr. *sphaíra* Kugel, *kárpos* Frucht.

Sphaeróceras [pal: Gttg. der *Ammonoidéa*] latin. aus gr. *sphaíra* Kugel, *kéras* Horn (Schale annähernd kugelförmig).

Sphärolíth [min: kugeliges Kristallaggregat] gr. *sphaíra* Kugel, *líthos* Stein.

Sphärométer [phys: Krümmungsmesser] gr. *sphaíra* Kugel, *métron* Maß.

Sphégidae [zool: Fam. der *Hymenóptera*, Grabwespen] gr. *sphéx*, Gen. *sphegós* Wespe.

Sphen [min. = Titanit] gr. *sphḗn* Keil (keilförmige Kristalle).

Sphénodon [zool: Gttg. der *Rhynchocephália*, Brückenechse] gr. *sphḗn* Keil, *odús*, Gen. *odóntos* Zahn.

sphenoidál is, -e [an: keilförmig] latin. von gr. *sphḗn* Keil, *eídos* (Stamm *-id*) Aussehen.

Sphenópteris [pal: Gttg. der *Filicacéae*] gr. *sphḗn* Keil, *ptéron* Fieder (Fiederchen am Grunde keilförmig).

Sphínkter [zool, an: Schließmuskel] gr. *sphinktḗr* Schließmuskel, von gr. *sphíngein* schnüren.

Sphygmográph [psych: Pulsschreiber] gr. *sphygmós* Puls, *gráphein* schreiben, aufzeichnen.

Spíca [bot] lat. *spíca* Ähre.

Spína [an: Dorn, Stachel] lat. *spína* Dorn.

Spinéll [min: $MgO.Al_2O_3$] lat. *spinéllus* Schlehe (im Hinblick auf die Färbung).

spinós us, -a, -um [pal, bot] lat. mit Dornen (lat. *spína*) versehen.

Spinthariskóp [phys: Instrument zur Beobachtung der Radium-Emanation] gr. *spinthḗr* Funken, *skopeín* blicken, schauen.

spinulós us, -a, -um [bot] lat. mit kleinen Dornen (lat. *spínula*) versehen.

Spíra [zool: Gewinde der Schneckenschale] lat. *spíra* Windung.

Spiraéa [bot: Gttg.] latin. aus gr. *speíra* Windung (gedrehte Früchte).

spirál is, -e [bot] lat. gewunden.

Spírifer [pal: Gttg. der *Brachiópoda*] lat. *spíra* Windung, *férre* tragen (Armgerüst spiralig gewunden).

Spirillen [bot: korkzieherförmige Bakterien] lat. *spirílla* kleine Windung.

Spiritísmus [psych: Geisterglaube]

von lat. *spíritus* Atem, Hauch, übertr. Geist.

Spíritus [chem, pharm: Weingeist] lat. *spíritus* Geist, von lat. *spiráre* atmen.

Spirochaéta [bot, zool: Gttg. der *Flagelláta*] gr. *speíra* Windung, *chaítē* Haar (haarfein und gewunden).

Spirogýra [Gttg. der Algen] gr. *speíra* Windung, *gyrós* krumm (Chlorophyllband gewunden).

Splanchnologíe [med: Eingeweidelehre] gr. *splánchnia* Eingeweide, *lógos* Lehre.

Splen [an: Milz] gr.

spléndens [bot, pal] lat. glänzend.

Splenomegalíe [med: Milzvergrößerung] gr. *splḗn* Milz, *mégas*, Gen. *megálos* groß.

Spondylarthrítis [med: Wirbelgelenkentzündung] gr. *spóndylos* Wirbel, *árthron* Glied.

Spóngia [zool: U.Stamm der *Coelenteráta*, Schwämme] lat. *spóngia* Schwamm.

spongiós us, -a, -um [an: schwammähnlich] von lat. *spóngia* Schwamm.

spontáne us, -a, -um [bot] lat. freiwillig.

Sporadosiderite [min: Siderite mit wenig Nickeleisen] gr. *sporás, sporádos* verstreut, *sídēros* Eisen.

Spóre [zool: ungeschlechtliche Fortpflanzungszelle] gr. *spóros* Keim, Same.

Sporogoníe [zool: Sporenbildung] gr. *spóros* Saat (übertr. Spore) *goneía* Erzeugung.

Sporophýll [bot: sporentragendes Blatt] gr. *sporá* Keimkorn, *phýllon* Blatt.

Sporophýta [bot: Sporenpflanzen] gr. *sporá* Spore, *phýton* Gewächs.

Spumária [bot: Gttg. Schaumpilz] von lat. *spúma* Schaum.

Spumellária [zool: U.Ordn. der *Radiolária*] lat. *spumélla* kleiner Schaum (ohne Skelett, Zentralkapsel infolge zahlreicher Poren schaumartig).

spúri us, -a, -um [bot. zool, pal] lat. unecht, falsch.

Spútum [biol: Auswurf] lat. von *spúere* spucken.

Squáma [an: Haut-, Knochenschuppe] lat. *squáma* Schuppe.

squamári us, -a, -um [bot, zool] lat. schuppig, von lat. *squáma* Schuppe.

Squamáta [zool: Ordn. der *Reptília*] lat. *squamát us, -a, -um* mit Schuppen bedeckt.

squamós us, -a, -um [bot, zool, an] lat. mit Schuppen (lat. *squáma*) bewachsen, schuppig.

Squílla [zool: Gttg. der *Stomatópoda*] Heuschreckenkrebs] lat. *squílla* = *scílla* kleiner Meereskrebs.

stabíl [phys: beständig] lat. *stábilis* feststehend.

Stáchys [bot: Gttg. Ziest] gr. *stáchys* Ähre.

stagnál is, -e [bot] lat. im stehenden Wasser (lat. *stágnum*) lebend.

Stalagmít [geol: vom Boden aus wachsender Tropfstein] gr. *stalagmós* Tropfen.

Stalaktít [geol: von der Decke her wachsender Tropfstein] gr. *stalaktikós* tröpfelnd.

Stámen [bot: Staubfaden] lat. *stámen*, Gen. *stáminis* Faden.

Stánnum [chem: Zinn] lat. *stánnum* Zinn.

Stápes [an: Steigbügel des Ohres] lat. *stápes* Steigbügel, aus *stáre* stehen, *pes* Fuß.

Staphylokókken [bot, med: Eiterbakterien) gr. *staphylḗ* Traube, *kókkos* Kern (nach der Gestalt).

Stasobasophobíe [psych: Unfähigkeit zu stehen und zu gehen] gr. *stásis* Stehen, *básis* Schreiten, *phóbos* Scheu.

Státice [bot: Gttg. Strandnelke] gr. *statikós* stehend, stillend (blutstillend).

Státik [phys: Lehre vom Gleichgewicht] gr. *statikós* stehend.

Statív [chem, phys: Gestell zum Festhalten von Gegenständen] lat. *statívus* feststehend.

Statoblásten [zool: Dauerkeime der *Bryozóa*] gr. *statós* (still)stehend, *blástos* Keim.

Statolíthen [zool: Gleichgewichtsorgane] gr. *statós* stehend, *líthos* Stein.

Státus [an: Zustand, Lage] lat. *státus* Stand, von lat. *stáre* stehen.

Staurolíth [min: $HFeAl_5SiO_{13}$] gr. *staurós* Kreuz, *líthos* Stein (im Hinblick auf die Durchkreuzungszwillinge).

Stauromedúsae [zool: Ordn. der *Scyphozóa*] gr. *staurós* Kreuz, *medúsa* Meduse (Mundöffnung kreuzförmig).

Stearín [chem] gr. *stéar* Fett.

Steatít [min: = Speckstein] gr. *stéar*, Gen. *stéatos* Fett (Fettglanz des Minerals).

Steatopygíe [med: Fettsteiß der Hottentottenfrauen] gr. *stéar*, Gen. *stéatos* Fett, *pygḗ* After.

Stegocarpéae [bot: deckelfrüchtige Moose] latin. aus gr. *stegós* Dach, Deckel, *kárpos* Frucht.

Stegocéphali [pal: Ordn. der *Amphíbia*] latin. aus gr. *stegós* Dach, Bedeckung, *kephalḗ* Kopf (Hautskelett).

Stellária [bot: Gttg. Miere] lat. *stélla* Stern (Blütenform).

stellár is -e; stellát us, -a, -um [bot] lat. sternförmig.

Stelmatópoda [zool: U.Ordn. der *Bryozóa*] gr. *stélma*, Gen. *stélmatos* Gürtel, *pús*, Gen. *podós* Fuß (Tentakel im Kreis um die Mundöffnung).

Stémma [zool: Punktauge der *Arthrópoda*] gr. *stémma* Kopfbinde, Kranz.

stenohalín [biol: gegen Wechsel des Salzgehaltes empfindlich] gr. *stenós* eng, *háls*, Gen. *halós* Salz.

Stenóse [an: Verengerung] gr. *sténōsis* Verengerung.

stenothérm [biol: gegen Wärmeunterschiede empfindlich] gr. *stenós* eng, *thermós* warm.

Sténtor [zool: Gttg. der *Ciliáta*, Trompetentierchen] gr. *Sténtōr* ein Herold bei Homer.

Stephanóceras [pal: Gttg. der *Ammonoidéa*] gr. *stéphanos* Kranz, *kéras* Horn (Umgänge kranzförmig).

stercorál is, -e [zool: in oder von Kot lebend] lat. von *stércus*, Gen. *stércoris* Kot.

Stércus [biol: Kot] lat. *stércus*, Gen. *stércoris* Kot.

Stereóm [bot: Festigungsgewebe] gr. *stereós* starr, fest.

Stereometríe [math: Lehre von der Körpermessung] gr. *stéreos* hart, übertr. Körper, *métrein* messen.

Stereoskóp [phys: Instrument zum körperlichen Sehen] gr. *stéreos* hart, fest, übertr. Körper, *skopeín* sehen.

sterfl [bot, med: unfruchtbar, keimfrei] lat. *stéril is, -e* unfruchtbar.

Stérnum [an] lat. *stérnum* Brustbein.

Sternutátio [biol: Niesen] von lat. *sternutáre* niesen.

Stethoskóp [med: Hörrohr] gr. *stḗthos* Brust, *skopeín* betrachten.

Stibnít [min. = Antimonglanz] lat. *Stíbium* Antimon.

Stígma [bot: Narbe, zool: Tracheenöffnung der Insekten] gr. *stígma* Stich.

Stigmária [pal: Wurzel von *Lepidodéndron*] lat. *stígma* Punkt, Mal (Seitenwurzeln bilden Narben).

Stillicídium [med: Träufeln (des Blutes, der Tränen)] lat., von lat. *stílla* Tropfen, *cáde, e* fallen.

Stímulae [bot: Brennhaare] lat. *stimuláre* reizen.

Stímulans [pharm: Reizmittel] lat. *stímulans* anregend.

Stípes [bot: Stiel, Stamm] lat. *stípes*, Gen. *stípitis* Baumstamm, Stengel.

Stípulae [bot: Nebenblätter] lat. *stípula*, Mz. *stípulae* Halm.

Stólo [bot, zool: Ausläufer] gr. *stólos* Reise, übertr. Gefolge.

Stomáchica (*remédia*) [pharm: Appetit anregende Mittel] latin. aus gr. *stomachikós* den Magen betreffend.

Stómachus [an: Magen] latin. aus gr. *stomachós* Magen.

Stomatópoda [zool: Ordn. der *Crustacéa*] gr. *stóma*, Gen. *stómatos* Maul, *pús*, Gen. *podós* Fuß (Füße mit Scheren, zum Nahrungserwerb eingerichtet).

Stomóxys [zool: Gttg. der *Díptera*, Stechfliege] gr. *stóma* Maul, *oxýs* scharf, spitz (Form des Rüssels).

Strabísmus [med: Schielen] latin. aus gr. *strabízein* schielen.

Stratigraphíe [geol: Formationskunde, Lehre von den Gesteinsschichten] lat. *strátus* ausgebreitet, übertr. Schicht, gr. *gráphein* beschreiben.

Stratiótes [bot: Gttg. Wasserschere] gr. *stratiṓtēs* Soldat (schwertförmige Blätter).

Strátum [zool, an: Schicht] lat. *strátum* das Ausgebreitete.

Strepsíptera [zool: Ordn. der *Insécta*] gr. *stréphein* einwickeln, *ptéron* Flügel.

Streptocóccus [bot, med: Gttg. Kettenkokkus] gr. *streptós* Kette, *kókkos* Kern.

Streptoneúra [zool: U.Kl. der *Gastrópoda*] gr. *streptós* gedreht, *neúron* Nerv (mit gedrehtem Nervensystem).

Streptorhýnchus [pal: Gttg. der *Brachiópoda*] gr. *streptós* gewunden, *rhýnchos* Rüssel (zurückgebogener Wirbel der Schale).

striát us, -a, -um [bot, zool, pal] lat. gestreift, von lat. *stría* Streifen.

Strictúra [med: starke Verengerung] von lat. *stríctus* zusammengeschnürt.

stríct us, -a, -um [bot] lat. steif, stramm.

Strigifórmes [zool: Ordn. der *Áves*, Eulen] lat. *stríx*, Gen. *strígis* Ohreule, *-fórmis* -förmig.

strigós us, -a, -um [bot] lat. mit Borsten (lat. *stríga*) versehen.

Stringocéphalus [pal: Gttg. der *Brachiópoda*] latin. aus gr. *strínx* Eule, *kephalḗ* Kopf (der umgebogene Schnabel der Ventralschale zeigt Ähnlichkeit mit Eulenschnabel).

Strobilatión [zool: Absprossung der Medusen vom Polypen] latin. aus gr. *stróbilos* Kreisel, Tannenzapfen (Form).

Stroboskóp [phys: Instrument zur Veranschaulichung von Bewegungsvorgängen] gr. *stróbos* Wirbel, *skopeín* spähen.

Stróma [bot: Fruchtlager mancher Pilze] gr. *strōma* Lager.

Strómbus [pal, zool: Gttg. der *Gastrópoda*] gr. *strómbos* Kreisel, Schnecke.

Strongylocentrótus [zool: Gttg. der *Echinoidéa*] latin. aus gr. *stróngylos* rund, *kéntron* Stachel.

Stróngylus [zool: Gttg. der *Nemathelmínthes*] gr. *stróngylos* rund.

Structúra [an] lat. *structúra* Bau.

Strúma [med: Kropf] lat., von lat. *strúere* aufeinanderschichten.

Strúthio [zool: Gttg. der *Áves*, Strauß] lat., von gr. *struthós* Strauß.

Struthiópteris [bot: Gttg. Straußfarn] lat. *strúthio* Strauß, gr. *ptéris* Wedel (Wedel straußfederähnlich).

Stúpor [psych: Starrheit, Unempfindlichkeit] lat., von lat. *stúpere* betäubt sein.

Stylommatóphora [pal, zool: U.Ordn. der *Gastrópoda*] gr. *stýlos* Pfeiler, *ómma*, Gen. *ómmatos* Auge, *phóros* Träger (Augen an der Spitze zweier Fühler).

Stylonýchia [zool: Gttg. der *Ciliáta*] gr. *stýlos* Stiel, *onýchion* kleine Kralle (hakenförmige Borsten).

Stýlus [bot: Griffel, pharm: Stift] latin., von gr. *stýlos* Stiel, Stift.

Stýptica (*remédia*) [pharm: zusammenziehende Mittel] latin. von gr. *styptikós* zusammenziehend.

subaërisch [geol: durch Wind hervorgerufen] lat. *sub* unter, *aér* Luft.

Subaziditát [med: Verringerung der Magensäure] lat. *sub-* unter-, *ácidum* Säure.

subclávi us, -a, -um [an: unter dem Schlüsselbein gelegen] lat. *sub* unter, *clavícula* Schlüsselbein.

Subcútis [an: Unterhautzellgewebe] lat. *sub* unterhalb, *cútis* Haut.

subdermál [an: unter der Haut] lat. *sub* unterhalb, *dérma* Haut.

Suberín [bot: Korkstoff] lat. *súber*, Gen. *súberis* Kork.

Subfamília [zool, bot: Unterfamilie] lat. *sub-* unter-, *família* Familie.

subfebríl [med: kaum fieberhafte Temperaturerhöhung] lat. *sub* unter, *fébris* Fieber.

Subgénus [zool, bot: Untergattung] lat. *sub-* unter, *génus* Gattung.

subglaziál [geol: unter dem Eise gelegen] lat. *sub* unter *glácies* Eis.

subglobós us, -a, -um [pal] lat. nicht ganz kugelförmig, rundlich.

subkortikál [an: unterhalb der Gehirnrinde] lat. *sub* unterhalb, *córtex*, Gen. *córticis* Rinde.

subkután [an, zool: unter der Haut] lat. *sub* unter, *cútis* Haut.

Sublimát [chem: $HgCl_2$] lat. *sublimátum* das Emporgestiegene (beim Erhitzen).

sublinguál is, -e [an: unter der Zunge gelegen] lat. *sub* unterhalb, *linguális* zur Zunge (lat. *língua*) gehörig.

Subméntum [zool: Platte an der Unterlippe der Insekten] gr. *sub* unter, *méntum* Kinn.

submérs us, -a, -um [bot] lat. untergetaucht.

Submucósa [zool, an: Bindegewebe unter der Schleimhaut] lat. *sub* unter, *mucós us, -a, -um* schleimig.

Subórdo [zool, bot: Unterordnung] lat. *sub* unter, *órdo* Ordnung.

Subspécies [zool: Unterart] lat. *sub* unter, *spécies* Art.

Substánz [phys: Stoff, Masse] lat. *substántia* wesentliche Inhalt, Substanz.

Substrát [biol: Nährboden] lat. *substrátum* das darunter Gebreitete.

Subsumptión [phil: Zurückführen eines Besonderen auf das Allgemeine] lat. *subsúmere* unterstellen.

subtíl is, -e [bot] lat. fein.

Subumbrélla [zool: Unterseite des Schirms der Medusen] lat. *sub* unter, *umbrélla* Schirm, eigentlich kleiner Schatten.

Succísa [bot: Gttg. Abbißkraut] lat. *succís us, -a, -um* unten abgebissen (Wurzelende fault ab).

Súccus [pharm: Saft] lat. *súccus* Saft.

Suctória [zool: Ordn. der *Ciliáta*, Sauginfusorien] von lat. *súgere* saugen.

Sudorífera (*remédia*) [pharm: schweißtreibende Mittel] lat. *súdor*, Gen. *sudóris* Schweiß, *férre* tragen, hervorbringen.

Suffocátio [med: Erstickung] lat. von *sub* unter, *faúces* Kehle.

Suggestión [psych: Eingebung] lat. *suggérere* eingeben.

Sukkulénten [bot: Saftpflanzen] von lat. *súccus* Saft.

Sukzinít [min: Bernstein] lat. *súccinum* Bernstein, von lat. *súccus* Saft.

sulcát us, -a, -um [bot] lat. mit Furchen (lat. *súlca*) versehen.

Súlcus [an, zool: Furche, Rinne] lat. *súlcus*, Gen. *súlci*, Mz. *súlci* Furche.

Súlfur [chem: Element Schwefel, *S*] lat. *súlfur* Schwefel.

Superazidität [med: Überschuß an Magensäure] von lat. *súper* über, *ácidum* Säure.

supérb us, -a, -um [bot] lat. prächtig.

Supercília [an: Augenbrauen] lat.; von lat. *súper* über, *cília* Wimpern.

superficiál is, -e [an: oberflächlich] von lat. *superfícies* Oberfläche.

Superpositión [phys: Übereinanderlagerung zweier Bewegungen, psych: Überordnung des Allgemeinen über das Besondere] lat. *super* über, *posítio* Stellung, Lage.

Supinatión [an: Drehung des Armes, bei der die Hohlhand nach vorn und oben zeigt] lat. *supínus* rückwärts gebeugt.

Suppositória [pharm: Zäpfchen zum Einführen in Darm, Scheide] von lat. *suppósitus* untergelegt.

Suppurátio [med: Eiterung] von lat. *suppuráre* forteitern, von lat. *sub-* unter-, *pus*, Gen. *púris* Eiter.

suprém us, -a, -um [an] lat. oberste.

Súra [an: Wade] lat. *súra*, Gen. *súrae* Wade.

Súrditas [med: Taubheit] von lat. *súrdus* dunkel, taub.

Surrogát [chem: Ersatz] lat. *surrogátus* an Stelle eines anderen gewählt.

Sus [zool: Gttg. der *Non Ruminántia*] lat. *sus*, Gen. *súis* Schwein.

Suspensión [chem: Aufschwemmung fester Teilchen in einer Flüssigkeit] lat. *suspéndere* aufhängen, schweben.

Suspensórium [pharm: Stützverband für Hoden oder Brüste] von lat. *suspénsus* aufgehängt.

Sutúr [an, med: Naht, pal: Anheftungsnaht der Septen an die Innenwand der Ammonitenschale] lat. *sutúra* Naht, von lat. *súere* nähen.

Sycónes [zool: Ordn. der *Calcispóngiae*] gr. *sýkon* Feige (nach der Form der Schwämme).

Sykósis [med: Bartflechte] gr. *sýkōsis* feigenähnliches Gewächs (Ähnlichkeit der Flechte mit dem körnigen Innern der Feige).

Sylvin [min: *KCl*] latin. *sal Sýlvii* Salz des *Sylvius de la Boë*, eines Arztes.

Symbióse [biol: Zusammenleben zu gegenseitigem Vorteil] gr. *sym* zusammen-, *bíos* Leben.

Symból [phil, psych, chem: Versinnbildlichung] gr. *sýmbolon* Merkzeichen.

Symmetrie [math: gleichmäßige Anordnung] gr. *sýmmetros* gleichmäßig.

Sympathie [phil, psych: Mitgefühl] gr. *sympátheia*, von gr. *sym-* zusammen, *páthos* Leiden.

Symphilie [zool: Gastverhältnis] gr. *sym-* zusammen, *philía* Freundschaft.

Symphýse [an: Verwachsung zweier Knochen durch Knorpel, spez.: Schambeinfuge] gr. *sýmphysis* das Zusammenwachsen.

Sympódium [bot, zool: Verzweigung mit einer Scheinachse] latin. aus gr. *sym-* zusammen, *pús*, Gen. *podós* Fuß.

Symptóm [phil, psych: Kennzeichen, med: Krankheitsmerkmal] gr. *sýmptōma* Zufall, Begebenheit, von gr. *sympíptein* zusammenfallen (Zusammentreffen äußerer Umstände mit Krankheitsmerkmalen).

Synalgíe [med: Mitempfinden von Schmerz an gesunden Gliedern] gr. *syn* mit, *álgos* Schmerz.

Synápsis [zool: Verschmelzung der Chromosomen] gr. *sýnapsis* Verbindung, Verknüpfung.

Synápta [zool: Gttg. der *Holothurioidéa*] gr. *synaptós* anhaftend (Seegurken ohne Fußreihen).

Synchondróse [med: Knorpelfuge] gr. *syn* zusammen, *chóndros* Knorpel.

synchrón [phys: zu gleicher Zeit erfolgend] gr. *syn-* zusammen, *chrónos* Zeit.

Syndaktylíe [med: angeborene Verwachsung der Finger oder Zehen] gr. *syn-* zusammen, *dáktylos* Finger, Zehe.

Syndesmologíe [an: Bänderlehre] gr. *sýn-* zusammen, *desmós* Band, *lógos* Lehre.

Synergéten [biol: gleichsinnig wirkende Organe] gr. *syn* zusammen, *érgos* Werk.

Synergíden [bot: Hilfszellen bei der Befruchtung] gr. *syn-* zusammen, *érgos* Werk.

Sýngamus [zool: Gttg. der *Nemathelmínthes*] gr. *syn-* zusammen, *gámos* Ehe (zumeist im Zustand der Begattung lebend).

syngenétisch [geol: zu gleicher Zeit entstanden] gr. *syn-* zusammen-, *génesis* Entstehung.

Syngnáthus [zool: Gttg. der *Lophobránchia*, Seenadel] gr. *syn-* zusammen-, *gnáthos* Kiefer (im Hinblick auf das enge Maul).

synkárp [bot: mit zusammengewachsenen Fruchtblättern] gr. *syn-* zusammen, *kárpos* Frucht.

Synklinále [geol: Muldenfalte] gr. *synklínein* zusammenneigen.

Synökíe [biol: neutrales Zusammenleben von Tieren] gr. *sýn-* zusammen, *oikía* Wohnung.

synoným [phil: sinnverwandt, gleichbedeutend] gr. *syn-* zusammen-, *ónoma* Name, Bedeutung.

Synthése [phil: Zusammenfassung, chem, psych: Zusammensetzung aus verschiedenen Bestandteilen] gr. *sýnthesis* Zusammensetzung.

Synzýtium [an, zool: Zellverband ohne scharfe Abgrenzung der Einzelzellen] latin. von gr. *syn-* zusammen, *kýtos* Höhle, Zelle.

Sýphilis [med: Lustseuche] gr. *sýs* Schwein, *philía* Liebe; andere Ableitungen: 1. *Syphilus* ein Schweinehirt, der Held eines Gedichtes von 1521, in der die Krankheit zum erstenmal erwähnt wird. 2. gr. *syn-* zusammen, *philía* Liebe. 3. gr. *siphlós* schmutzig. 4. arab. *sifl* Erde, also soviel wie Weltkrankheit.

Syrínga [bot: Gttg. Flieder] gr. *sýrinx* Flöte (aus Fliederholz herzustellen).

Sýrinx [zool: unterer Kehlkopf der Vögel] gr. *sýrinx* Röhre, Pfeife.

Sýrphidae [zool: Fam. der *Díptera*, Schwebefliegen] gr. *sýrphos* Mücke.

Syssiderít [min: zum großen Teil aus Nickeleisen bestehende Siderite] gr. *sys-* zusammen-, *sídēros* Eisen.

Systém [phil: Aufbau, Gliederung] gr. *sýstēma* geordnetes Ganzes.

'Sýstole [an: rhythmische Kontraktion des Herzens] gr. *systolḗ* Zusammenziehung.

Syzýgien [astr: Bezeichnung für Konjunktion und Opposition von Sonne und Mond] gr. *syzygía* paarweise Verbindung, von gr. *syn* zusammen, *zygón* Joch.

Szintillatión [phys: Lichtblitz der Alphastrahlen] lat. *scintilla* kleiner Funken.

T

Tábes [med: Körperschwund] lat. *tábes* Fäulnis, von *tabéscere* schwinden.

Tabuláta [pal: Abt. der Korallen mit Querböden] lat. *tabulátus* getäfelt.

Tachométer [phys: Geschwindigkeitsmesser] gr. *táchos* Geschwindigkeit, *métrein* messen.

Tachykardíe [med: beschleunigte Herztätigkeit] gr. *tachýs* schnell, *kardía* Herz.

Taénia [zool: Gttg. der *Cestódes*, Bandwurm] latin. aus gr. *tainía* Band.

Taenioglóssa [zool: U. Ordn. der *Prosobránchia*] gr. *tainía* Band, *glō̓ssa* Zunge (Bandform der Radula).

Tálpa [zool: Gttg. der *Insectívora*, Maulwurf] lat. *tálpa* Maulwurf.

Tálus [an: Würfelbein der Fußwurzel] lat. *tálus* Knöchel, Würfel (zum Würfeln wurden ursprüngliche gewisse Knöchel verwendet).

Tántal [chem: Element] gr. mythologischer König Tantalos.

tardív [med: spät auftretend] lat. *tardív us, -a, -um* verspätet.

Tarsália [an: Fußwurzelknochen] latin. von gr. *tarsós* Fußwurzel.

Tarsometatársus [zool: Laufknochen der Vögel] gr. *tarsós* Fußsohle, *metátarsos* Mittelfuß.

taxodónt [pal, zool: Schloßform mit reihenförmigen Zahnkerben] gr. *táxis* Reihe, *odús*, Gen. *odóntos* Zahn.

Táxus [bot: Gttg. Eibe] lat. *táxus* Eibenbaum.

táxus [zool: Dachs] latin. von gr. *táxos* Dachs.

Tectibránchia [zool, pal: U.Ordn. der *Opisthobránchia*] lat. *téctus* bedeckt, gr. *bránchia* Kieme (Kiemen vom Mantelrand z. T. überdeckt).

Tektónik [geol: Lehre vom Bau der Lagerungsstörungen in der Erdkruste] gr. *tektōnikós* zum Bau gehörig.

Téla [an: Gewebe, Schicht] lat. *téla* Leinwand.

Telegraphíe [phys: Fernübertragung von Schriftzeichen] gr. *tē̓le* fern, *gráphein* schreiben.

Telekinése [psych: Bewegung von Gegenständen ohne sichtbare Berührung] gr. *tē̓le* fern, *kínēsis* Bewegung.

Telemétér [phys: Entfernungsmesser] gr. *tē̓le* fern, *métron* Maß.

Telencéphalon [an: Endhirn] gr. *télos* Ende, *enképhalos* Gehirn (zuletzt sich entwickelnd).

Teleologíe [phil: Zweckmäßigkeitslehre] gr. *téleos* vollendet, *lógos* Lehre.

Teleóstei [pal, zool: Ordn. der *Písces*, Knochenfische] gr. *telē̓eis* vollkommen, *ósteon* Knochen.

Telepathíe [psych: Gedankenübertragung] gr. *tē̓le* fern, *páthos* Leiden, Gefühl.

Telephón [phys: Fernsprecher] gr. *tē̓le* fern, *phonē̓* Stimme.

Teleskóp [phys: Fernrohr] gr. *tē̓le* fern, *skopeín* spähen, schauen.

Teleutospóren [bot: End- (Winter-) Sporen] gr. *teleutē̓* Ende, *sporá* Keim.

tellúrisch [geol: zur Erde gehörig] lat. *téllus*, Gen. *tellúris* Erde.

Telodéndrion [an: baumartige Verzweigung der Nervenzellen] gr. *télos* Ende, *déndron* Baum.

telolezithál [zool: Dotter an einem Pol des Eies angereichert] gr. *télos* Ende, *lékithos* Dotter.

Telopháse [biol: letztes Stadium der Kernteilung] gr. *télos* Ende, *phásis* Erscheinung.

Temnospóndyli [pal: U.Ordn. der *Stegocéphali*] gr. *témnō* schneide ab, *spóndylos* Wirbel (Wirbel aus mehreren Stücken bestehend).

Temperántia (*remédia*) [pharm: niederschlagende Mittel] von lat. *temperáre* beruhigen.

Temperatúr [geog: Wärmezustand] lat. *temperatúra* Mäßigung.

temporál is, **-e** [an] lat. zur Schläfe (lat. *témpus*, Gen. *témporis*) gehörig.

temporär [phys: zeitweilig] lat. *temporárius* kurze Zeit dauernd.

Téndo [an: Sehne] lat. von *téndere* anspannen.

Tenébrio [zool: Gttg. der *Coleóptera*, Schwarzkäfer] lat. *tenébrio* Dunkelmann, von lat. *ténebrae* Finsternis.

Tensión [phys: Spannung (des Dampfes)] lat. *ténsus* gespannt, von lat. *téndere* ausstrecken.

ténsor [an] lat. Spanner.

Tentórium [an] lat. Zelt.

tenuiflór us, -a, -um [bot: zartblütig] lat. *ténuis* zart, *floróre* blühen.

tenuifóli us, -a, -um [bot: zartbelaubt] lat. *ténuis* zart, *fólium* Blatt.

ténu is, -e [pal] lat. dünn, schwach.

tenuíssim us, -a, -um [bot] lat. sehr zart.

Teratologíe [med: Lehre von den Mißbildungen] gr. *térata* Wunder, Mißgeburten, *lógos* Lehre.

Terebéllidae [zool: Fam. der *Polychaéta*, Röhrenwürmer] lat. *terebéllum* kleiner Bohrer.

Terebrátula [pal, zool: Gttg. der *Brachiópoda*] Verkl. von lat. *terebrátus* durchbohrt (im Hinblick auf das deutliche Schnabelloch).

Terédo [zool, pal: Gttg. der *Lamellibranchiáta*, Schiffsbohrwurm] lat. *terédo* Holzwurm.

terminál [an, bot: endständig] lat. *térmo*, Gen. *términis* Ende.

Terminologíe [phil: Lehre von den Fachausdrücken eines Wissensgebietes] lat. *términus* Grenze, Begriff, gr. *lógos* Lehre.

Térra róssa [geol: Rote Erde des Karstes] ital. *térra* Erde, *róssa* rot.

terréstr is, -e [bot, zool] lat. auf der Erde (lat. *térra*) wachsend.

terréstrisch [geog, astr: zur Erde gehörig] lat. *terréstris* zum Land (lat. *térra*) gehörig.

terrigén [geol, geog: auf dem Lande entstanden] gr. *térra* Land, gr. *génesis* Entstehung.

Tertiär [geol: Formation] lat. *tértius* dritte (Abteilung der Erdgeschichte).

Terz [phys: dritte Ton der Tonleiter] lat. *térti us, -a, -um* dritte.

tessellát us. -a, -um [zool] lat. gewürfelt.

tesserál [min: würfelförmig] lat. *téssera* Würfel.

Tésta [bot: äußere Samenschale, zool: Panzer der Schildkröten] lat. *tésta* Schale, Deckel.

Testicárdines [pal, zool: = *Articuláta*] lat. *tésta* Schale, *cárdo*, Gen. *cárdinis* Türangel.

Testículus [an: Hoden] lat. verkl. von *téstis* Zeuge, Hoden.

Téstis [an: Hoden] lat. *téstis* Zeuge, Hoden.

Testudináta [pal, zool: Ordn. der *Reptilia*, Schildkröten] lat. *testúdo* Schildkröte.

Tétanus [med: Starrkrampf] latin. aus gr. *tétanos*, Starrkrampf, von gr. *teínein* spannen.

Tetartoëder [min: Kristallform, Viertelflächner] gr. *tétarton* ein Viertel, *hédra* Fläche.

Téthys [geol: Mittelmeer der geol. Vergangenheit] gr. *Tēthýs* Meergöttin, Gemahlin des *Okéanos*.

Tetrabranchiáta [pal: Ordn. der *Cephalópoda*] gr. *tétra* vier, *bránchia* Kieme.

Tetracorálla [pal: Ordn. der *Zoanthária*] gr. *tétra* vier, lat. *corállium* Koralle (Septen in Vierzahl angeordnet).

Tetractinéllidae [zool: Ordn. der *Silicispóngia*] latin. verkl. von gr. *tétra* 4, *aktís*, Gen. *aktínos* Strahl (Kieselschwämme mit vierstrahligen Nadeln).

Tetraéder [min: Kristallform] gr. *tétra* vier, *hédra* Fläche (vier gleichseitige Dreiecke).

Tetragonáles System [min: Kristallsystem] gr. *tétra* vier, *gonía* Winkel (Kristalle mit mindestens vierzähliger Symmetrieachse).

tetrágon us-, -a, -um [bot, zool] latin. viereckig, aus gr. *tétra* 4, *gonía* Winkel.

Tetrakishexaéder [min: Vierundzwanzigflächner] gr. *tetrákis* viermal, *héx* sechs, *hédra* Fläche.

Tetrándria [bot: Kl. nach Linné mit vier Staubgefäßen] gr. *tétra* 4, *anḗr*, Gen. *andrós* Mann, übertr. männliches Geschlechtswerkzeug.

Tetraplegíe [med: Lähmung sämtlicher vier Extremitäten] gr. *tétra* vier, *plēgḗ* Schlag.

Tetraspóren [bot: Vierlingssporen] gr. *tétra* 4, *sporá* Keimkorn.

tetraxón [zool: vierstrahlig] gr. *tétra* vier, *axṓn* Achse.

Textulária [zool, pal: Gttg. der *Foraminífera*] Verkl. von lat. *téxtus* geflochten (Schale zopfartig).

Textúr [min: Anordnung der Gemengteile eines Gesteins] lat. *textúra* Gewebe.

Thalamóphora [pal, zool: = *Foraminífera*, Kammerlinge] gr. *thálamos* Kammer, *phóros* Träger.

thalássic us, -a, -um [bot] latin. am Meer (gr. *thalássa*) lebend.

thalattokrátisch [geol: mit vorwiegender Meeresbedeckung] gr. *thalátta* Meer, *kratein* herrschen.

Thallophýta [bot: Lagerpflanzen] gr. *thallós* Zweig, *phýton* Gewächs.

Thállus [bot: ungegliederter Sproß] gr. *thallós* Zweig.

Thamnastraéa [pal: Gttg. der *Fúngidae*] latin. aus gr. *thámnos* Gesträuch, *astraíos* sternartig (buschförmige Korallenstöcke).

Thanatóphilus [zool: Gttg. der *Coleóptera*, Aaskäfer] gr. *thánatos* Tod, *phílos* Freund.

Thanatophobíe [psych: Furcht vor dem Tode] gr. *thánatos* Tod, *phóbos* Furcht.

Théka [pal, zool: Kelch der *Crinoidéa*, bot: Pollensack] gr. *thḗka* Behältnis.

thekodónt [zool: Gebißform, bei der die Zähne in Höhlungen stecken] gr. *thḗkē* Behälter, *odús*, Gen. *odóntos* Zahn.

Thénar [an: Daumenballen] gr. *thénar* flache Hand.

Theobróma [bot: Gttg. Kakaobaum] gr. *theós* Gott, *brō̂ma* Speise.

Theomaníe [psych: religiöser Wahnsinn] gr. *theós* Gott, *manía* Wahn.

Theoríe [phil: geistige Betrachtung, wissenschaftlicher Erklärungsversuch] gr. *theōría* Betrachtung, Überlegung.

Therapíe [med: ärztliche Behandlung von Krankheiten] gr. *therapeía*, von gr. *therapeúein* bedienen, heilen.

Theriodóntia [pal: U.Ordn. der *Theromórpha*] pal. *thēríon* (Raub)tier, *odús*, Gen. *odóntos* Zahn (raubtierähnliches Gebiß).

Thermanästhesíe [psych: Unfähigkeit der Temperaturunterscheidung] gr. *thérmē* Wärme, *an-* ohne, *aísthēsis* Empfindung.

Thérme [geol, geog: warme Quelle] gr. *thérmē* warme Quelle.

Thermodynámik [phys: Lehre vom Zusammenhang zwischen Wärme und anderen Energieformen] gr. *thermós* warm, *dýnamis* Kraft.

thermogén [bot: Wärme erzeugend] gr. *thermós* warm, *génesis* Erzeugung.

Thermográph [phys: registrierendes Thermometer] gr. *thermós* warm, *gráphein* aufschreiben.

Thermométer [phys: Wärmemesser] gr. *thermós* warm, *métron* Maß.

thermophíl [biol: wärmeliebend] gr. *thermós* warm, *phileín* lieben.

Thermophór [med: Vorrichtung zur örtlichen Erwärmung] gr. *thermós* warm, *phóros* Träger.

Thermostát [phys, biol: Wärmeschrank] gr. *thermós* warm, *statós* stehend, eingestellt.

Theromórpha [pal: Ordn. der *Reptília*] gr. *thḗr* Raubtier, *morphḗ* Gestalt (als Vorläufer der Säugetiere gedeutet).

Thórax [pal: Rumpf der *Trilobítae*, zool: Brustteil der *Inséсta*, an: Brustkorb] gr. *thṓrax* Brustharnisch.

Thórium [chem: Element] nach dem german. Gott Thor.

Thrómbus [med: Klumpen geronnenen Blutes innerhalb der Gefäße] gr. *thrómbos* Klumpen.

Thúja [bot: Gttg. Lebensbaum] gr. *thýein* räuchern (als Räucherholz verwendet).

Thýlle [bot: Tüpfelbläschen] gr. *thyllís* Schlauch.

Thýmus [an: Thymusdrüse] latin. aus gr. *thymós* Seele (deren Sitz in der Brust angenommen wurde).

Thyreoidéa [an: Schilddrüse] latin. aus gr. *thyreoeídēs* schildartig.

Thysanúra [zool: Ordn. der *Inséсta*] gr. *thýsanos* Troddel, *urá* Schwanz (Hinterleib mit troddelförmigen Anhängen).

Tíbia [an: Schienbein] lat. *tíbia* Flöte, Adjektiv: *tibiál is, -e*.

tímid us, -a, -um [zool] lat. furchtsam.

tinctóri us, -a, -um [bot] lat. vom Färber (lat. *tínctor*) verwendet.

Tinctúra [pharm: Drogenauszug oder Lösung von Arzneistoffen] von lat. *tíngere* färben (weil zumeist gefärbt).

Tinéidae [zool: Fam. der *Lepidóptera*, Motten] lat. *tínea* Motte.

Titríeren [chem: Bestimmung der festen Substanz einer Lösung] franz. *titrer*, von lat. *tituláre* sortieren.

Tokogoníe [biol: Elternzeugung (Ggs.: Urzeugung)] gr. *tókos* Geburt, *goneía* Erzeugung.

tomentós us, -a, -um [bot] lat. polsterartig, von lat. *toméntum* Polster.

Tónica (*remédia*) [pharm: stärkende Mittel] latin. von gr. *tónos* Spannung.

Tonsílla [an: Gaumenmandel] lat. *tonsíllae* die Mandeln im Halse.

tonsúrans [med: scherend] von lat. *tonsuráre* scheren.

Tónus [biol: Gewebs-(Muskel-) Spannung] latin. von gr. *tónos* Spannung.

Topás [min: $Al_2SiO_4Fe_2$, Edelstein] gr. *topázion* grüner Edelstein.

Tóphus [med: Knoten] lat. *tófus* Tuffstein.

Topographíe [geog: Ortsbeschreibung] gr. *tópos* Ort, *gráphein* schreiben.

Tórmina [med: Beschwerden] lat. *tórmina* Qualen, von gr. *torquére* drehen.

Tornádo [geog: Wirbelsturm] von span. *tornár* drehen, wirbeln.

Tornária [zool: Larve der *Enteropneústa*] von lat. *tornáre* drehen (tonnenförmige Gestalt).

Torsión [an, med, bot: Drehung, geol: Verdrehung einer Schicht] lat. *tórsio*, von lat. *torquére* drehen.

Tórus [an, bot: Erhöhung, Wulst] lat. *tórus* Knoten, hervorragender fleischiger Teil des Körpers.

Toxáster [pal: Gttg. der *Echinoidéa*] gr. *tóxon* Bogen, *astḗr* Stern.

Toxikologíe [pharm: Lehre von den Giften] gr. *toxikón* (Pfeil-) Gift, *lógos* Lehre.

Toxiphobíe [psych: krankhafte Furcht vor Vergiftung] gr. *toxikón* Pfeilgift, *phóbos* Furcht.

Toxodóntia [pal: Gruppe der *Unguláti*] gr. *tóxon* Bogen, *odús*, Gen. *odóntos* Zahn (bogenförmig gekrümmte Backenzähne).

Trabécula [an: kleiner Balken] lat. verkl. von *trábes* Balken.

Trachée [bot: Wasserröhre, Gefäß, an: Luftröhre] gr. *tracheía* die rauhe (innere Wand), übertr. Luftröhre.

Trachóm [med: Körnerkrankheit der Bindehaut] von gr. *trachýs* rauh.

Trachýceras [pal: Gttg. der *Ammonoidéa*] gr. *trachýs* rauh, *kéras* Horn.

trachyphýll us, -a, -um [bot: rauhblätterig] gr. *trachýs* rauh, *phýllon* Blatt.

Trachýt [min: rauhes Eruptivgestein] gr. *trachýs* rauh.

Tráctus [an: Zug, Faserzug] lat., von *tráhere* ziehen.

Tragópogon [bot: Gttg. Bocksbart] gr. *trágos* Bock, *pógon* Bart.

Trance [psych: aufgehobene Herrschaft des Willens] engl. von lat. *trans* jenseits.

Transformatión [an, biol: Umwandlung] von lat. *transformáre* umwandeln.

Transfusión [med: Überleitung von Blut von einem Inviduum auf ein anderes] von lat. *transfúsus* hinübergegossen.

Transgressión [geol: Überflutung eines Festlandes durch das Meer] lat. *transgréssus* hinübergeschritten.

transitórisch [med: vorübergehend] von lat. *transíre* vorbeigehen.

Translatión [phys: fortschreitende Bewegung, min: Gleitung] lat. *translátio* Hinübertragen, Abwälzung.

Transplantatión [biol: Überpflanzung von Geweben] von lat. *transplantáre* überpflanzen.

Transpositión [an: Verlagerung] von lat. *transpósitus* verlagert, weggestellt.

transparént [phys: durchscheinend] lat. *transpárens* hindurchscheinend.

Transspiratión [biol: Schwitzen] von lat. *trans* hinüber, *spiráre* atmen.

transversál [an: quer, senkrecht zur Hauptachse] lat. *transversál is, -e* quer.

transvérs us, -a, -um [an] lat. quer.

Transvestíe [psych: Verkleidungstrieb] lat. *trans-* hinüber-, *véstis* Kleid.

transzendént [phil: über die Erfahrung hinausgehend] lat. *transcéndens* hinübersteigend.

Traúma [med: Verletzung] gr. *traúma* = *trṓma* Wunde, Adjektiv: traumatisch.

Travertín [geol: Kalksinter] aus lat. (*lápis*) *tiburtínus* Stein von Tibur (Kalksinter des Tiber).

Tréchus [zool: Gttg. der *Coleóptera*, Laufkäfer] latin. aus gr. *tréchein* laufen.

Tremadíctyon [pal: Gttg. der *Spóngiae*] gr. *trḗma* Strudelloch, *díktyon* Netz (Ostien netzförmig verteilt).

Trematódes [zool: Ordn. der *Plathelmínthes*, Saugwürmer] gr. *trḗma* Strudelloch.

Trémor [med: Muskelzittern] lat. *trémor* Zittern, von lat. *trémere* zittern.

trémul us, -a, -um [bot] lat. zitternd.

Trepanatión [med: Eröffnung der Schädelhöhle] von gr. *trýpanon* Bohrer.

triadélph us. -a, -um [bot: Staubgefäße in drei Bündeln] latin. aus gr. *treís*, *tría* 3, *adelphós* Bruder.

Triándria [bot: Kl. nach Linné mit drei Staubgefäßen] gr. *treís*, *tría* 3, *anḗr*, Gen. *andrós* Mann, übertr. männliches Geschlechtswerkzeug.

triangulár, is, -e [an: dreieckig] von lat. *tría* 3, *ángulus* Winkel.

triángul us, -a, -um [bot: dreikantig, Dreieck] lat. *tría* 3, *ángulus* Winkel.

Trías [geol: Formation] gr. *triás* Dreiheit (weil aus Buntsandstein, Muschelkalk und Keuper bestehend).

triaxón [zool: dreiachsig] gr. *tría* drei, *axṓn* Achse.

Tribadíe [psych: Homosexualität bei Frauen] von gr. *tríbein* reiben.

Tribométer [phys: Instrument zur Messung der Reibung] gr *tríbos* Reiben, *métron* Maß.

tríceps [an: dreiköpfig] lat. von *tría* 3, *cáput* Kopf (Muskel mit 3 Ansatzpunkten).

Tricératops [pal: Gttg. der *Orthópoda*] latin. aus gr. *tría* drei, *kéras* Horn, *ṓps* Gesicht (drei Hörner am Stirnbein).

Trichína [zool: Gttg. der *Nemathelminthes*, Haarwurm] gr. *tríchinos* haarartig.

Trichít [min: haarförmiger Kristallit] gr. *thríx*, Gen. *trichós* Haar.

Trichoglóssus [zool: Gttg. der *Áves*, Keilschwanzlori] gr. *thríx*, Gen. *trichós* Haar, *glṓssa* Zunge (Zunge endet pinselförmig).

trichoídes [bot: haarfein] von gr. *thríx*, Gen. *trichós* Haar, *eídos* Gestalt.

Trichóm [bot: Haargebilde] von gr. *thríx*, Gen. *trichós* Haar.

trichophýll us, -a, -um, [bot: mit behaarten Blättern] latin. aus gr. *thríx*, Gen. *trichós* Haar, *phýllon* Blatt.

Trichophytíe [med: Bartflechte] gr. *thríx*, Gen. *trichós* Haar, *phytón* Gewächs.

Trichóptera [zool: Ordn. der *Inséctu*, Köcherfliegen] gr. *thríx*, Gen. *trichós* Haar, *ptéron* Flügel (Flügel mit Haaren bedeckt).

Trichotrachelídae [zool: Fam. der *Nemathelmínthes*] gr. *thríx*, Gen. *trichós* Haar, *tráchelos* Hals (Vorderende haardünn).

Trichromasíe [psych: normales Farbenempfinden] gr. *trís* dreimal, *chrṓma* Farbe (Rot-Grün-Violett).

tricuspidális [an] lat. dreizipfelig.

tridáctyl us, -a, -um [zool: dreifingerig, dreizehig] lat. aus gr. *treís*, *tría* drei, *dáktylos* Finger.

tridentát us, -a, -um [bot: mit drei Zähnen versehen] lat. *tría* 3, *dentát us, -a, -um* gezähnt.

Trídymit [min: Modifikation des Quarzes] gr. *trídymos* Drilling.

trifíd us, -a, -um [bot: dreigespalten] von lat. *tría* 3, *fíndere* spalten.

Trifólium [bot: Gttg. Klee] lat. *tría* 3, *fólium* Blatt.

Trigéminus [an: 5. Gehirnnerv] lat. Drilling (wegen seiner drei Wurzeln).

trigonál [min: soviel wie hexagonal] gr. *trígonos* dreieckig.

Trigónia [pal: Gttg. der *Lamellibranchiáta*] gr. *trígonon* Dreieck (Umriß der Schale oder Form des Schloßzahns).

Trigónodus [pal: Gttg. der *Lamellibranchiáta*] gr. *trígonos* dreieckig, *odús* Zahn (Schloßzahn dreieckig).

Trigonometríe [math] gr. *trígonon* Dreieck, *métrein* messen.

Trigýnia [bot: Ordn. nach Linné mit drei Griffeln] latin. aus gr. *tría* 3, *gyné* Weib, übertr. weibliches Geschlechtsorgan.

Triklínes System [min: Kristallsystem] gr. *trís* dreifach, *klínein* neigen (Achsen stehen schiefwinkelig zueinander).

trikonodónt [zool: Gebißform, deren Zähne drei Höcker aufweisen] gr. *treís*, *tría* drei, *kṓnos* Kegel, *odús*, Gen. *odóntos* Zahn.

Trilobítae [pal: Ordn. der *Crustacéa*] gr. *trílobos*, lat. *trilób us*, *-a*, *-um* dreilappig (Körper in drei Teile gegliedert).

trimér [bot: dreiteilig, dreizählig] gr. *tría* 3, *méros* Teil.

Trimorphísmus [min: Auftreten in drei Kristallformen] latin. aus gr. *trís* dreimal, *morphé* Gestalt.

Trinúcleus [pal: Gttg. der *Trilobítae*] gr. *tría* drei, lat. *núcleus* Kern (Kopf mit drei Buckeln).

Triözíe [bot: Dreihäusigkeit, ♂, ♀ und zwittrige Blüten auf verschiedenen Stöcken] latin. aus gr. *tría* 3, *oíkos* Haus.

tripartít us, -a, -um [bot: dreigeteilt] lat. *tría* 3, *partítus* geteilt.

Tríquetrum [an: Knochen] lat. dreieckig.

Tríticum [bot: Gttg. Weizen] lat. *trít us*, *-a*, *-um* gedroschen, von lat. *térere* dreschen.

Tritýlodon [pal: Gttg. der *Allothéria*] gr. *tri-* drei, *týlos* Schwiele, *odús*, Gen. *odóntos* Zahn (Backzähne mit 2—3 Höckerreihen).

Trochánter [an: Rollhügel] latin. aus gr. *tróchos* Rad.

Trochíscus [pharm: Plätzchen] latin. von gr. *trochískos* Rädchen, kleine Scheibe.

Trochóphora [zool: Larvenform der *Annélides*] gr. *tróchos* Rad, *phóros* Träger (im Hinblick auf die Wimperkränze).

Tróchus [pal, zool: Gttg. der *Gastrópoda*] latin. aus gr. *tróchos* Rad.

Troglodýtidae [zool: Fam. der *Áves*, Zaunkönige] gr. *troglodýtes* Höhlenbewohner.

Trómbe [geog: lokaler Luftwirbel] ital. *trómba* Trompete (Form des Wirbels).

Trophoneuróse [med: Ernährungsstörung auf nervöser Basis] gr. *trophé* Ernährung, *neúron* Nerv.

Tropaéolum [bot: Gttg. Kapuzinerkresse] latin. verkl. aus gr. *tropaíon* Siegeszeichen (helmartige, bunte Blüten).

Tropidonótus [zool: Gttg. der *Ophídia*, Natter] gr. *tropís*, Gen. *tropídos* Kiel, *nṓtos* Rücken (Rücken erscheint kielförmig).

Tropísmus [bot: Einstellung auf Reize] latin. aus gr. *trópos* Wendung.

Tropítes [pal: Gttg. der *Ammonoidéa*] latin. = Tropenform (Trias Ostindiens).

Troposphäre [geog: unterer Teil der Atmosphäre] gr. *trópos* Wendung, *sphaíra* Kugel.

Trúncus [an: Rumpf, Stamm] lat. *trúncus*, Gen. *trúnci* Stamm, Rumpf.

Trypanosóma [zool: Gttg. der *Flagelláta*] gr. *trýpanon* Bohrer, *sṓma* Körper (Körper wie ein Spiralbohrer geformt).

Trypsín [biol: eiweißspaltendes Ferment des Pankreas] gr. *trýptein* spalten, zerreiben.

Túba [an: Röhre, Eileiter] lat. *túba* Trompete (mit langem Rohr).

Túber [an: Höcker, bot: Gttg. Trüffel] lat. *túber*, Gen. *túberis*, Mz. *túbera* Höcker, Knolle.

tuberculát us, -a, -um [pal] lat. mit Höckern (lat. *tubérculum*, *túber*) versehen.

Tubérculum [an: kleiner Höcker, med: Tuberkelgeschwulst] lat. *tubérculum* kleiner Höcker.

Tuberósitas [an: Höckrigkeit] von lat. *túber* Höcker.

tuberós us, -a, -um [bot, pal] lat. mit Knollen oder Höckern (lat. *túber*) versehen.

Tubícolae [zool: U.Ordn. der *Polychaéta*] lat. *túba* Röhre, *cólere* bewohnen.

Túbifex [zool: Gttg. der *Polychaéta*, Röhrenwurm] lat. *túba* Röhre, *fex* von lat. *fácere* machen, bauen.

Tubiflórae [bot: Röhrenblütige] lat. *túbus* Röhre, *florére* blühen.

Tubípora [zool: Gttg. der *Octocorálla*, Orgelkoralle] lat. *túbus* Röhre, gr. *póros* Öffnung.

Túbulus [an: Röhrchen, Kanälchen] lat. Verkl. von *túbus* Röhre. Mz. *Túbuli.*

Túbus [phys: Linsenrohr der optischen Instrumente] lat. *túbus* Rohr.

Túmor [an: Geschwulst] lat. *túmor*, Gen. *tumóris* Schwellung.

Túnica [an: Gewebsschicht] lat. *túnica* römisches Unterkleid.

Tunicáta [zool: Kl. der *Chordáta*, Manteltiere] lat. *tunicát us, -a, -um* mit einem Mantel versehen.

Turbellárii [zool: Ordn. der *Plathelmínthes*, Strudelwürmer] lat. *turbélla* Strudel (durch Wimpern hervorgerufen).

Turbíne [phys: Maschinenart] lat. *turbíneus* wirbelnd, kreiselförmig.

Túrbo [pal, zool: Gttg. der *Gastrópoda*] lat. *túrbo* Kreisel (Schalenform).

Túrdus [zool: Gttg. der *Áves*, Drossel] lat. *túrdus* Drossel.

Turgeszénz [bot: Geschwelltsein] von lat. *turgéscere* anschwellen.

Turón [geol: Formationsabteil] latin. aus *Touraine*, franz. Landschaft.

Turritélla [pal, zool: Gttg. der *Gastrópoda*, Turmschnecke] lat. *turritélla* Türmchen.

Tussilágo [bot: Huflattich] lat. *tússis* Husten (Linderungsmittel bei Husten).

Tússis [med: Husten] lat. *tússis* Husten.

Týlōma, Týlosis [an: Schwiele [gr. gr. *týlōma, týlōsis* Schwiele.

Tylópoda [zool: Abt. der *Ruminántia*] gr. *týlos* Schwiele, *pús*, Gen. *podós* Fuß.

Týmpanum [an: Paukenhöhle] latin. aus gr. *týmpanon* Pauke, Trommelfell.

Týpha [bot: Gttg. Rohrkolben] gr. *týphos* Rauch (Blütenstauden erscheinen als angeräuchert).

Týphlon [an: Blinddarm] gr. *typhl ós, -é, -ón* blind.

Týphlops [zool: Gttg. der *Ophídia*, Blindschlange] gr. *týphlos* blind, *ốps* Auge.

Týphus [med] gr. *týphos* Dunst, Umnebelung (im Hinblick auf den betäubten Zustand der Kranken).

Tyroglýphus [zool: Gttg. der *Acarína*, Käsemilbe] gr. *týros* Käse, *glýphein* aushöhlen.

U

Ulcerátio [med: Geschwürsbildung] lat. von *úlcus*, Gen. *úlceris* Geschwür.

Úlcus [med: Geschwür] lat. von *úlcus*, Gen. *úlceris*, gr. *hélkos* Geschwür.

ulíginós us, -a, -um [bot] lat. im Moore (lat. *ulígo*) wachsend.

Úlna [an: Elle] lat. *úlna* Elle, Adjektiv: *ulnár is, -e.*

Úlothrix [bot: Kraushaaralge] gr. *ulós* kraus, *thríx* Haar.

últra [phys] lat. *últra* jenseits.

Umbellíferae [bot: Doldengewächse] lat. *umbélla* Schirm, eigentlich kleiner Schatten, übertr. Dolde, *férre* tragen.

Umbílicus [pal, zool: Nabel der Schneckenschale, an: Nabel] lat. *umbílicus* Nabel.

Úmbo [an: Nabel, med: Stippchen] lat. *úmbo* Hervorragung.

Umbrélla [zool: Glocke, Schirm der Medusen] lat. *umbrélla* Schirm, eigtl. kleiner Schatten.

umbrós us, -a, -um [bot] lat. im Schatten (lat. *úmbra*) lebend.

uncifórm is, -e [an] lat. hakenförmig.

Uncítes [pal: Gttg. der *Brachiópoda*] von lat. *úncus* Haken (Ventralschale mit hakenförmigem Wirbel).

Úncus [an: Haken] lat. *úncus*, Gen. *únci* Haken.

undulát us, -a, -um [bot] lat. wellig, von lat. *úndula* kleine Welle.

Unguéntum [pharm: Salbe] lat. *un-*

guéntum Salbe, von lat. *úngere* salben, beschmieren.

Únguis [zool, an: Nagel, Kralle] lat. *únguis* Kralle, Nagel.

Unguláta [zool, pal: Ordn. der *Mammália*, Huftiere] lat. *ungulát us, -a, -um* mit Huf (lat. *úngula*) versehen.

unícolor [bot: einfarbig] lat. *únus* 1, *cólor* Farbe.

uniflór us, -a, -um [bot: einblütig] lat. *únus* 1, *flos*, Gen. *flóris* Blüte.

unilaterál [an: einseitig] lat. *únus* ein, *látus*, Gen. *láteris* Seite.

Único [pal, zool: Gttg. der *Lamellibranchiáta*] lat. *únio* vereinzelte Perle.

Univérsum [astr: Weltall] lat. *univérsum* Gesamtheit.

Úrachus [an: embryonale Verbindung zwischen Nabel und Harnblase] latin. aus gr. *úron* Harn, *échein* halten.

Urán [chem: Element] gr. *uranós* Himmel.

Uráte [chem, med: harnsaure Salze] gr. *úron* Harn.

urbán us, -a, -um [bot, zool] lat. in der Stadt (lat. *urbs*) lebend.

úrbic us, -a, -um [zool: städtisch, in Häusern lebend] lat. städtisch, von lat. *urbs*, Gen. *urbis* Stadt.

Uréa [pharm: Harnstoff] gr. *úron* Harn.

Urédo [bot: Entwicklungsstadium des Getreiderostpilzes] von lat. *úrere* brennen.

Uréter [an: Harnleiter] gr. *urētḗr* Harnleiter.

Uréthra [an: Harnröhre] gr. *urḗthra* Harnröhre.

Urína [biol: Harn] lat. von gr. *úron* Harn.

Urodéla [zool: Ordn. der *Amphíbia*] gr. *urá* Schwanz, *dē̃los* sichtbar, deutlich (Schwanzlurche).

Urolíth [med: Harnstein] gr. *úron* Harn, *líthos* Stein.

Urologíe [med: Lehre von den Krankheiten der Harnorgane] gr. *úron* Harn, *lógos* Lehre.

Uropýgium [zool: Bürzel der Vögel] latin. aus gr. *urá* Schwanz, *pygḗ* Steiß.

Uroskopíe [med: Harnuntersuchung] gr. *úron* Harn, *skopeín* beschauen.

Urostýl [zool: Schwanzsäule der Fische] gr. *urá* Schwanz, *stýlos* Säule.

Úrsus [zool: Gttg. der *Carnivóra*, Bär] lat. *úrsus* Bär.

Úrtica [bot: Brennnessel] lat. *úrtica* Brennessel, von lat. *úrere* brennen.

usitatíssim us, -a, -um [bot] lat. sehr gebräuchlich, am meisten verwendet, von lat. *úsus* Gebrauch.

Úterus [an: Gebärmutter] lat. *úterus*, Gen. *úteri* Mutterleib, von gr. *hystéra* Gebärmutter.

Utriculária [bot: Wasserhelm] lat. *utrículus* kleiner Schlauch (Blätter in schlauchförmige Tierfallen umgewandelt).

Utrículus [an: Abschnitt des häutigen Labyrinths] lat. verkl. von *úter* Schlauch.

Úvula [an: Zäpfchen] lat. Verkl. von *úva* Traube.

V

vaccári us, -a, -um [bot] lat. von der Kuh (lat. *vácca*) gern gefressen.

Vaccína [med: Kuhpocke] lat. *vaccínus, -a, -um* zur Kuh (lat. *vácca*) gehörig.

vadós [geog, geol: aus Niederschlägen stammendes Wasser] lat. *vadósus* seicht.

Vagína [an: Scheide] lat. *vagína* Scheide, Adj. *vaginál is, -e*.

vaginát us, -a, -um [bot] lat. mit Scheide (lat. *vagína*) versehen.

Vágus [an: 10. Gehirnnerv] lat. *vágus* umherschweifend (weil viele Organe innervierend).

Vakuóle [an: Zellsafthohlraum] von lat. *vácuus* hohl.

Vákuum [phys: luftleerer Raum] lat. *vácu us, -a, -um* leer.

Valénz [chem: Wertigkeit] lat. *valére* wert sein.

válg us, -a, -um [an] lat. schief.

Vallécula [an: kleine Vertiefung] lat. Verkl. von *vállis* Tal.

Válvae [zool: Muschelschalen] lat. *válvae* Klapptür.

valvát us, -a, -um [bot] lat. klappenförmig, von lat. *válvae* Flügel.

Válvula [an: Klappe] lat. Klappe, verkl. von *válvae* Türflügel.

Vanádium [chem: Element] *Vánadis*, Beiname der german. Göttin Freia.

Vaporárium [med: Dampfbad] lat. von *vápor* Hitze.

Variabilität [biol: Veränderlichkeit] lat. *variábilis* veränderlich.

várians [pal, zool, bot] lat. mannigfaltig, formverschieden.

Variatión [biol: Abweichung] lat. *variátio* Veränderung.

Varicélla [med: Windpocken] lat. verkl. von *varícula* Kropf.

varicós us, -a, -um [med] lat. mit Auftreibungen versehen.

variegát us, -a, -um [bot] lat. bunt, scheckig.

Varietät [biol: Abart] lat. *varíetas* Veränderung.

Varíola [med: Blatter, Pocke] lat. verkl. von *várus* Knoten.

Varískisches, Varístisches Gebirge [geol: östlicher Bogen der karbonischen Faltung] nach lat. *Cúria Variscórum* das heutige Hof i. B.

vári us, -a, -um [bot, zool, pal] lat. verschiedenartig, wechselnd.

***Várix,* Varíze** [med: Krampfader] lat. *várus* schief (die mit Krampfadern Behafteten haben grätschenden Gang) oder lat. *várus* Knoten.

Vas [an: Blut-, Lymphgefäß] lat. *vas*, Mz. *vása* Gefäß.

vasculós us, -a, -um [an] lat. mit Gefäßen versehen.

Vasektomíe [med: Entfernung von Gefäßen] lat. *vas* Gefäß, gr. *ek-* heraus-, *tomḗ* Schnitt.

vást us, -a -um [an] lat. weit, breit.

Vegetatión [bot: Pflanzenwuchs] von lat. *vegetáre* wachsen.

Velámen [bot: Wurzelhülle] lat. *velámen* Hülle.

Véliger [zool: Larve der *Mollúsca*] lat. *vélum* Segel, *gérere* führen (großer Wimperkranz).

Vélum [bot: Schleier der Pilze, an: Segel] lat. *vélum* Segel.

Véna [an: Blutader] von lat. *véhi* führen, Adj. venös.

Venénum [pharm] lat. Gift.

venérisch [med: geschlechtlich] lat. *Vénus*, Gen. *Véneris* Göttin der Liebe.

venós us, -a, -um [bot] lat. mit Adern (lat. *véna*) versehen.

Vénter [an: Bauch] lat. *vénter*, Gen. *véntri* Bauch.

Ventíl [phys] lat. *ventiláre* lüften.

ventrál [an: auf der Bauchseite] von lat. *venter*, Gen. *véntri* Bauch.

Ventrículus [an: Magen, Herzkammer, Gehirnkammer] lat. Verkl. von *vénter*: kleiner Bauch.

Verbomaníe [psych: Sprechlust] lat. *vérbum* Wort, gr. *manía* Wahnsinn, Sucht.

véris [bot] lat. des Frühlings, Gen. von lat. *ver* Frühling.

Vérmes [zool, pal: Stamm der *Invertebráta*, Würmer] lat. *vérmis* Wurm.

vermiculár is, -e; vermifórm is, -e [an: wurmförmig] von lat. *vermículus* Würmchen, lat. *vérmis* Wurm, *-fórmis* -förmig.

Vermifúga [pharm: Mittel gegen Würmer] von lat. *vérmis* Wurm, *fugáre* in die Flucht jagen.

vernál is, -e; vérn us -a, -um [bot] lat. im Frühling (lat. *ver*, Gen. *véris*) wachsend.

Verrúca [med: Warze] lat. *verrúca* Anhöhe.

verrucós us, -a, -um [an, bot, zool] lat. mit Warzen (lat. *verrúca*) bedeckt.

versícolor [zool, med: farbewechselnd] lat. *vérsus* gewendet, *cólor* Farbe.

Vértebra [an: Wirbel] lat. *vértebra* Wirbel.

Vertebráta [zool: Wirbeltiere] lat. *vertebrát us, -a, -um* mit Wirbeln versehen.

Vértex [an: Scheitel] lat. *vértex*, Gen. *vérticis* Scheitel.

Vertígo [psych: Schwindel] lat. *vertígo*, von *vértere* drehen.

vertikál [math, an: scheitelrecht] lat. *vértex*, Gen. *vérticis* Scheitel.

vér us, -a, -um [bot] lat. wahr.

vésc us, -a, -um [bot, zool] lat. eßbar.

Vésica [an: Blase] lat. *vésica* Blase.

vesicári us, -a, -um [bot, zool] lat. blasenförmig.

vesicát us, -a, -um [bot] lat. mit Blasen (lat. *vésica*) versehen.

Vesícula [an: Bläschen] lat. Verkl. von *vésica* Blase.

vesiculós us, -a, -um [bot: mit kleinen Blasen versehen] von lat. *vesículum* Bläschen.

Vespertílio [zool: Gttg. der *Chiróptera*] lat. Fledermaus, von lat. *vésper* Abend.

vespertín us, -a, -um [zool] lat. abendlich.

Vesperúgo [zool: Gttg. der *Chiróptera*] lat. Abendstern, übertr. Fledermaus.

Vestíbulum [an: Vorhof] lat. *vestíbulum* Vorhof, Vestibül.

vestít us, -a, -um [bot] lat. bekleidet, geschmückt.

veterinär [med: tierärztlich] *veterína* Zugvieh.

Vexíllum [bot: Fahne der Schmetterlingsblüte] lat. *vexíllum* Fahne.

Vibratión [phys: Schwingung] von lat. *vibráre* schwingen.

Vibriónen [bot: Abt. der Spaltpilze] lat. *vibráre* zittern (im Hinblick auf die Bewegungsform).

Vigilität [psych: lebhafte Aufmerksamkeit] von lat. *vígil* wachsam.

Villi [an: Zotten] lat. *víllus* Zotte.

villós us, -a, -um [bot] lat. zottig, von lat. *víllus* Zotte.

vineál is, -e [bot] lat. im Weinberg (lat. *vínea*) wachsend.

vinífer us, -a, -um [bot] lat. weintragend, von lat. *vínus* Wein, *férre* tragen.

Vípera [zool: Gttg. der *Ophídia*, Viper] lat. *vípera*, von lat. *vivípara* die lebendgebärende.

vírens [bot] lat. grünend.

viréscens [bot] lat. grün werdend.

Virgatión [geol: rutenförmige Gabelung eines Kettengebirges] lat. *vírga* Rute.

virgát us, -a, -um [bot] lat. rutenförmig, von lat. *vírga* Rute.

Virginität [biol: Jungfräulichkeit] lat. *virgínitas* Jungfräulichkeit.

Vírgo [biol] lat. Jungfrau.

Vírgula [pal: Achsenstab der *Graptolithen*] lat. *vírgula* Stäbchen.

vírid is, -e [bot, zool] lat. grün.

víril is, -e [biol: männlich] lat. von *vir* Mann.

virtuéll [phys: scheinbar] franz. *virtuel* wirkungsfähig, von lat. *vírtus* Tüchtigkeit.

Vírus [med: Tiergift] lat. *vírus* Gift.

Viscária [bot: Gttg. Pechnelke] lat. *víscus* Vogelleim.

Víscera [an: Eingeweide] lat. *víscus*, Gen. *vísceris*, Mz. *víscera* Eingeweide.

Víscum [bot: Gttg. Mistel] lat. *víscum* Leim (Früchte klebrig].

Visión [psych: Erscheinung] lat. *vísio* Sehen.

Viskosität [phys: Zähigkeit] von lat. *víscum* Mistel, übertr. Vogelleim (aus Mistelbeeren gewonnen).

vitál [biol: zum Leben gehörig] lat. *vitál is -e*, von lat. *víta* Leben.

Vitalísmus [phil, biol: Lehre von der Lebenskraft, bzw. der Eigengesetzlichkeit des Lebens] lat. *vitális* auf das Leben (lat. *víta*) bezüglich.

Vitéllus [an: Dotter] lat. *vitéllus* Eidotter, Verkl. von lat. *vítulus* ein Junges.

Vítis [bot: Weinrebe] lat. *vítis* Weinrebe.

Vítium córdis [med: Herzfehler] lat. *vítium* Fehler; *cors*, Gen. *córdis* Herz.

vitré us, -a, um [an] lat. glasartig.

Vitrióle [chem: Sulfate der Schwermetalle] lat. *vítrium* Glas, *óleum* Öl.

vivipár [zool: lebendig gebärend] lat. *vívus* lebendig, *párere* gebären.

Vivisektión [med: Versuch am lebenden Tier] lat. *vívus* lebend, *séctio* Zerlegung.

Vokál [phys: Selbstlauter] lat. *vocális* Stimme habend, von lat. *vox* Stimme.

Vóla [pal, zool: Gttg. der *Gastrópoda*] lat. *voláre* fliegen (flügelartige Schalenohren).

Volúmen [phys: Rauminhalt] lat. *volúmen* Krümmung, übertr. Schriftrolle, Buch, Inhalt des Buches.

Volúta [pal, zool: Gttg. der *Gastrópoda*] lat. *volúta* schneckenförmige Verzierung an Säulen.

Vólva [bot: Hülle der jugendlichen Hutpilze] lat. *vólva* Scheide.

Vólvox [bot: Gttg. der Algen] lat. *vólvere* rollen (rotierende Bewegung).

Vólvulus [med: Darmverschlingung] von lat. *vólvere* herumwälzen.

Vómer [an: Pflugscharbein] lat. *vómer*, Gen. *vómeris* Pflugschar.

Vómitus [med: Erbrechen] lat. *vómitus* Erbrechen.

Vorticélla [zool: Gttg. der *Ciliáta*, Glockentierchen] lat. *vorticélla* kleiner Wirbel (Wimperkranz).

Vox [psych] lat. Stimme.

vulgár is, -e; vulgát us, -a, -um [bot, zool] lat. gemein, weit verbreitet.

Vulkán [geol: feuerspeiender Berg] lat. *Vulcánus* Gott des Feuers.

vulnerári us, -a, -um [bot] lat. zur Behandlung von Wunden (lat. *vúlnus*, Gen. *vúlneris*) gebraucht.

Vúlnus [med: Wunde] lat. *vúlnus*, Gen. *vúlneris*, Mz. *vúlnera* Wunde.

Vúlva [an: äußere weibliche Geschlechtsteile] von lat. *vúlva* Schamteile.

W

Wismut [chem: Element] jedenfalls nach dem ältesten Wismutbergwerk „in den Wiesen" (b. Schneeberg) und „muten" = Erz schürfen.

Wolfram [chem: Element] = gefräßig wie ein Wolf, da Wolframit beim Schmelzen mit Zinnerz den Zinngehalt vermindert.

X

Xánthium [bot: Gttg. Spitzklette] latin. aus gr. *xanthós* gelb (zum Gelbfärben gebraucht).

Xanthophýll [bot: gelber Farbstoff im Chlorophyll] gr. *xanthós* gelb, *phýllon* Blatt.

Xenárthra [zool: U.Ordn. der *Edentáta*] gr. *xénos* fremd, *árthron* Glied (Zahl der Halswirbel wechselnd).

Xenogamíe [bot: Kreuzbestäubung] gr. *xénos* fremd, *gámos* Ehe.

xenomórph [min: = allothriomorph] gr. *xénos* fremd, *morphḗ* Gestalt.

Xeránthemum [bot: Gttg. Strohblume] gr. *xéros* trocken, *ánthos* Blume.

xerophíl [geol, bot: Trockenheit liebend] gr. *xerós* trocken, *phílos* Freund.

Xerophýten [bot: Trockenpflanzen] gr. *xerós* trocken, *phýton* Gewächs.

xiphoidéus [an: schwertförmig] gr. *xíphos* Schwert, *eídos* (Stamm *-id*) Form.

Xiphosúra [zool: Ordn. der *Gigantóstraca*, Schwertschwanzkrebse] gr. *xíphos* Schwert, *urá* Schwanz.

Xylém [bot: Holzteil] gr. *xýlon* Holz.

xylogén [bot: holzbildend] gr. *xýlon* Holz, *génesis* Bildung, Entstehung.

Xylól [chem: flüchtiger Kohlenwasserstoff] gr. *xýlon* Holz.

Xylophágidae [zool: Fam. der *Díptera*, Holzfliegen] gr. *xýlon* Holz, *phageín* fressen.

Z

(Siehe auch C)

Zánclodon [pal: Gttg. der *Therópoda*] gr. *zánklon* Sichel, *odús*, Gen. *odóntos* Zahn.

Zénti- [phys: $^1/_{100}$ der Maßeinheit] lat. *céntum* hundert.

Zentrifugálkraft [phys: Fliehkraft] lat. *céntrum* Mittelpunkt, *fúgere* fliehen.

Zentripetálkraft [phys: nach dem Mittelpunkt gerichtete Kraft] lat. *céntrum* Mittelpunkt, *pétere* erstreben.

Zentrosómen [zool: Polkörper; bei Zellteilung Mittelpunkt der Plasmastrahlung] lat. *céntrum* Mittelpunkt, *sṓma* Körper.

Zentrosphäre [geol: innerster Kern der Erde] lat. *céntrum* Mittelpunkt, gr. *sphaíra* Kugel.

Zeolíthe [min: Kalktonsilikate] gr. *zéō* koche, *líthos* Stein (weil beim Erhitzen Wasser abgebend).

Zer [chem: Element] nach den Planetoiden Ceres.

Zerussít [min: = Bleispat] lat. *cerússa* Bleiweiß.

Zezídien [bot: Gallen] latin. aus gr. *kekís*, Gen. *kekídos* Gallmücke.

Zílie [bot, zool: Wimper] lat. *cília* Wimper.

Zinnóber [min: *HgS*] von gr. *kinnábari* Bergzinnober.

Zirkón [min: $ZrSiO_4$] aus franz. *chargon* Kauderwelsch (Bezeichnung französischer Goldschmiede für diamantähnliche Edelsteine).

Zírrus [geog: Wolkenform] lat. *círrus* Haarlocke.

Zoanthária [pal, zool: U.Kl. der *Anthozóa*] gr. *zṓon* Tier, *ánthos* Blume (Blumentiere).

Zoárces [zool: Gttg. der *Acanthopterýgii*] gr. *zōarkḗs* am Leben erhaltend (lebendgebärend).

Zodíakus [astr: Tierkreis] gr. *zōdiakós* (*kýklos*) Tierkreis.

Zóna [an: Gürtel] lat., von gr. *zṓnē* Gürtel.

Zōnánthium [bot: Blütenboden der Korbblütler] latin. aus gr. *koinós* gemeinsam, *ánthos* Blüte.

zoochór [biol: durch Tiere verbreitet] gr. *zṓon* Tier, *chorós* Reigen, Chor, Bewegung.

zoogén [geol: aus Tieren entstanden] gr. *zṓon* Tier, *génesis* Entstehung.

Zooglöa [bot: Anhäufung von Spaltpilzen] gr. *zṓon* Tier, *gloía* Schleim (Kahmhaut).

Zoologíe [phil: Tierkunde] gr. *zṓon* Tier, *lógos* Lehre.

Zoonóse [med: von Tieren übertragbare Krankheit] gr. *zṓon* Tier, *nósos* Krankheit.

zoophág [biol: fleischfressend] gr. *zṓon* Tier, *phageín* fressen.

Zoophilíe [psych: erotische Tierliebe] gr. *zṓon* Tier, *phileín* lieben.

Zoophýta [zool: = *Coelenteráta*] gr. *zṓon* Tier, *phýton* Pflanze (weil festgewachsen und häufig verzweigte Kolonien bildend).

Zoospérmien [an, biol: Samentierchen] gr. *zṓon* Tier, *spérma* Same.

Zootomíe [zool: Zerlegen von Tieren für wissenschaftliche Untersuchungen] gr. *zṓon* Tier, *tomḗ* Schneiden.

Zóster [an: Gürtel, med: Gürtelrose] gr. *zōstḗr* Gürtel.

Zostéra [bot: Gttg. Seegras] gr. *zostḗr* Riemen (Blattform).

Zyáthium [bot: becherförmige Blütenhülle] latin. aus gr. *kýathos* Becher.

Zygapóphysis [an: Gelenkfortsatz der Wirbel] gr. *zygón* Joch, *apóphysis* Fortsatz.

Zygnéma [bot: Gttg. Jochalge] gr. *zygón* Joch, *nḗma* Faden (bei der Konjugation verbinden sich zwei Exemplare).

Zygobránchia [pal: = *Aspidobranchína*] gr. *zygón* Joch, *branchía* Kieme (Kiemen am Grunde verwachsen).

Zýgoma [an: Jochbogen] von gr. *zygón* Joch.

Zygophycéae [bot: Jochalgen] latin. aus gr. *zygón* Joch, *phýkos* Alge.

Zygospóre, Zygóte [bot: Jochspore] gr. *zygón* Joch, *sporá* Keimkorn.

Zygóte [zool: aus der Verschmelzung zweier Gameten entstandene Zelle] gr. *zygón* Joch, Verbindung.

zýklisch [bot: kreisförmig] gr. *kýklos* Kreis.

Zyklón [geog: kreisförmige Luftbewegung] von gr. *kýklos* Kreis.

Zylínder [math, phys] latin. aus gr. *kýlindros* Rolle.

Zymáse [chem: aus Hefe gewonnenes Ferment, das Zucker in Alkohol und Kohlensäure zerlegt) gr. *zýmē* Sauerteig.

Zýste [bot, zool: blasenförmiges Fortpflanzungsstadium] latin. aus gr. *kýstis* Blase.

Zystokárp [bot: Sporenfrucht] gr. *kýstis* Blase, *karpós* Frucht.

Zystolíth [bot: Blasenstein] gr. *kýstis* Blase, *líthos* Stein.

Zytologíe [an: Zellenlehre] gr. *kýtos* Höhle, Zelle, *lógos* Lehre.

Zytolýse [an: Auflösung von Zellen] gr. *kýtos* Höhle, Zelle, *lýsis* Lösung.

Zytoplásma [an: Grundplasma] gr. *kýtos* Höhle, Zelle, *plásma* Gebilde.

FSC
www.fsc.org
MIX
Papier | Fördert gute Waldnutzung
FSC® C083411

Kolibri 360 GmbH
Ferdinand-Jühlke-Straße 7
99095 Erfurt, Deutschland
produktsicherheit@kolibri360.de